XIAOMAI DIANFEN FAYU
SHENGLI SHENGTAI YANJIU

李诚　李春艳◎著

小麦淀粉
发育生理生态研究

U0226013

经济管理出版社
ECONOMY & MANAGEMENT PUBLISHING HOUSE

图书在版编目（CIP）数据

小麦淀粉发育生理生态研究/李诚，李春艳著 . —北京：经济管理出版社，2018. 12
ISBN 978 – 7 – 5096 – 5848 – 2

Ⅰ. ①小… Ⅱ. ①李… ②李… Ⅲ. ①小麦—谷类淀粉—研究 Ⅳ. ①TS235. 1

中国版本图书馆 CIP 数据核字（2018）第 141053 号

组稿编辑：曹　靖
责任编辑：杜　菲
责任印制：黄章平
责任校对：王淑卿

出版发行：经济管理出版社
　　　　　（北京市海淀区北蜂窝 8 号中雅大厦 A 座 11 层　100038）
网　　　址：www. E – mp. com. cn
电　　　话：（010）51915602
印　　　刷：北京玺诚印务有限公司
经　　　销：新华书店
开　　　本：787mm × 1092mm/16
印　　　张：13
字　　　数：301 千字
版　　　次：2018 年 12 月第 1 版　　2018 年 12 月第 1 次印刷
书　　　号：ISBN 978 – 7 – 5096 – 5848 – 2
定　　　价：78. 00 元

作　　者：李　诚　李春艳

参与人员：(按姓名拼音字母顺序排列)

鲍艺丹　常文颖　陈　淼　付凯勇　郭成藏　胡引引

贾　艳　康鑫龙　李　超　李　诚　李春艳　梁　伟

刘新梅　马　龙　覃安详　史晓艳　魏　波　徐芳芳

张　宏　张润琪　钟　玲　朱永琪　祖赛超

序

    小麦是世界性粮食作物，小麦生产关系国计民生，对保障国家粮食安全具有重要作用。随着人民生活水平的提高，市场对小麦产业需求日益多样化和专用化。淀粉占到小麦籽粒干重的 65%～75%，淀粉的发育和理化特性对小麦面粉加工品质影响较大。然而，国内外对小麦籽粒成分中蛋白质研究较多，而对淀粉研究较少，对淀粉发育受生态条件的影响机理研究更少。因此，必须加强小麦淀粉发育受外界干旱、高温胁迫和不同施磷水平影响机理的研究，以进一步提高人们对小麦淀粉品质理论的认识水平。

    石河子大学麦类作物研究所李诚博士带领的小麦科研团队，立足新疆，在开展高产、优质、多抗、专用小麦育种工作的基础上，针对小麦淀粉发育受外界干旱、高温和磷素等生态条件胁迫影响等问题，开展了大量基础理论研究工作，其研究结果一定会在推动新疆高水平小麦育种及小麦生产中发挥积极作用。

    作者系统总结和提炼了近年来本团队的研究成果，在此基础上撰写了《小麦淀粉发育生理生态研究》一书。书中关于小麦淀粉粒表面微观特性的变化机理研究尚未见有文献报道，具有重要的理论创新意义。本书内容是在新疆绿洲生态农业独特的气候环境下，结合新疆小麦生产上面临的干旱、高温、低磷等复杂多样的生态条件而开展的研究，使得相关研究结果具有鲜明的区域特色和应用价值。全书内容具有较高学术水平。相信本书的面世，将丰富优质专用小麦品质理论，推动优质专用小麦产业发展。

国家级教学名师

石河子大学教授、博导

2018 年 8 月

前　言

　　小麦是世界上主要粮食作物，我国是世界上最大的小麦生产国和消费国。小麦生产对于保障国家粮食安全具有十分重要的意义。随着人民生活水平的提高，劳动力和生产资料成本增加，小麦生产面临着提升质量、降低成本和保护环境的挑战。因此，在保证产量的基础上培育适合加工馒头、面条、面包、糕点等多样化食品类型需求的优质专用，同时兼具抗逆、广适、水肥高效利用等优良特性的小麦品种，可满足市场日益多样化需求且小麦生产减肥减药降成本，还可保护生态环境。

　　近年来，石河子大学麦类作物研究所在开展高产、优质、多抗、专用小麦育种工作的同时，紧紧围绕新疆小麦淀粉发育受外界干旱、高温和磷素等生态条件胁迫影响等问题开展了大量基础理论研究工作，本书是在提炼总结本团队研究成果的基础上撰写的。书中内容均为冬小麦育种课题组 2010 年以来的研究成果，较为详细地研究了小麦籽粒发育关键时期应对外界干旱、高温胁迫和不同施磷水平下淀粉粒形态变化、淀粉理化特性、相关基因转录时空变化等。

　　本书共六章，第一章小麦籽粒淀粉概述；第二章干旱胁迫下小麦淀粉粒微观特性变化机理；第三章干旱胁迫对小麦籽粒萌发及淀粉特性影响；第四章高温胁迫下小麦淀粉粒微观结构变化机理；第五章磷素对小麦淀粉发育及结构影响机理；第六章磷素对小麦籽粒萌发特性的影响及耐低磷种质筛选。

　　本书的研究内容得到了国家自然科学基金项目（项目号：31160256、31360334、31360292、31560389）、教育部国家留学基金委、人社部留学回国人员科技活动项目、新疆生产建设兵团及石河子大学等科研项目资助。新疆生产建设兵团绿洲生态农业国家重点实验室培育基地为上述项目的研究提供了良好的研究平台。国家教学名师曹连莆教授审阅文稿并欣然为本书作序。本书的出版还得到了 2014 年教育部质量工程项目农学专业卓越农林人才教育培养计划改革试点项目（复合应用型）的资助，并得到了经济管理出版社的鼎力相助，在此一并表示诚挚谢意。

　　由于作者研究水平和能力有限，书中疏漏和不足之处敬请同行专家及广大读者批评指正。

李　诚

2018 年 7 月

目　录

第一章　小麦籽粒淀粉概述

小麦（Triticum Aestuum L.）是世界主要粮食作物之一，全世界超过 30% 的人口以小麦为主食，小麦面粉及其加工制品为人类日常生活提供能量和碳水化合物。小麦在世界上分布广泛，地球上从北纬 67°（挪威和芬兰）至南纬 45°（阿根廷）之间的广袤区域均有种植，表明小麦对环境适应性较强。在世界范围内，小麦主产区主要分布在亚欧大陆和北美洲，其种植面积超过世界小麦总面积的 90%；在世界栽培小麦中，冬春麦种植面积比例约为 4:1，小麦种植面积以冬小麦为主，种植国家分布广泛，春小麦则主要集中在俄罗斯、美国和加拿大，其春小麦播种面积占世界春小麦面积的 90%。小麦在地球上广泛种植和分布与小麦自身具有的特性有关。小麦属喜冷凉作物，对于冷凉和湿润气候适应性较强。小麦具有较广泛遗传基础，丰富多样的栽培类型，对外界温、光、土、水、气等条件要求较为宽泛，具有耐寒、旱、盐、碱、高温等特性，从而为稳产、高产提供基础。小麦属群体作物，具有分蘖特性，生长周期长（尤其是冬小麦），群体补偿调节能力强，各项栽培措施回旋余地大，也利于稳产、高产。小麦栽培种植、收获加工易于实现全程机械化，劳动生产率高，冬小麦利用秋冬季节生长，有利于实现与夏播作物复种，与春、夏、秋作物实现间作和套种，可大幅提高土地复种指数，增加粮食产量。

小麦营养价值在禾谷类作物中表现较高，小麦籽粒中蛋白质含量一般为 11%～15%，而且籽粒中富含多种人体必需的氨基酸和微量元素，其中小麦籽粒中独特的面筋蛋白和丰富的营养成分可使其加工成各种面食，由于这些面食制品具有良好的黏弹性、胀发性和延展性，因而小麦籽粒加工而成的面食制品种类多样，适口性好，营养丰富，深受人民群众的喜爱。此外，小麦秸秆也是重要的编织、造纸以及畜牧养殖的原料和饲料，同时小麦籽粒磨粉的副产品麦麸是动物养殖精饲料的主要来源。

根据联合国 FAO 已公布的年度统计数据[①]，2013 年、2014 年、2015 年和 2016 年小麦总产量分别为 7.11 亿吨、7.34 亿吨、7.37 亿吨和 7.49 亿吨，分别占同时期全世界谷物总产量的 25.68%、25.98%、26.36% 和 26.31%。统计数据表明，在世界范围内小麦作为主要粮食作物，其近年来总产量呈现稳中略增的趋势，总产量占据世界谷物总产量 1/4 略多，并在谷物产量中保持基本稳定。小麦是中国主要口粮作物之一，是第二大粮食作物。根据中国国家统计局已公布的年度统计数据（http://www.stats.gov.cn/tjsj/ndsj/），2013 年、2014 年、2015 年和 2016 年全国小麦种植面积分别为 3.62 亿亩、3.61 亿

[①]　http://www.fao.org/faostat/zh/#data/QC.

亩、3.62 亿亩和 3.63 亿亩，总产量分别为 1.22 亿吨、1.26 亿吨、1.30 亿吨和 1.29 亿吨。统计数据表明，我国小麦种植面积近年来稳定保持在 3.6 亿亩以上，其总产量变化趋势与世界小麦总产量变化趋势基本一致。

我国粮食产量连续多年增产，在此背景下国人应清醒地认识到，我国粮食安全也面临诸多挑战。主要表现在可供利用的农业自然资源量逐年递减，如随着我国工业化、城镇化的全面快速推进，可供农业利用水资源的空间受经济社会发展的影响而遭受不断挤压；可供利用的耕地面积逐年减小，而我国人口数量和粮食消费的刚性需求却还在不断增加。在这些挑战面前"确保谷物基本自给，口粮绝对安全"是国家粮食安全战略的底线（韩长赋，2014）。小麦作为我国主要口粮作物对保持国家粮食安全意义重大。在我国快速工业化和城镇化背景下，守住国家粮食绝对安全这条底线，就需要稳定我国粮食生产种植面积，确保小麦常年播种面积基本稳定在 3.4 亿亩以上，并在此基础上努力提高单位面积小麦产量，同时减少单位面积水、化肥、农药、机械等成本的投入量，实现节本增效可持续发展。因此，在保持小麦种植面积基本稳定的前提下，"节本增效提高单产"是实现我国小麦生产可持续发展，确保国家粮食安全的现实选择和必由之路。

淀粉是小麦籽粒中最主要的贮藏物质，一般占籽粒重量的 65%～75%。就小麦籽粒淀粉角度而言，籽粒淀粉含量在一定程度上决定了籽粒重量，进而影响小麦籽粒产量。此外，小麦籽粒中淀粉含量、组分以及淀粉粒形成发育状况影响面粉及其加工制品的品质。小麦籽粒灌浆期是淀粉形成和发育的关键时期，籽粒淀粉的形成、发育和积累贮藏除与自身基因型关系密切外还受到外界环境条件如气候、土壤和栽培措施及其互作的影响。因此，研究小麦籽粒灌浆期外界环境对淀粉形成发育积累贮藏的调控机理，将有助于通过栽培措施改善外界环境条件，营造有利于小麦淀粉形成、发育、积累和贮藏的有利环境，提高小麦产量和品质。

第一节　小麦籽粒淀粉组成和结构

一、小麦胚乳淀粉粒组成

小麦胚乳淀粉粒一般分成 A 型和 B 型，小麦胚乳中 A 型淀粉粒数量虽少但重量占比大，一般情况下 A 型淀粉粒数量占胚乳淀粉粒总数的 5% 左右，重量占成熟小麦胚乳总淀粉重量的 70% 以上；B 型淀粉粒数量多而重量占比小，B 型淀粉粒数量占胚乳淀粉粒总数的 95% 左右，重量却只占胚乳总重的 25%～30%（Stoddard，1999）。以淀粉重量百分比与淀粉粒直径作淀粉粒径分布图（见图 1.1A），第一个峰由 B 型淀粉粒形成，第二个峰由 A 型淀粉粒形成，小麦胚乳淀粉粒具有典型双向淀粉粒径分布特征（Evers，1973）。小麦胚乳中 A 型、B 型淀粉粒最终数量受外界环境和基因型的影响。小麦淀粉粒径分布是反映淀粉特性的重要参数，它能够影响面粉制品的品质。小麦胚乳淀粉粒的形态、大小、体积以及淀粉粒组成类型在小麦籽粒灌浆不同阶段均不同。小麦常规大田栽培条件下胚乳中

A 型淀粉粒在籽粒灌浆期主要出现在花后 4～14 天，胚乳中 B 型淀粉粒在籽粒灌浆期主要出现在花后 14 天至籽粒发育成熟。研究表明 B 型淀粉粒重量占六倍体小麦籽粒淀粉的 17%～50%，可以利用遗传改良方法改变六倍体小麦籽粒淀粉中 A 型、B 型淀粉粒比例（Stoddard，1999）。

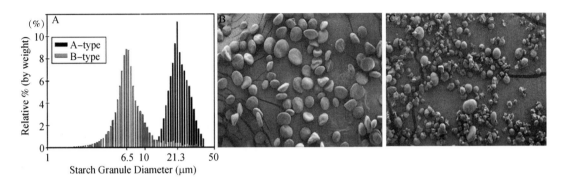

图 1.1　淀粉粒径分布（图 A 引自 Evers，1973）和小麦 A 型淀粉粒（图 B 引自 Kim and Huber，2008）、B 型淀粉粒（图 C 引自 Kim and Huber，2008）扫描电镜照片

二、小麦籽粒淀粉粒晶体结构

（一）小麦籽粒淀粉粒晶体结构

小麦淀粉主要以颗粒形式存在于籽粒胚乳中，淀粉粒内部由结晶层和非结晶层交替排列，结晶度约为 30%。如图 1.2 所示，小麦淀粉粒在扫描电子显微镜和偏振光显微镜下呈现不同的图像特征，小麦淀粉粒中的葡萄糖链是以脐点为中心向淀粉粒表面呈放射状排列。

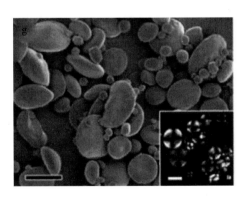

图 1.2　小麦 A 型、B 型淀粉粒形态及偏振光显微镜下双折射十字条纹（引自 Serge，2010）

淀粉粒晶体结构一般分为五级结构。淀粉粒晶体一级结构主要由支链淀粉构成。支链淀粉分子（见图 1.3B）是高度分支的葡萄糖聚合物，它由 α-1，6 和 α-1，4 糖苷键相连接而成。淀粉粒晶体的二级结构由支链淀粉分支链构成。支链淀粉中分支链有三种类型，在 0.1 ~ 1.0 纳米水平上或单链水平上分别为 A 链、B 链、C 链（见图 1.3A）。A 链是外链，经由 α - 1，6 糖苷键与 B 链连接，B 链又经由 α - 1，6 糖苷键与 C 链连接。C 链是主链，每个支链淀粉只有 1 个 C 链，C 链的一端为非还原尾端基，另一端为还原尾端基。A 链和 B 链都只有非还原尾端基，因此支链淀粉的还原性较微弱。

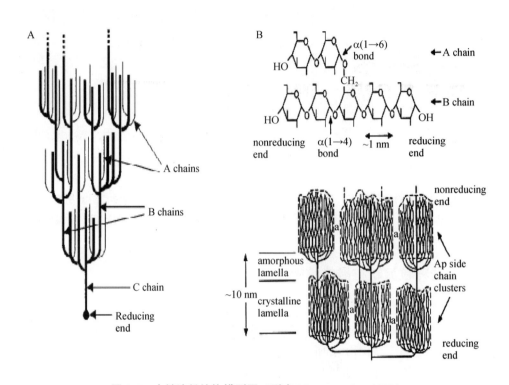

图 1.3　支链淀粉结构模型图（引自 Myers et al.，2000）

　　支链淀粉结构层次性很强，由晶体片层和无定型片层构成（见图 1.4）。晶体片层主要由支链淀粉的侧链排列而成，不易被酸水解，由 A 链和 B 链以双螺旋结构形成。晶体片层可以进一步分为不连续支链淀粉侧链"簇"（cluster）（Gallant et al.，1997）。支链淀粉频繁产生分支的侧链部分构成无定型片层，因其分支点众多结构松散不抗酸解。无定型片层和晶体片层交互排列构成淀粉粒晶体三级结构，它是支链淀粉结构基本的重复单位，在植物中该结构厚度非常保守，均为 9 ~ 10 纳米（Jenkins et al.，1993）。

　　淀粉粒晶体四级结构是淀粉粒小体（见图 1.4），它由多个三级结构组成，三级结构间由非晶体区间隔形成离散的延伸结构，其最小单位在 100 纳米左右。淀粉粒小体一般呈扁球状，直径为 20 ~ 500 纳米。生长环（growth rings）结构是淀粉粒晶体五级结构，厚度为 120 ~ 500 纳米，它由半晶体壳（semi crystalline shells）和晶体壳（crystalline shells）构成。一般 2 ~ 3 层小体就可以组成一个壳，小体以不同的排列方式构成了不同类型的晶体壳。

　　Tang 等（2006）提出淀粉粒结构中半晶体小体有正常小体和缺陷小体两种类型。它们是构成淀粉粒的基本单元。正常小体构成晶体状的硬壳，缺陷小体构成半晶体的软壳（见图1.5）。缺陷小体聚集易碎，且缺陷小体区很容易剥落形成淀粉粒表面的微孔和微通道，并对酶具有较弱的抗性。缺陷小体的观点从构成淀粉粒结构单元的角度解释了淀粉粒表面微观结构微孔和微通道形成的原因，但对于缺陷小体如何形成以及它与正常小体的差异还有待进一步研究证实。

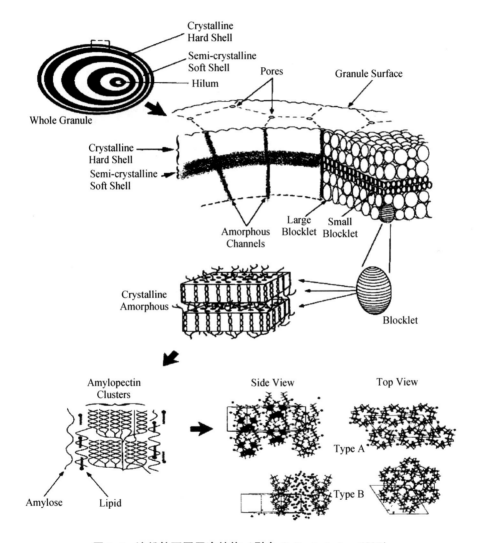

图1.4　淀粉粒不同层次结构（引自 Gallant et al.，1997）

（二）小麦淀粉粒晶体结构类型

　　淀粉是一种天然高聚物，在淀粉颗粒结构中包括晶体相和非晶体相两大部分，20世纪20年代 Scherrer 就已证明天然淀粉具有结晶性（梁勇等，2002）。淀粉颗粒的晶体结构是影响其功能的重要因素（Singh et al.，2003；Tester et al.，2004）。X射线衍射技术被广泛应用于研究淀粉粒晶体特性（Hoover，2001）。天然淀粉颗粒主要产生三类（A型、B型和C型）各具特点的 X 射线粉末衍射图，第一类如禾谷类作物小麦、玉米、水稻，淀粉粒晶体结构类型为 A 型，其衍射图特征表现出在 15°、17°、18°和 23°处有强峰；第二类是在植物块茎、果实和茎中，淀粉粒晶体结构类型为 B 型，如马铃薯和香蕉淀粉，其衍射图特征表现出在 5.6°、17°、22°和 24°处有较强衍射峰；第三类是在植物根和种子中，淀粉粒晶体结构类型属于 C 型，其衍射图特征基本与 A 型相同，不同之处只是在 5.6°处有一个中强峰，而且 5.6°中强峰的出现与水分密切相关，在干燥或部分干燥样品中此峰可能消失（梁勇等，2002；杨景峰等，2007）。

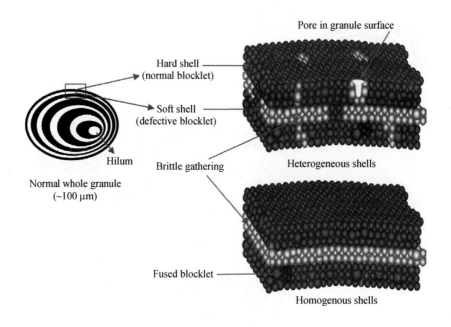

图 1.5　淀粉粒中小体结构（引自 Tang et al.，2006）

第二节　小麦籽粒淀粉形成和发育

高等植物体内的淀粉一般分为临时淀粉和贮藏淀粉两种类型，其形成和发育都与淀粉质体密切相关，小麦胚乳淀粉属于贮藏淀粉。本节主要涉及淀粉质体来源，分类和增殖方式，A 型、B 型淀粉粒形成来源以及小麦籽粒淀粉生物合成三个方面的相关研究。

一、淀粉质体来源、分类和增殖方式

植物细胞中质体都是从原质体发育而成的，质体之间在一定条件下可相互转化。在淀粉质体发育的初期存在原质体、淀粉质体和变形质体之间相互转化的现象，以及淀粉合成与降解的过程（Whatley，1978）。在各类植物细胞中都可以找到不同分化形式的质体（Thomson and Whatley，1980）。质体中所含色素种类一般分为白色体、有色体和叶绿体（高信曾，1978）。淀粉质体属于质体中白色体，广泛存在于植物细胞中，在子叶、块茎、块根和胚乳等植物贮藏组织中有较多分布，主要功能是进行淀粉合成和贮藏。根据不同作物淀粉质体中储存淀粉粒数目可将其分为单一型和复粒型淀粉质体。小麦、玉米、大麦胚乳淀粉质体一般为单一型，水稻胚乳淀粉质体则为复粒型（韦存虚，2002）。

（一）淀粉质体来源和分类

已有相关研究推测，淀粉质体可能由原质体或叶绿体发育而来。在原质体发育成淀粉质体过程中可观察到内质网与淀粉体的复合体（Whatley，1977；Thomson and Whatley，1980；罗玉英，1995）。原质体内部先积累淀粉，当淀粉积累满后原质体转变成淀粉质体（张海艳，2009）。在叶绿体发育成淀粉质体的过程中，叶绿体失去其内部片层结构，从而转变成可以产生大量贮藏性淀粉的淀粉质体（Badenhuizen，1969）。叶绿体和淀粉质体虽然功能不同，但在发育上密切联系，淀粉质体在光照条件下可产生叶绿素，但不能形成有功能的叶绿体（Macherel，1985）。淀粉质体是核外遗传重要的组成部分，对叶绿体相关遗传研究并不能完全阐明淀粉质体的全部遗传现象（陈建敏和孙德兰，2008）。关于小麦淀粉质体来源，目前国内外学者对此问题研究结论还存在一定争议，对于这一问题具体相关研究结果将在 A 型、B 型淀粉粒形成来源部分总结。

（二）淀粉质体增殖方式

关于胚乳细胞淀粉质体增殖方式研究，罗玉英（1995）认为淀粉质体本身可以通过出芽、缢缩分裂和形成中间隔板的方式产生新淀粉质体。韦存虚（2002）认为除了上述常见三种淀粉质体增殖方式外，还发现了两种新的增殖方式：一是淀粉质体内被膜向内出泡或内陷从而形成新的淀粉质体；二是淀粉质体被膜形成双层膜小泡并在小泡中积累淀粉形成新淀粉质体。张海艳（2009）对玉米胚乳细胞增殖方式的研究表明，淀粉质体增殖方式有出芽增殖、缢缩增殖、形成中间隔板和被膜向内出泡等。由于淀粉质体是一种双层膜结构的细胞器，淀粉质体增殖方式研究表明，淀粉质体内、外层被膜活动状况决定了淀粉质体的增殖方式（见图1.6）。

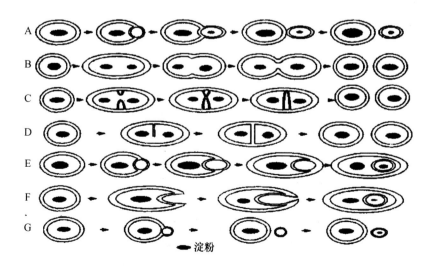

图1.6　淀粉质体增殖的几种不同方式（引自韦存虚，2002）

二、小麦 A 型和 B 型淀粉粒形成来源

有关 A 型、B 型淀粉粒形成来源问题很早就受到国内外研究者的关注。Buttrose（1960）研究认为小麦中 A 型和 B 型淀粉粒来源不同，A 型淀粉粒由原质体发育而成，B 型淀粉粒由线粒体转化形成。国内学者胡适宜（1964）根据 Whaley 等（1960）研究得出玉米根冠细胞中所显示出的淀粉粒仅 $0.55 \sim 1$ 微米大小，并且可以清楚看到这种小淀粉粒埋于比线粒体稍大的淀粉质体中，由于淀粉质体与线粒体的亚显微结构完全不同，因此胡适宜对线粒体能转变成淀粉质体的观点提出了质疑。但是后来还有一些学者研究证实了线粒体能够转变成淀粉质体。在水稻胚乳细胞发育过程中，淀粉合成酶系进住处于解体过程中的线粒体，在其内部合成淀粉并将其转变成淀粉质体（Yamamori et al.，1994；蓝盛银等，1997）。李睿（2003）通过对线粒体标志酶——琥珀酸脱氢酶用超微细胞化学定位的方法研究证实，线粒体的中脊发生膨大，在脊腔中合成并积累淀粉，最终线粒体转变为淀粉质体。小麦前质体发育成 A 型淀粉粒，B 型淀粉粒是由 A 型淀粉粒生长出的小淀粉粒发育而成（Parker et al.，1985）。Bechtel 等（2003）通过透射电子显微镜观察到小麦中小淀粉粒（B 型）是通过出芽方式从大淀粉粒（A 型）的淀粉质体中发育形成。国内外研究者对于 A 型和 B 型淀粉粒的形成来源问题研究存在争议，还有待进一步深入研究以形成共识。

随着能够改变淀粉粒大小的突变体被创制出来，在淀粉质体被膜蛋白方面，人们对 A 型、B 型淀粉粒的来源有了新的认识。Buttrose（1960）认为在淀粉质体被膜结构上附着淀粉发生中心，淀粉合成的相关酶类也结合在该膜结构上，淀粉质体在合成淀粉过程中，其内层被膜常发生内陷。淀粉粒形成发育过程中淀粉质体被膜具有重要作用，其外层和内层被膜分别是物质运输和代谢活动的障碍（Neuhaus et al.，2000）。水稻中已鉴定出能够改变淀粉粒形态和大小的 ae（Amylose – Extender Mutant）突变体，如 ssg1、ssg2 和 ssg3，这些突变体中籽粒胚乳小淀粉粒数目增加并且胚乳外观呈现粉质特征（Matsushima et al.，2010）。SSG4 能够编码一个新蛋白从而控制淀粉粒大小，其突变体能够引起淀粉粒增大，SSG6 是一个新发现的淀粉质体膜蛋白，能够控制水稻胚乳淀粉粒大小（Matsushima et al.，2014，2016）。

由于淀粉质体来源和发育方式复杂多样，因此至今还未有关于小麦 A 型、B 型淀粉粒形成来源的明确结论。此外，关于淀粉质体形成发育过程中对淀粉粒表面微孔和微通道的形成发育有何影响，淀粉质体被膜形成初期是否会有微孔和通道结构存在等一系列问题都还有待进一步研究解答。

三、小麦籽粒淀粉生物合成

小麦胚乳细胞在开花后初期处于细胞核快速分裂和细胞体积迅速增大的重要时期，在开花后 5 天内胚乳细胞就已开始积累淀粉。此时处于凝胶状态的淀粉颗粒在蛋白的参与下突然转变成淀粉颗粒的核，1，4 – 糖苷键以共价键链接于该蛋白的丝氨酸残基上，并利用 UDP – 葡萄糖作为供体延伸糖苷链（师凤华，2007）。小麦叶片经光合作用制造的光合同

化产物以蔗糖形式运输到籽粒胚乳细胞质中，由核基因编码的酶通过一系列酶促反应（见图1.7）最终实现了将光合同化物蔗糖转化成为淀粉，以淀粉粒的形式贮藏在籽粒胚乳细胞中。

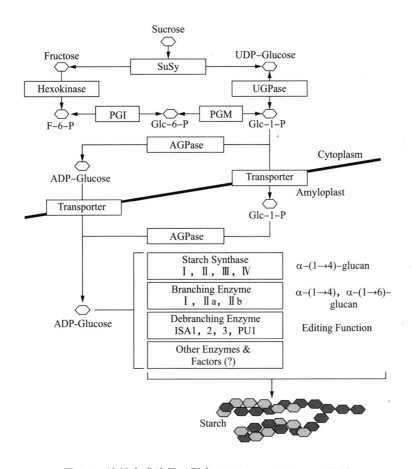

图 1.7　淀粉合成路径（引自 Keeling and Myers，2010）

淀粉生物合成的不同阶段都有相应的酶参与并发挥作用（Tomlinson et al.，2003）。在细胞质中光合同化产物蔗糖在蔗糖酶作用下分解为果糖和 UDP－葡萄糖，UDP－葡萄糖在己糖激酶的作用下进而形成 6－磷酸葡萄糖（G－6－P）和 1－磷酸葡萄糖（G－1－P）。G－1－P 在 ADP－葡糖焦磷酸化酶（AGPase）作用下转化为 ADP－葡糖，这是淀粉合成中最关键的一步。在小麦胚乳细胞中 AGPase 主要位于细胞质中，产生的 ADP－葡糖直接运输进入淀粉质体内。由可溶性淀粉合成酶（SSS）、淀粉分支酶（SBE）和淀粉去分支酶（DBE）负责支链淀粉的合成，而颗粒结合淀粉合成酶（GBSS）是与直链淀粉合成直接相关的酶。参与淀粉合成相关酶又分别有不同的同功型，这些同功酶在淀粉合成中起不同作用。

（一）淀粉合成酶对淀粉形成的影响

淀粉合成酶家族主要由 AGPase、SS 和 SBE 等组成，这些酶分别在淀粉合成的不同阶段发挥相应功能，最终将光合同化产物转变成淀粉。AGPase 是淀粉生物合成的限速酶。AGPase 催化 ATP 和葡萄糖 – 1 – 磷酸产生 ADPG（ADP – 葡萄糖）和焦磷酸，ADPG 是淀粉合成酶底物，也是淀粉生物合成最初葡萄糖基供体，直接决定淀粉合成速率，调控淀粉生物合成。AGPase 通常分为胞质型和质体型，大部分植物细胞中 AGPase 为质体型，禾谷类作物籽粒胚乳中 AGPase 为胞质型。AGPase 是由两种结构和组成上不同的亚基构成的异元四聚体 $\alpha_2\beta_2$，每一个分子携带有 2 个小亚基（AGP – S or SS = α_2）和 2 个大亚基（AGP – L or LS = β_2），分子量一般在 200 ~ 240KD（Preiss et al.，1990）。大亚基是 AGPase 活性调节中心，小亚基是 AGPase 活性催化中心，也是酶别构效应关键部位。植物中已克隆出 AGPase 大小亚基基因。AGPase 基因在植物中表达具有高度专一性，AGPase 两个大亚基基因只在小麦叶片、根和胚乳中表达（谭彩霞，2009）。AGPase 大、小亚基在小麦灌浆过程中的表达时期不同，花后 10 天以内就能检测到该酶活性，但此时仅有小亚基基因表达，大亚基基因在开花 10 天以后才会表达。

淀粉合成酶 SS 一般分为 SSS 和 GBSS 两种类型。SSS 存在于淀粉粒表面，主要负责支链淀粉合成。GBSS 存在于造粉体内，主要负责直链淀粉合成。氨基酸结构 SSS 由四个同工酶家族 SSS Ⅰ、SSS Ⅱ、SSS Ⅲ 及 SSS Ⅳ 组成，SSS Ⅰ 和 SSS Ⅱ 也可与淀粉颗粒结合（Shimbata et al.，2005）。SSS Ⅰ 负责不超过 10 个葡糖基聚合度（DP）短链淀粉的合成主要延伸支链淀粉的 A 和 B1 链；SSS Ⅱ 主要负责合成中等长度支链淀粉；SSS Ⅲ 主要负责 25DP – 35DP 长链淀粉合成。

淀粉 sss 基因表达部位和时期在植物中具有专一性（谭彩霞，2009）。禾谷类作物小麦研究表明 sss Ⅰ 基因在籽粒胚乳发育早期和中期特异表达（Li et al.，1999），水稻研究发现 sss Ⅰ 基因在未成熟种子和叶片中都有表达（Baba et al.，1993）。马铃薯中 sss Ⅰ 基因主要集中在叶片中表达，块茎中则表达较少（Kossmann et al.，1999）。sss Ⅱ 基因在小麦胚乳、小花和叶片中均能表达，中后期籽粒胚乳和叶片中表达量最多；sss Ⅱ 基因在玉米根、叶中均不表达，只在玉米籽粒发育特定时间内表达（谭彩霞，2009）。sss Ⅲ 基因在小麦小花、叶片和籽粒胚乳发育中早期表达，籽粒胚乳发育中后期表达量显著降低（Li et al.，2000）。sss 基因结构发生如突变或转入反义 sss 基因改变，可以造成 SSS 活性降低淀粉含量减低。研究表明 SSS 是淀粉合成的温度调节位点，SSS 发挥功能最适温度 20℃ ~ 25℃，酶活性随着外界温度的升高或降低都会降低（Keeling et al.，1993）。上述研究结果显示，sss 基因的转录与 SSS 活性以及淀粉积累关系密切，小麦籽粒灌浆期外界温度高低对于 sss 基因表达具有重要影响，对于淀粉粒表面微观结构的变化还有待进一步研究证实。

GBSS 在植物组织内存在一种或两种同工酶，即 GBSS Ⅰ 和 GBSS Ⅱ。目前已在小麦、水稻、玉米、马铃薯和豌豆中克隆了 gbssⅠ和 gbssⅡ基因（谭彩霞，2009）。gbss Ⅰ 和 gbss Ⅱ 基因在作物中表达部位不同，gbss Ⅰ 在贮藏器官胚乳中表达，gbss Ⅱ 在非贮藏器官中表达。GBSS Ⅰ 常被简称为 Wax 蛋白，研究表明 Wax 蛋白由位于小麦 7AS、4AL 和 7DS 上的 $Wx-A1$、$Wx-B1$、$Wx-D1$ 三个基因编码（Yamamori et al.，1994）构成。上述 3 个等位基因对控制合成直链淀粉能力不同，研究显示野生型 Waxy 的 3 个等位基因对合成直链淀粉能

力大小排序为 $Wx-B1 > Wx-D1 > Wx-A1$（时岩玲等，2003）。小麦、水稻和玉米等作物籽粒胚乳中 $Wx-A1$、$Wx-B1$、$Wx-D1$ 同时缺失，胚乳则完全由支链淀粉构成，就形成了糯麦、糯稻和糯玉米等糯质材料。已有研究者利用糯质材料几乎完全由支链淀粉构成的特性，将之与正常材料对比研究淀粉粒表面微孔和微通道结构。如 Kim 和 Huber 用特异性蛋白探针 CBQCA 处理糯质小麦 B 型淀粉粒和正常小麦 B 型淀粉粒，首次发现糯质 B 型淀粉粒比正常型拥有更多被标记的腔体（cavity），并观察到一些不同深度的类似小通道蛋白结构渗入糯质 B 型淀粉粒中（Kim and Huber，2008）。

SBE 是影响植物淀粉精细结构形成的关键酶，它水解直链淀粉 $\alpha-1$,4 糖苷键，并将水解后的短链转移到 C6 氢氧键末端，形成 $\alpha-1$,6 糖苷键连接的支链淀粉分支结构（Satoh et al.，2003）。SBE 主要分为两类，SBE Ⅰ 和 SBE Ⅱ 都属于淀粉酶家族，在小麦胚乳发育过程中 sbe Ⅰ 比 sbe Ⅱ 表达要晚，在小麦和玉米淀粉粒未发现 sbe Ⅰ，而只有 sbe Ⅱ 存在。支链淀粉合成过程中，SBE Ⅰ 优先转移较长糖链（>14DP），SBE Ⅱ 优先转移较短糖链（<14DP）；以直链淀粉作为底物时 SBE Ⅰ 的活性高于 SBE Ⅱ，分枝直链淀粉速率比分枝支链淀粉速率高 10%；以支链淀粉作为底物时 SBE Ⅱ 的活性高于 SBE Ⅰ，分枝支链淀粉速率比分枝直链淀粉速率高 6 倍（Smith et al.，1997）。

（二）淀粉降解酶对淀粉形成的影响

淀粉降解酶是一类催化分解淀粉（糖原和糊精）糖苷键的酶总称。按水解淀粉的方式不同可分四大类：$\alpha-$淀粉酶、$\beta-$淀粉酶、脱支酶和葡萄糖淀粉酶；按酶结构差异可分为两大类：α 型和 β 型（丁皓等，2012；孙俊良等，2011）。$\alpha-$淀粉酶是一种内切酶，能随机切开 $\alpha-1$,4 糖苷键，酶解产物还原性末端葡萄糖残基 C1 碳原子呈 $\alpha-$构型（刘志皋，1996）。$\alpha-$淀粉酶分解直、支链淀粉产物略有不同，分解直链淀粉产物为葡萄糖、麦芽糖和麦芽三糖；分解支链淀粉产物中除含有这三种物质外还产生分支部具有 $\alpha-1$,6 键的 $\alpha-$糊精。在大麦籽粒发芽过程中，$\alpha-$淀粉酶是胚乳淀粉粒水解过程中的起始酶，其将淀粉粒降解为支链淀粉、麦芽糊精和可溶性多肽等（张新忠，2009）。小麦籽粒萌发过程中 $\alpha-$淀粉酶分解胚乳中贮藏的淀粉粒，会引起胚乳中淀粉理化特性产生变化。刘聪和安家彦（2008）研究表明，小麦籽粒在萌发过程中随着发芽时间的延长，$\alpha-$淀粉酶活力逐渐增强，籽粒胚乳中贮藏淀粉逐渐被降解成葡萄糖、麦芽糖和糊精，淀粉黏度降低。王晓曦等（2014）对小麦后熟期间籽粒 $\alpha-$淀粉酶活力研究表明，随着后熟时间的延长，籽粒 $\alpha-$淀粉酶活性逐渐降低。

植物中 $\beta-$淀粉酶主要存在于质体内，小麦中 $\beta-$淀粉酶存在于胚乳细胞中，在种子萌发过程中与其他酶共同作用于淀粉降解。$\beta-$淀粉酶是一种外切酶，它在分解淀粉时常发生沃尔登转位反应（Walden inversion）。在 $\alpha-1$,6 糖苷键前 2~3 个葡萄糖残基处会停止酶解，因此直链淀粉的分解产物主要是麦芽糖，而支链淀粉的酶解产物主要是麦芽糖及大分子的 $\beta-$极限糊精（Fatma et al.，2006）。$\beta-$淀粉酶水解直链淀粉和支链淀粉的速度不同，当水解直链淀粉分子时，直链淀粉分子逐渐缩短，麦芽糖生成速度较慢；当水解支链淀粉时，由于支链淀粉非还原性末端较多，麦芽糖生成速度相对较快（王晓曦等，2014）。

Fannon 等（1993）研究证实了高粱籽粒淀粉粒微通道能延伸到淀粉粒的内部。根据前人用淀粉分解酶酶解玉米淀粉粒使一些淀粉粒表面微孔增大，淀粉粒酶解过程从淀粉粒基质或中心腔体由内向外降解的相关研究，推断淀粉粒表面存在的微孔和微通道结构为外源酶液进入淀粉粒内部提供了通路（Fannon et al.，2004）。Commuri 等（1999）通过对玉米灌浆期高温处理（35℃）发现玉米胚乳正常发育受阻、籽粒容重降低、淀粉粒表面小孔数量增多，水稻和小麦等作物中也观察到此现象（Tashiro et al.，1990，1991）。Commuri 等（1999）研究认为外界高温打破了淀粉合成酶和淀粉降解酶之间的平衡，从而导致淀粉粒自溶形成淀粉粒表面微孔和微通道结构。因此，淀粉粒表面微孔结构的产生可能是禾谷类作物籽粒在成熟或田间失水干燥过程中，淀粉酶对淀粉粒表面淀粉分子的水解造成的。目前研究还不清楚小麦籽粒灌浆后期，有哪些相关酶参与了淀粉粒表面微孔和微通道的形成，这些问题还有待进一步深入研究。

第三节　小麦籽粒淀粉理化特性

淀粉是小麦面粉中最主要的组成成分，淀粉的理化特性影响面粉及其加工制品的品质。小麦淀粉的物理特性包括颜色、形状、大小、可溶性、糊化特性等，化学特性包括直链淀粉特性、支链淀粉特性、淀粉酶解特性等。深入研究小麦淀粉理化特性，能为开发利用小麦淀粉提供依据。

一、小麦淀粉物理特性

（一）小麦淀粉颜色、形状、大小

小麦淀粉呈白色粉末状，在显微镜下小麦淀粉由淀粉粒构成，属单粒淀粉类型。淀粉粒一般分为三种类型，第一类为单粒淀粉，即 1 个淀粉体内只积累 1 个淀粉粒，该淀粉粒只有 1 个脐点，轮纹围绕在此脐点周围，小麦和大麦籽粒淀粉粒属这种类型；第二类为复粒淀粉，即 1 个淀粉体内积累 2 个以上的淀粉粒，每个淀粉粒只有 1 个脐点，轮纹围绕在各自脐点周围，水稻籽粒淀粉属这种类型；第三类为半复粒淀粉，即 1 个淀粉体内积累 1 个淀粉粒，该淀粉粒有 2 个脐点，各脐点有自身轮纹围绕，外部还包围着共同轮纹，马铃薯块茎中包含有上述 3 种类型淀粉粒（金银根，2006；叶庆华，2002；韦存虚等，2008）。小麦淀粉粒形状与淀粉粒大小关系密切，小麦 A 型淀粉粒呈盘状或透镜状，直径≥10 微米，B 型淀粉粒呈球形或多边形，直径<10 微米。

（二）小麦淀粉可溶性和糊化特性

小麦淀粉不溶于冷水，在冷水中淀粉经搅拌成乳状悬浮液，停止搅拌后淀粉颗粒缓慢沉降，最终沉于底部。若将淀粉悬浮液加热，达到65℃左右时小麦淀粉粒开始膨胀，淀粉粒外围的支链淀粉结构开始解体，其内部的直链淀粉分子游离出来，形成半透明的黏稠状液体，这种现象称为淀粉的糊化。小麦淀粉糊化特性是反映淀粉品质的重要指标之一，尤其对于小麦面粉加工制品面条的食用品质有重要影响。张勇等（2002）对我国春播小麦的 47 个主栽品种连续两年种植在 12 个试点的小麦淀粉糊化特性研究表明，小麦淀粉糊化特性受基因型、环境以及基因型与环境互作影响，在小麦淀粉糊化特性指标中峰值黏度是衡量淀粉糊化特性的最重要指标。宋健民等（2008）对小麦淀粉理化特性与面条品质关系研究表明，直链淀粉含量、膨胀势和糊化峰值黏度与面条品质高度相关，除支链淀粉含量、糊化温度外的多项 RVA 黏度参数与面条品质极显著相关，小麦面粉中直、支链淀粉是影响面条品质的重要物质基础。谭彩霞等（2011）对不同品种小麦粉黏度特性及破损淀粉含量的差异进行研究，结果表明不同专用小麦粉的峰值黏度、低谷黏度、最终黏度、反弹值以及峰值时间均与直链淀粉含量、直/支链淀粉比例以及破损淀粉含量呈极显著正相关。

二、小麦淀粉化学特性

构成淀粉粒的淀粉大分子依据其结构特征可分为两类，即直链淀粉（由 $\alpha-1,4$ 糖苷键连接而成的线性多聚糖）和支链淀粉（高度分支的葡萄糖链以 $\alpha-1,6$ 糖苷键连接于主链上）（Kalinga et al.，2014），前者约占淀粉组成的 20% ~ 30%，后者约占淀粉组成的 70% ~ 80%（Hurkman et al.，2003）。

（一）小麦直、支链淀粉特性

直链淀粉是一种线形高分子聚合物，其聚合度一般为 500 ~ 6000 个葡萄糖残基（杨光等，2008）。除了完全没有分支的直线型直链淀粉外，直链淀粉中还有少部分的分枝直链淀粉，分枝点由 $\alpha-D-1,6-$ 糖苷键构成且间隔较远，占总糖苷键的比例很小，因此其物理特性与直线型的直链淀粉基本相同（李海普等，2010）。由于分子内氢键的相互作用，直链淀粉常卷曲成螺旋形，而碘分子可以进入其螺旋内，形成 620 ~ 680 纳米处有最大光吸收峰的淀粉与碘的复合物，所以直链淀粉遇碘呈深蓝色（彭估松等，1997）。此外，直链淀粉还具有较好的成模性、质构调整、凝胶性以及促进营养素吸收等功能（Hermansson and Svegmark，1996；Chen et al.，2003；Wickramasinghe et al.，2005；卢敏和殷涌光，2005；罗永霞等，2006；Juhász and Salgó，2008）。

支链淀粉由葡萄糖单体通过 $\alpha-1,4$ 糖苷键线性连接，$\alpha-1,6$ 糖苷键支链连接的葡聚糖的结构由 A 链、B 链和 C 链 3 种链段构成（杨光等，2008），其中 C 链作为主链，每个支链淀粉分子中只有一条，其一端是非还原端基，另一端是还原端基；B 链为 C 链的支链，而 A 链为 B 链的侧链，A 链和 B 链只有非还原端基。根据文献可将色谱图分为 A 链（DP6 - 18）、B1 链（DP19 - 34）、B2 链（DP 大于 35）三部分（Nagamine and Komae，1996）。同直链淀粉相似，支链淀粉的分支也能形成卷曲螺旋，但其遇碘时呈现紫红色且在 530 ~ 550 纳米处有最大光吸收峰，这是由于其较短的分支络合的碘分子数目较少造成的（彭估松等，1997）。支链淀粉的构型直接影响淀粉食味品质与理化特性（贺晓鹏等，2010），此外因其拥有增稠作用、高膨胀性、改善冻融稳定性、抗老化性及吸水性等功能而被广泛用于食品加工、包装材料制造、水溶性及生物可降解膜、医药和建筑工业等领域。

直、支链淀粉含量对淀粉品质影响较大，小麦籽粒中总淀粉含量、直链和支链淀粉含量与高峰黏度和稀懈值呈显著负相关；直链淀粉相对含量与 RVA 值之间的相关趋势与直链淀粉含量的趋势一致，但并不显著（顾锋等，2010）。

小麦籽粒的直支链淀粉含量因品种不同而有较大的差异，除此之外，环境和营养条件也会对其造成一定影响。如高温可以显著降低总淀粉和支链淀粉含量，提高直链淀粉含量和直/支链淀粉的比例（闫素辉等，2008）。适量增施氮肥有利于提高小麦籽粒中的总淀粉含量，但会降低直链淀粉含量，而过量施氮则会造成淀粉含量的降低（顾锋等，2010）。前人对于磷对小麦淀粉含量的影响亦有研究，如 Ni 等（2011）研究发现施磷显著提高了成熟期小麦籽粒中的总淀粉、直链淀粉和支链淀粉含量。孙慧敏（2006）的研究表明施磷处理在灌浆过程中提高了籽粒总淀粉含量。王兰珍（2003）在土壤速效磷含量分别为 2.4 毫克/千克、6.6 毫克/千克和 17.4 毫克/千克的条件下研究，发现成熟小麦籽粒中不同处理下的总淀粉含量相差较小，因而认为种子中淀粉的积累过程受磷素影响较小。

（二）小麦淀粉酶解特性

谷物淀粉酶一般按不同作用方式可分为 α - 淀粉酶、β - 淀粉酶、淀粉葡萄糖苷酶、脱支酶四类。α - 淀粉酶作用于淀粉分子内部 α - 1，4 糖苷键，水解产生寡聚糖产物构型为 α - D 型；β - 淀粉酶从淀粉链末端的非还原端逐次水解 α - 1，4 糖苷键，β - 淀粉酶将直链淀粉完全水解，对支链淀粉水解至 α - 1，6 键分枝点时停止作用，生成麦芽糖属于 β 构型；淀粉葡萄糖苷酶从淀粉分子的非还原末端逐次水解葡萄糖单位，作用于淀粉分子内部的 α - 1，4 糖苷键及支链淀粉分枝点的 α - 1，6 糖苷键；脱支酶只作用于糖苷及支链淀粉分枝点的 α - 1，6 糖苷键。α - 淀粉酶和 β - 淀粉酶是小麦中主要存在的淀粉酶。

α - 淀粉酶能够对淀粉分子进行水解，它只水解淀粉分子内部 α - 1，6 糖苷键，不能对 α - 1，6 糖苷键进行水解。α - 淀粉酶水解淀粉分子最初速度较快，庞大的淀粉分子很快被从 α - 1，4 糖苷键处水解成较小的寡聚糖分子。在 α - 淀粉酶作用下淀粉糊黏度急速降低，因此 α - 淀粉酶对淀粉黏度影响较大。近年来小麦穗发芽后，芽麦面粉加工制作的馒头、面包等发酵食品呈现外皮变暗、中心发黏、体积变小、口感变差，芽麦面粉加工制作成的面条，弹性弱、易糊汤、口感差，究其原因就是小麦穗发芽过程中，水解酶对小麦籽粒中淀粉和蛋白的水解，尤其是高活性的 α - 淀粉酶对淀粉的降解造成的。

β - 淀粉酶作用于淀粉分子是从非还原末端开始的，水解间隔 α - 1，4 糖苷键，遇 α - 1，6 糖苷键就停止水解作用，不能水解也不能跨越 α - 1，6 糖苷键。β - 淀粉酶可完全水解直链淀粉生成麦芽糖，但实际上只有 70% ~ 85% 的直链淀粉转化成麦芽糖，β - 淀粉酶作用于支链淀粉时麦芽糖转化率只有约 50%，其余的是较大分子量的 β - 极限糊精。β - 淀粉酶与 α - 淀粉酶共同水解淀粉时，淀粉降解迅速且比各自单独作用时对淀粉降解速度要快并且反应更为彻底。α - 淀粉酶水解淀粉每断裂一个糖苷键会产生一个新的非还原末端，有利于 β - 淀粉酶起作用。β - 淀粉酶对完整的淀粉粒几乎不起作用，常根据麦芽糖产率测定 β - 淀粉酶的活性，因此 β - 淀粉酶活性在一定程度上受 α - 淀粉酶存在水平的影响。

第二章 干旱胁迫下小麦淀粉粒微观特性变化机理

小麦是我国的主要粮食作物之一。小麦生产中收获的主要产品是籽粒。淀粉是小麦籽粒的主要组成成分，一般占籽粒干重的 65% ~ 70%。小麦淀粉主要贮存于籽粒胚乳中，它是人类日常所需食物中碳水化合物主要来源之一。小麦籽粒灌浆期胚乳淀粉的形成和发育更易受到外界环境条件的影响，并在一定程度上决定小麦籽粒灌浆充实的饱满度和籽粒重量，从而影响小麦产量。小麦籽粒灌浆越充分，淀粉粒形成发育就越完善，千粒重就越高，并越有利于提高小麦产量。因此，从籽粒淀粉积累角度而言，小麦籽粒产量在一定程度上主要是由籽粒淀粉产量来决定的。

地球上任何一个国家都会受到全球气候变化的影响。最新研究指出，随着全球气候的变化，在一些地区实现作物增产变得越来越困难。我国部分小麦主产区由于受到全球气候变暖趋势的影响，小麦籽粒灌浆期经常遭受干旱高温胁迫的危害，造成小麦籽粒灌浆不充分、籽粒重量减轻，从而导致小麦减产和籽粒品质下降。有关中国气候变化的研究表明，近 50 年来中国气温变化趋势与全球一致，且增温趋势略高于全球水平，达到 0.22℃/十年，尤其是中国北方地区增温趋势更加明显（田展等，2013）。雒新萍和夏军（2015）利用 CROPWAT 作物模型，模拟分析过去 50 年（1961 ~ 2010 年）以及 IPCC RCPs 情景下未来 20 年（2020 ~ 2029 年）中国小麦生产需水量的变化，并在此基础上以小麦需水量变化率作为敏感性因子，对 RCP4.5 和 RCP8.5 排放情景下中国小麦需水量敏感性进行了研究，结果表明中国小麦生产平均需水量约为 105.64×10^9 立方米，最高值位于黄淮海地区，小麦需水量对气候变化的敏感性存在空间差异，华北和西北地区是小麦需水量的重度和极度敏感区。

新疆地处我国大陆版图的西北地区，亚欧大陆中心区域，气候类型属于典型的温带大陆性气候。由于小麦籽粒灌浆期间气温较高，加之外界大气降水偏少，非常有利于小麦籽粒蛋白质的积累和面粉高筋力的形成。因此，新疆冬春麦兼种区是我国强筋、中强筋优质小麦的适宜生产地区之一。虽然目前还未有公开报道的确切统计数据来支持近年来新疆小麦生产受外界气候变化影响的损失情况，但是已有学者研究表明，随着极端高温干旱事件在全球出现的频率不断增加，中国也未能幸免，极端高温干旱事件出现频率也在不断增加。根据气候变化模式预估的结果，暖指标相对气候参考时段在 21 世纪中期的变化均超过 120%，热浪指数增加 2.6 倍，中国新疆西南部和西藏南部是增加最明显的地区（丁一汇等，2006；Tebaldi et al.，2006；Jiang et al.，2012；姚遥等，2012）。杨绚等（2013）

研究指出，中国小麦高温敏感期对高温最敏感地区是中国中高纬度地区，包括东北、内蒙古、河套地区和新疆，在全球气候持续变暖背景下，这些地区受到高温胁迫强度还会进一步加强，受影响范围还会进一步扩大，表明在全球气候变暖背景下小麦将在高温胁迫下造成实质性减产。

近年来，随着人们对全球气候变化的认识越来越明确，国内外已有学者开展了外界不良环境对小麦籽粒形成发育影响的相关研究，这些研究涉及干旱、高温、盐分胁迫、氮素亏缺、高二氧化碳浓度等。关于小麦淀粉形成发育相关研究主要集中在淀粉生物合成途径、淀粉粒形成发育、淀粉粒形态结构、淀粉物理化学性质以及淀粉改性等诸多方面，然而对淀粉粒表面微观结构特性相关研究并不多见，涉及逆境胁迫下对淀粉粒微观特性形成及机理研究则更为鲜见。正如上文所述，小麦籽粒形成发育过程中时常遭受外界干旱、高温、干热风等非生物逆境胁迫的影响，造成淀粉粒表面微观结构产生一些细微变化，进而对小麦淀粉粒理化特性和后续淀粉食品加工品质产生重要影响。尤其对于受全球气候变暖影响较大的新疆小麦产区，籽粒灌浆期常常受外界干旱胁迫危害，严重影响新疆小麦提高产量和改善品质。

第一节　小麦籽粒淀粉粒表面微观结构研究进展

近年来，在淀粉生物合成方面已有较多研究，但是关于淀粉生物合成对微孔和微通道形成方面的研究却很少涉及。

Hall 和 Sayre（1970）最早发现了淀粉粒微孔结构，研究认为这些微孔结构是在淀粉制样过程中由于人为操作而产生，而不是淀粉粒本身固有的结构。一些学者还在其他植物淀粉粒表面发现并报道了淀粉粒表面微孔和微通道结构的存在。Fannon 等（1992）研究了玉米、水稻、小麦、大麦、黑麦、美人蕉、木薯、马铃薯和小米淀粉粒表面微孔结构，发现玉米、高粱和小米淀粉粒表面存在微孔结构，小麦、黑麦和大麦淀粉粒微孔存在于大淀粉粒表面赤道凹槽区域，从而进一步证实了微孔是淀粉粒自身结构而不是由人为在制样过程中产生的，并提出淀粉粒表面微孔结构可能由淀粉粒形成后的淀粉酶作用而形成的观点。Glaring 等（2006）在小麦大淀粉粒表面观察到随机分布的微孔结构。

关于淀粉粒表面微孔结构出现的时期，一些学者研究认为这些微孔结构一般出现在籽粒发育后期。Li 等（2005）通过 CLSM 观察发现在玉米籽粒发育后期（花后 45 天）淀粉粒表面存在许多微孔结构，而花后 30 天时很少，花后 20 天前几乎没有。Li 等（2010）在小麦、小黑麦和黑麦花后 6～24 天的 A 型淀粉粒表面观察到凹槽和微孔结构，认为这些淀粉粒表面微孔和微通道结构是在淀粉粒形成发育过程中产生的，并且是淀粉粒表面本身所固有的形态特征。小麦胚乳淀粉粒表面微孔和微通道是淀粉粒发育初期就已经形成还是伴随着淀粉粒的形成发育过程而产生，或是由于淀粉合成酶与降解酶之间的相互作用而形成，这些问题尚未得到全面解答。因此从淀粉生物合成的角度研究微孔和微通道形成的机理，可以深化对淀粉粒表面微观结构形成的认识。

一、小麦 A 型淀粉粒表面微孔和微通道结构

Kim 等（2008）通过 SEM 分别观察了糯性和非糯性小麦 A 型淀粉粒，发现糯性小麦的 A 型淀粉粒表面能观察到较多的微孔结构。小麦 A 型淀粉粒分别经过蛋白酶 XIV（见图 2.1A）、汞溴红（见图 2.1B）和特异性蛋白探针（见图 2.1C）处理后的 SEM 和激光共聚焦显微镜（CLSM）照片，图 2.1A（SEM 照片）中微孔结构清晰可见（黑色箭头所示），图 2.1B&C（CLSM 照片）中绿色勾勒出微孔和微通道的轮廓（白色箭头所示），许多微孔和微通道与内部蜿蜒的通道相通并一直延伸到脐点。

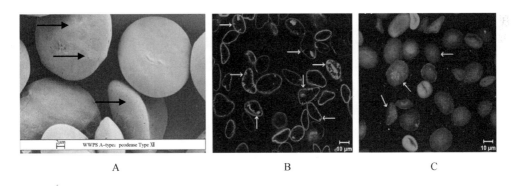

图 2.1 小麦 A 型淀粉粒经蛋白酶 XIV（A）、汞溴红（B）、特异性蛋白探针（C）处理后扫描电镜（SEM）和激光共聚焦显微镜（CLSM）照片（引自 Kim et al.，2008）

通过透射电子显微镜 Bechtel 等观察到小麦 B 型淀粉粒，通过出芽方式从形成 A 型淀粉粒的淀粉质体中发育而来，两种类型淀粉粒不同的起源和发育环境，可能是 A 型淀粉表面存在凹槽结构而 B 型淀粉粒相对缺乏凹槽结构的原因（Bechtel and Wilson，2003）。Tang 等（2006）认为淀粉颗粒表面的凹槽和微孔结构可能是由缺陷小体构成。此结构可能是水、酸、碱和酶等物质作用于淀粉粒的首选位点，为其进入淀粉粒内部提供了便利通道，进一步对淀粉品质产生影响。

二、小麦 B 型淀粉粒表面微孔和微通道结构

Kim 和 Huber（2008）首次证实了糯质小麦 B 型淀粉粒表面存在微通道结构，去除 B 型淀粉粒微通道中的类通道蛋白，可以增加荧光染料进入淀粉粒内部的机会，表明小麦 B 型淀粉颗粒表面的微通道大部分被类通道蛋白阻塞，因而这些淀粉粒结合蛋白未深入到淀粉粒的基质中心，并认为淀粉粒赤道凹槽区的微通道和表面微孔能够被荧光溶液大量标记。这一结果与 Huber 在玉米淀粉上发现 DTAF（5 氨基荧光素）能够通过微通道进入淀粉并通过腔体向外扩散到淀粉粒基质的结论相类似。即使经过蛋白酶处理之后，小麦 B 型淀粉粒微孔数量要比 A 型淀粉粒少很多，并且 B 型淀粉粒蛋白分布模式与 A 型淀粉粒类通道蛋白呈放射状分布模式也不同。

综上所述，淀粉粒表面存在微孔和微通道结构自 20 世纪 70 年代首次发现并报道以

来，大多数研究仅局限于对这些淀粉粒表面所特有的微观结构进行形态学描述，至于其形成原因以及对淀粉粒理化性质的影响都还仅是由相关学者提出的一些假设，还有待深入研究证实。虽然一些学者认为淀粉粒表面微孔和微通道可能会对淀粉粒性质和淀粉的化学改性产生影响，但是尚缺乏详细深入的研究予以支撑。

三、干旱等非生物逆境对小麦籽粒淀粉发育研究

淀粉是人类种植小麦收获籽粒而得到的最终产品之一。一直以来籽粒淀粉产量和品质备受国内外谷物研究者关注。小麦等禾谷类作物籽粒灌浆期外界环境条件对胚乳淀粉粒形成发育有重要影响，尤其是淀粉的组成和结构更易受外界环境条件的影响。

（一）干旱、盐分胁迫等非生物逆境对小麦胚乳淀粉生物合成的影响

外界非生物逆境胁迫对小麦胚乳淀粉生物合成的影响复杂而广泛。在此提及的外界非生物逆境通常是指禾谷类作物籽粒灌浆期时常遭遇的外界干旱、盐分胁迫、氮素亏缺、高 CO_2 浓度和低温冻害等非生物逆境条件。目前已有研究表明禾谷类作物在这些非生物逆境胁迫环境下产生光合同化产物流的能力会显著降低（Sicher et al.，1995；Stone et al.，1995），籽粒生长发育所需时间缩短，并且籽粒胚乳细胞数目减少，成熟籽粒淀粉含量降低。外界非生物逆境直接影响参与淀粉生物合成的相关酶活性，造成籽粒中淀粉粒数量减少并且淀粉粒结构发生变化，进而对籽粒淀粉品质产生影响（Singletary et al.，1994；Kossmann and Lloyd，2000）。下文将分别从干旱胁迫、盐分胁迫、氮素亏缺、高 CO_2 浓度和低温冻害等外界非生物逆境胁迫方面，对小麦等禾谷类作物胚乳淀粉生物合成相关研究进展进行归纳总结。

1. 干旱胁迫研究方面

干旱是限制全球作物产量的主要因素之一。研究表明，籽粒发育过程中的外界干旱胁迫是提高禾谷类作物籽粒产量的最大障碍，并直接造成大幅度减产（Ahmadi and Baker，2001）。禾谷类作物中籽粒淀粉比例超过籽粒干重的60%，灌浆期外界干旱胁迫造成籽粒减产主要是由于籽粒淀粉积累量减少所致（Duffus，1992）。有研究对50个田间种植的大麦品种从开花后10天开始停止灌水直至籽粒成熟，测定各参试品种籽粒淀粉含量和小区产量，结果表明参试品种胚乳淀粉含量减少范围为0～45%，减少的淀粉含量与籽粒产量相关性达到 $r^2 = 0.7$（Worch et al.，2011）。目前的研究已基本明确外界干旱胁迫危害小麦等禾谷类作物籽粒灌浆期淀粉生物合成，淀粉合成积累量减少，灌浆不充分造成大幅减产。从淀粉粒微观结构和淀粉理化特性角度深入研究干旱胁迫对淀粉生物合成的危害，可为揭示干旱对小麦等禾谷类作物淀粉生物合成的影响提供新思路。

2. 盐分胁迫研究方面

土壤盐分胁迫是一种主要的非生物逆境胁迫，影响作物生长发育导致作物大幅减产，尤其是水稻、小麦和玉米等禾谷类作物对土壤盐分胁迫更为敏感（Wang et al.，2003）。已有研究表明，高盐分胁迫能改变植物组织中的淀粉含量（Rathert，1985）。Maysaya 等（2015）研究了中、低盐分胁迫对水稻籽粒淀粉含量的影响，表明中、低盐分胁迫对于淀粉积累有促进作用，会增加籽粒淀粉含量，但外界盐分胁迫并未改变淀粉粒结构、淀粉组

分、淀粉粒径分布、还原糖含量以及支链淀粉含量。西藏野生大麦和耐盐栽培大麦在盐分胁迫下的对比研究结果表明，西藏野生大麦在盐分胁迫下有较高的 α - 和 β - 淀粉酶活性、氨基酸含量以及蛋白含量，西藏野生大麦对盐分胁迫具有较好的适应性，可为耐盐大麦育种提供遗传资源（Imrul et al.，2013）。

3. 氮素亏缺研究方面

土壤中的氮素含量通常会对禾谷类作物籽粒中淀粉与蛋白比例产生最为直接的影响。对水稻（Singh et al.，2011）、小麦（Li et al.，2013）和小黑麦（Nowotnaa et al.，2007）的研究表明，土壤中氮素亏缺时，籽粒中直链淀粉含量会增加，但也有研究结果与此相异（Tamaki et al.，1989；Buresova et al.，2010）。Gunaratne 等（2011）研究指出不同作物基因型间差异可以解释氮素亏缺下淀粉生物合成过程中的这些相异结论。

4. 高 CO_2 浓度研究方面

自从19世纪工业革命以来，地球大气层中 CO_2 水平已经增高了35%，研究预计到21世纪末地球大气中 CO_2 浓度水平还会成倍提高（Ainsworth et al.，2008；Damatta et al.，2010）。最初的研究预测显示地球大气中 CO_2 浓度水平增高能够提高作物产量（Ainsworth and Long，2004）。也有研究表明在外界适宜条件下 CO_2 浓度水平从 350ppm 增高到 700ppm，小麦籽粒平均产量会增长约31%（Amthor，2003）。人们原先认为大气中高 CO_2 浓度水平能够提高籽粒淀粉积累从而增加了籽粒碳分配，而近年来的小麦研究结果表明大气中的 CO_2 浓度在 550ppm 或更高水平下，小麦产量的提高仅仅是通过增加粒数来实现，而非如人们认为的是由提高籽粒淀粉含量增加籽粒碳分配来形成（Hogy and Fangmeier，2008）。

5. 低温冷害研究方面

水稻中低温冷害使得籽粒发育减慢，籽粒灌浆期延长，但最终淀粉含量未发生改变（Ahmed et al.，2008）。低温能增加小麦籽粒中直链淀粉含量（Labuschagne et al.，2009；Singh et al.，2010），玉米成熟期间若经历较多的低温天数，籽粒中直链淀粉含量会相应增加（Fergason and Zuber，1962）。

干旱胁迫、盐分胁迫、氮素亏缺、高 CO_2 浓度和低温冻害等非生物胁迫，对小麦等禾谷类作物籽粒胚乳淀粉生物合成最直接的影响是改变淀粉积累量和淀粉组分。由于淀粉生物合成过程非常复杂，外界环境的变化对淀粉生物合成影响显著，因此深入研究外界非生物胁迫对禾谷类作物淀粉生物合成的影响，以采取措施应对全球气候变化，提高产量，从而满足全球人口增长的需求。

（二）干旱、盐分胁迫等非生物逆境对小麦胚乳淀粉酶活性的影响

外界非生物胁迫能够对植物本身细胞生理进程产生影响，如生长、光合作用、碳分配、碳水化合物和脂类化合物代谢、渗透平衡、蛋白合成及基因表达等。由于在非生物逆境下 AGPase 活性下降，必然影响上述细胞生理进程从而使光合同化产物蔗糖的供应受到影响导致籽粒淀粉积累减少（Saripalli et al.，2015）。此外，外界非生物逆境胁迫对农作物产生的重要影响是淀粉合成相关酶活性发生改变，从而减弱了植株生产光合同化产物流

的能力，最终造成"库"中积累贮存同化产物量的减少（Saripalli et al.，2015）。下文将分别从干旱胁迫、盐分胁迫和低温冻害等外界非生物逆境胁迫方面，对小麦等禾谷类作物胚乳淀粉酶活性的影响进行阐述。

1. 干旱胁迫研究方面

外界干旱胁迫导致禾谷类作物淀粉合成酶活性变化，造成籽粒减产（Jenner et al.，1991）。小麦研究表明淀粉合成酶（SS）对外界干旱胁迫最为敏感，可以在一定程度上解释籽粒淀粉含量降低的原因。在干旱胁迫初期，SS 活性大幅降低，随着籽粒发育和干旱胁迫的延续，SS 活性逐渐趋于稳定（Ahmadi and Baker，2001）。在干旱胁迫下，渗透调节物质的变化使 AGPase 活性迅速下降，极端干旱胁迫下 AGPase 的活性降低程度要高于SS，造成籽粒提前成熟，终止淀粉合成（Ahmadi and Baker，2001；Caley et al.，1990）。

2. 盐分胁迫研究方面

对番茄的研究表明，盐分胁迫能够提高 AGPase 活性，利于淀粉在果实中的积累（Yin et al.，2009）。水稻叶片中的 AGPase 大、小亚基表达水平在盐分胁迫下也会升高（Boriboonkaset et al.，2013）。

3. 低温冻害研究方面

在籽粒发育的相同阶段，水稻淀粉合成相关酶 UGPase，SuSy，AGPase，SSS，PHO 和SBE 在 12℃ 下，其催化活性相当于 22℃ 下的 78% ~ 107%，而 GBSS Ⅰ 活性则提高了278%（Ahmed et al.，2008）。Umemoto 等（1995）研究表明，水稻中淀粉合成相关酶AGPase、SBE 和 SS 活性在 15℃ 下的催化活性相当于 25℃ 时的 69% ~ 102%，而 GBSS Ⅰ 活性则提高了 331%。水稻和小麦研究表明低温能够提高 GBSS Ⅰ 活性，使直链淀粉含量提高，改变淀粉中直链淀粉与支链淀粉的比例（Umemoto et al.，1995；Labuschagne et al.，2009）。

（三）干旱、盐分胁迫等非生物逆境对小麦胚乳淀粉结构和功能的影响

淀粉的组成和结构直接影响其物理化学特性，并在一定程度上决定淀粉的品质和加工应用。当淀粉的组分参数因淀粉合成过程的外界环境发生变化时，淀粉的下游加工过程也应进行调整而保证其加工产品品质的稳定（Tester et al.，2001）。下文将分别从干旱胁迫、盐分胁迫、氮素亏缺、高 CO_2 浓度和低温冻害等非生物逆境对小麦等禾谷类作物胚乳淀粉的结构和功能的影响进行归纳总结。

1. 干旱胁迫研究方面

干旱胁迫导致的禾谷类作物淀粉积累量减少最多可达 40%，并可造成淀粉组分、结构和功能特性发生变化（Ahmadi and Baker，2001）。小麦籽粒发育过程经历干旱胁迫后，A 型、B 型淀粉粒粒径减小，淀粉组分发生改变，直链淀粉含量降低（Fabian et al.，2011；Singh et al.，2008）。Singh 等（2008）研究表明干旱下小麦籽粒灌浆不同阶段 A 型、B 型淀粉粒的数量、比例、体积和表面积都发生了变化，A 型淀粉粒增加，B 型淀粉粒减少。与灌溉栽培模式相比较，旱作栽培能提高小麦 B 型淀粉粒的体积百分比，降低 A 型淀粉粒的体积百分比（戴忠民，2007）。研究表明干旱胁迫下乙烯和亚精胺对淀粉粒径

分布具有拮抗作用，高亚精胺含量和低 ACC（1 - 氨基环氧丙烷 - 1 - 羧酸）含量有利于 B 型淀粉粒积累（Yang et al.，2014）。小黑麦籽粒发育过程研究也表明，干旱胁迫下 B 型淀粉粒数量减少，A 型与 B 型淀粉粒比值增加（He et al.，2013）。

2. 盐分胁迫研究方面

盐分胁迫对淀粉结构和功能的相关研究在水稻和小黑麦上已有报道。水稻耐盐性状的遗传变异和不同盐分组成比盐分浓度对淀粉结构有更重要的影响，如高氯离子盐分胁迫能够改变耐盐品种 Pokkali 籽粒中直链淀粉含量，而其他成分的盐分胁迫则未改变直链淀粉含量（Peiris et al.，1988）。有研究表明土壤盐分能影响一些水稻品种的蒸煮和食用品质，籽粒半透明度降低，蒸煮硬度增加（Peiris et al.，1988），对于淀粉分子结构的变化目前还不清楚。小黑麦籽粒灌浆期处于 50 毫摩尔/升、100 毫摩尔/升和 200 毫摩尔/升 NaCL 胁迫下，随着盐分浓度提高，胚乳中 A 型淀粉粒比例、直链淀粉含量和淀粉热焓值增加，并且淀粉糊化峰值温度降低；此外，高盐胁迫处理 31 天后淀粉粒表面微孔数量明显增多（He et al.，2013）。

3. 氮素亏缺研究方面

土壤低氮素水平下，小麦和小黑麦籽粒淀粉中 B 型淀粉粒比例增加，淀粉糊化特性发生变化（Li et al.，2013；Nowotnaa et al.，2007）。不适当的氮肥施用改变了水稻淀粉功能特性，降低糊化温度，增加淀粉凝胶的硬度，降低淀粉凝胶的黏结力和稳定性（Singh et al.，2011；Gunaratne et al.，2011）。土壤养分亏缺对淀粉生物合成研究表明，土壤成分间的相互作用可能对淀粉生物合成起到更重要的作用（Champagne et al.，2009）。例如，小麦在土壤低氮肥水平下直链淀粉含量会增加，若增加灌溉次数籽粒直链淀粉含量则会降低（Wang et al.，2008）。

4. 高 CO_2 浓度研究方面

高 CO_2 浓度对籽粒淀粉合成的影响研究表明，即使在同一作物内也未表现共性规律。例如，有研究表明小麦生长在 700ppm CO_2 下能积累更多直链淀粉（Tester et al.，1995），也有研究表明在 550ppm 和 900ppm CO_2 下籽粒直链淀粉含量并未改变。对于高 CO_2 浓度对淀粉组成研究也未表现共性规律。Blumenthal 等（1996）研究表明高 CO_2 浓度下小麦 A 型淀粉粒比例增加；Rogers 等（1998）研究表明高 CO_2 浓度下小麦 B 型淀粉粒比例增加，这些结果间的差异可能与 CO_2 浓度和参试基因型的差异有关。

5. 低温冻害研究方面

小麦、水稻和玉米的研究表明，外界低温环境能增加籽粒淀粉中直链淀粉和支链淀粉的比例（Labuschagne et al.，2009；Singh et al.，2010），减少水稻支链淀粉相对链长（Umemoto et al.，1999）。大麦研究表明，外界低温不会改变淀粉降解的相关特性（Anker et al.，2006），但能够改变淀粉粒粒径分布以及降低脂肪含量和峰值凝胶温度（Myllarinen et al.，1998）。随着外界温度降低，水稻淀粉的峰值黏度降低，崩解值升高（Dang and Copeland，2004）。

综上所述，干旱胁迫、盐分胁迫、氮素亏缺、高 CO_2 浓度和低温冻害等外界非生物逆境胁迫对小麦等禾谷类作物的淀粉结构和功能产生了重要影响，进而改变淀粉的加工品质。已有研究大多从淀粉粒径分布、直/支链淀粉组成、淀粉糊化特性和淀粉加工产品品质等方面进行研究，较少从淀粉粒自身结构变化角度对干旱等非生物逆境胁迫下淀粉粒结构和功能进行系统研究。而外界干旱等非生物逆境胁迫对淀粉粒结构产生的微小改变，都会引起淀粉加工产品品质发生变化。

第二节　干旱胁迫下小麦籽粒淀粉粒微观结构变化

新疆大部分麦区的小麦生产中籽粒灌浆期降雨稀少，干旱引起籽粒产量下降和品质不稳定一直是困扰新疆优质小麦生产的重要问题。本节以全球气候暖化背景条件下环境干旱胁迫对新疆小麦籽粒淀粉形成发育影响为切入点，围绕淀粉粒表面微观结构特征及其内在基础，为新疆麦区小麦生产制定应对干旱的科学技术措施，减轻小麦灌浆期环境干旱胁迫的危害提供理论依据，也为培育高产、优质、耐旱小麦新品种提供信息。

李诚等以新疆小麦品种新冬20号和新冬23号为材料，从淀粉粒形态、表面微观结构和淀粉粒酶解特性等方面，研究揭示花后干旱胁迫对胚乳淀粉粒形态结构产生的影响。

新冬20号多年以来一直作为新疆南疆冬小麦区域试验对照品种（张伟等，1996），适应性较广、产量潜力较高（7500～8250千克/公顷），对外界干旱胁迫耐受能力较强；新冬23号具有一般的产量潜力（6000～6750千克/公顷），对外界干旱胁迫耐受能力较弱（王子霞等，2006）。试验设计和干旱胁迫处理如下：研究地点位于石河子大学农学院试验站（44°17′N/86°03′E，461m.a.s.l.），该站位于新疆准噶尔盆地古尔班通古特沙漠南缘绿洲上的石河子市。该地区气候类型属温带大陆性气候，且地理位置位于沙漠边缘绿洲，因此在小麦灌浆至成熟期间（5月初至7月中旬）大气降水相对较少。石河子气象台2012年和2013年连续两年监测数据显示（http：//www.shzqx.gov.cn/）：2012年5月10日至7月15日大气降水为5.7毫米；2013年5月10日至7月15日大气降水为19.7毫米。供试小麦品种开花后干旱处理小区采用遇阴雨天搭遮雨棚阻挡外界大气降水，同时开花至成熟期停止田间灌水处理。以正常田间灌溉处理作为对照，开花至灌浆期采用滴灌方式滴灌2次，分别在开花期和籽粒灌浆中期，总灌量为1125立方米/公顷。试验采用随机区组试验设计，小区面积为2.4平方米，每处理重复3次。所有试验小区从参试品种播种至开花前采用相同大田滴灌栽培管理方式。

一、小麦不同发育时期胚乳淀粉粒形态

小麦胚乳发育属典型的核型胚乳发育，淀粉质体发育成淀粉粒贮藏于胚乳细胞中。在胚乳细胞发育初期，先形成核型胚乳，然后再分化成细胞型胚乳。研究表明在小麦花后第4天，原质体分化成淀粉质体，淀粉粒在这些淀粉质体中持续长大，最终发育成A型淀粉粒，而B型淀粉粒在花后12天开始产生（李睿，2003）。上述小麦淀粉粒发育规律是在

常规栽培管理措施和良好外界生长环境条件下取得的研究结果，然而花后干旱胁迫下淀粉粒形态会产生哪些变化则是本书兴趣所在。

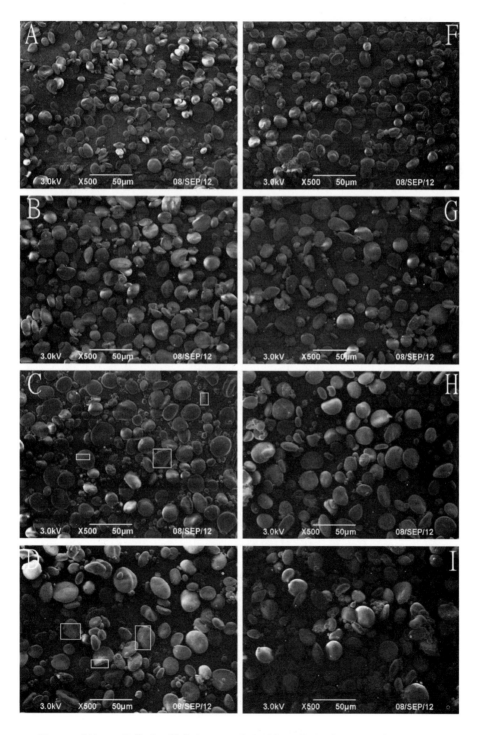

图 2.2　新冬 20 号花后干旱胁迫下不同发育时期胚乳淀粉粒（引自李诚，2016）

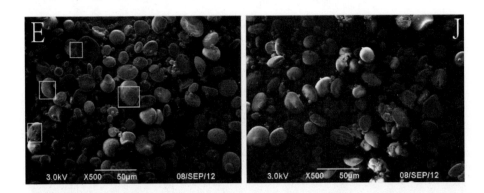

图 2.2　新冬 20 号花后干旱胁迫下不同发育时期胚乳淀粉粒（引自李诚，2016）（续）

注：A~E 为干旱胁迫下新冬 20 号分别在花后 7 天、14 天、21 天、28 天和 35 天淀粉粒；F~J 为正常灌水下新冬 20 号分别在花后 7 天、14 天、21 天、28 天和 35 天淀粉粒。照片中方框所示为淀粉粒表面微孔结构。

对两个参试品种花后干旱胁迫下每隔 7 天取样，提取小麦籽粒不同灌浆时期胚乳淀粉粒，利用扫描电镜（Scanning Electron Microscopy，SEM）观察拍照，获得干旱胁迫与正常对照条件下不同时期淀粉粒照片，见图 2.3 和图 2.4。图中小麦淀粉粒粒径 ≥10 微米的 A 型淀粉粒呈圆盘形和透镜状，粒径 <10 微米的 B 型淀粉粒呈球形，表明花后干旱胁迫下两个参试品种淀粉粒基本形态未发生明显变化。

图 2.2 对比分析显示，花后干旱胁迫下新冬 20 号胚乳中 A 型和 B 型淀粉粒的快速发育时期与正常灌水条件下表现出差异。正常灌水条件下新冬 20 号籽粒灌浆前期（花后 1~14 天），主要为 A 型淀粉粒快速发育时期（见图 2.2F 和图 2.2G），此结果与 Bechtel 等（1990）研究报道结果一致。在花后干旱胁迫下，淀粉粒照片显示花后 14 天前为 A 型淀粉粒快速发育时期（见图 2.2A 和图 2.2B）。正常灌水条件下新冬 20 号 B 型淀粉粒发育主要从花后 14 天开始至籽粒成熟，胚乳淀粉粒扫描电镜照片（见图 2.2H 到图 2.2J）中，在花后 28 天胚乳淀粉粒中有大量 B 型淀粉粒出现。花后干旱胁迫下，B 型淀粉粒从花后 14 天开始出现至籽粒成熟（见图 2.2C 到图 2.2E），在花后 21 天胚乳淀粉粒中有大量 B 型淀粉粒出现。总之，参试品种新冬 20 号经花后干旱胁迫处理，淀粉粒基本形态未发生改变，但 B 型淀粉粒大量快速发育时期比正常对照条件下提前。

图 2.3 对比分析显示，参试品种新冬 23 号经花后干旱胁迫后胚乳中 A 型和 B 型淀粉粒快速发育的时期与正常对照条件下也表现出差异。在正常灌水条件下，新冬 23 号籽粒灌浆前期花后 1~14 天，主要为 A 型淀粉粒快速发育时期（见图 2.3F 和图 2.3G），此结果与新冬 20 号结果一致。在干旱胁迫下，花后 7 天主要是小淀粉粒占多数（见图 2.3A），花后 14 天主要是 A 型淀粉粒，表明新冬 23 号淀粉粒大小在籽粒灌浆前期受干旱胁迫影响较大。新冬 23 号 B 型淀粉粒发育主要从花后 14 天开始至籽粒成熟。在正常灌水条件下，花后 28 天胚乳中 B 型淀粉粒大量出现（见图 2.3H 到图 2.3J）。而在干旱胁迫下，花后 21 天胚乳中有大量 B 型淀粉粒出现（见图 2.3C 到图 2.3E）。总之，参试品种新冬 23 号淀粉粒经花后干旱胁迫处理，其基本形态未发生根本改变，籽粒灌浆前期（花后 7 天）淀粉粒受干旱胁迫影响较大，B 型淀粉粒大量快速发育时期比正常对照条件下提前。

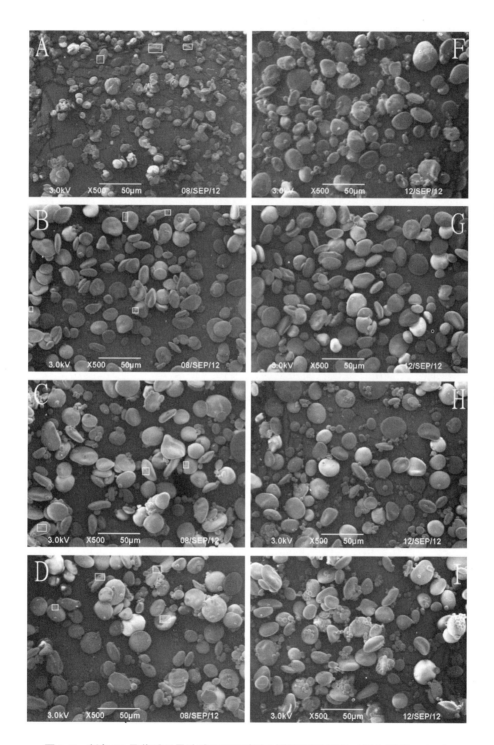

图 2.3　新冬 23 号花后干旱胁迫下不同发育时期胚乳淀粉粒（引自李诚，2016）

图 2.3　新冬 23 号花后干旱胁迫下不同发育时期胚乳淀粉粒（引自李诚，2016）（续）

注：A～E 为干旱胁迫下新冬 23 号分别在花后 7 天、14 天、21 天、28 天和 35 天淀粉粒；F～J 为正常灌水下新冬 23 号分别在花后 7 天、14 天、21 天、28 天和 35 天淀粉粒。照片中方框所示为淀粉粒表面微孔结构。

二、小麦不同发育时期胚乳淀粉粒微观结构变化

花后干旱胁迫下 2 个参试品种淀粉粒外部基本形态（如盘形、球形等）未发生根本性变化，淀粉粒表面微观结构却呈现较明显变化。在花后干旱胁迫下，新冬 20 号从花后 21 天至籽粒成熟，部分淀粉粒表面出现微孔结构（如图 2.2C 到图 2.2E 中方框所示）；新冬 23 号从花后 7 天至籽粒成熟，部分淀粉粒表面出现微孔结构（如图 2.3A 到图 2.3E 中方框所示），微孔结构出现时期较新冬 20 号早，而且该结构在籽粒灌浆全过程均有出现。2 个参试品种正常灌水条件下籽粒（对照）各个时期淀粉粒表面均未出现明显的微孔结构。

对比籽粒发育过程中新冬 20 号与新冬 23 号小麦淀粉粒表面微孔结构，花后干旱胁迫能增加微孔的数量，且不同参试品种出现微孔结构的时期存在差异。结合前期研究（Li et al.，2011）结果以及参试品种自身对外界干旱胁迫耐受性分析表明，本研究 2 个参试品种淀粉粒表面微孔结构出现时期的差异与参试品种灌浆期对干旱胁迫的耐受性差异有关，新冬 20 号对干旱胁迫耐受性较强，新冬 23 号对干旱胁迫较敏感。因而新冬 23 号淀粉粒表面出现微孔结构的时期要比新冬 20 号早，新冬 23 号淀粉粒更易受外界干旱胁迫的影响。根据作物栽培学中"源、库、流"理论，小麦胚乳细胞是"库"，光合同化产物是"流"，光合同化产物经一系列的复杂的酶促反应，最终将光合同化产物转变成多聚糖以淀粉的形式贮藏在籽粒胚乳细胞中。外界干旱胁迫对作物生长发育的影响是全方位综合作用的结果，但是由于作物本身基因型间存在差异，对外界干旱胁迫耐受能力较强的基因型，在干旱胁迫初期的光合产物转变成多聚糖的过程不受或很少受到外界环境变化的影响，从这个角度而言对干旱胁迫耐受力较强的基因型干旱胁迫下淀粉粒微观结构变化中微孔出现的时期较晚。

三、成熟期小麦胚乳外缘淀粉粒微观结构变化

小麦胚乳细胞发育经历由活细胞到淀粉贮存库的转变。淀粉在胚乳中积累顺序由外向

内，胚乳外缘细胞中最先积累淀粉。本书对花后干旱胁迫下 2 个参试品种胚乳外缘细胞中淀粉粒对比研究表明，干旱胁迫下新冬 20 号和新冬 23 号胚乳外缘淀粉粒基本形态未发生改变，淀粉粒表面微孔数量比对照正常灌水条件下增多（如图 2.4A 和图 2.4C 中方框所示）。2 个参试品种间对比，新冬 23 号比新冬 20 号干旱胁迫下出现较多微孔结构。小麦胚乳外缘细胞淀粉粒表面微观结构更易受外界干旱胁迫影响。

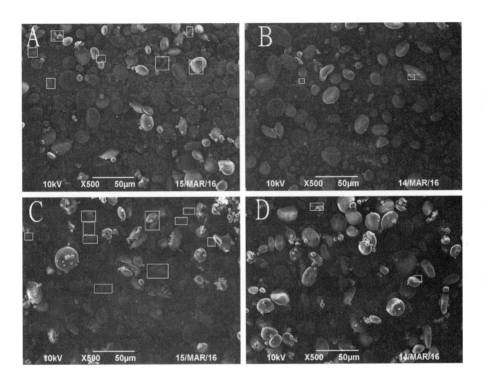

图 2.4　花后干旱胁迫下胚乳外缘淀粉粒（引自李诚，2016）

注：A 为干旱胁迫下新冬 20 号花后 35 天胚乳外缘淀粉粒；B 为正常灌水下新冬 20 号花后 35 天胚乳外缘淀粉粒；C 为干旱胁迫下新冬 23 号花后 35 天胚乳外缘淀粉粒；D 为正常灌水下新冬 23 号花后 35 天胚乳外缘淀粉粒。照片中方框所示为淀粉粒表面微孔结构。

四、不同发育时期小麦淀粉粒粒径分布

小麦淀粉粒粒径分布是反映淀粉特性的一个重要参数，能够影响以淀粉为原料的面粉制品的口感和品质（Singh et al.，2010）。为探寻外界干旱胁迫下小麦淀粉粒粒径分布的规律，本书利用激光粒径分布仪对花后干旱胁迫下不同发育时期淀粉粒平均粒径分布进行测定，结果经数理统计分析后列于表 2.1。小麦籽粒灌浆初期（花后 7 天），花后干旱胁迫下淀粉粒平均粒径比对照均显著减小，新冬 20 号比对照条件下减少 34.02%，新冬 23 号比对照条件下减少 5.06%。小麦籽粒灌浆前期（花后 14 天），干旱胁迫下新冬 20 号比对照条件下减少 7.60%，新冬 23 号比对照条件下减少 12.80%。小麦籽粒灌浆中期（花后 21 天），新冬 20 号比对照条件下减少 10.30%，新冬 23 号比对照条件下减少 7.70%。

小麦籽粒灌浆后期（花后 28 天），干旱胁迫下新冬 20 号比对照条件下减少 2.70%，新冬 23 号比对照条件下减少 22.10%。小麦籽粒灌浆成熟期（花后 35 天），干旱胁迫下新冬 20 号比对照条件下减少 4.06%，新冬 23 号比对照条件下减少 25.08%。将干旱胁迫后两品种各时期籽粒淀粉粒平均粒径减少幅度平均，新冬 20 号比对照正常灌水条件下平均减少 11.74%，新冬 23 号比对照正常灌水条件下平均减少 14.55%，表明新冬 23 号淀粉粒径受花后干旱胁迫影响减幅比新冬 20 号大。

表 2.1 的结果表明，参试品种经花后干旱胁迫后，淀粉粒平均粒径最大值出现的时期存在差异。新冬 20 号在正常灌水条件下籽粒淀粉粒平均粒径最大值出现在花后 21 天，经花后干旱胁迫处理，籽粒淀粉粒平均粒径最大值出现在花后 28 天；新冬 23 号在正常灌水条件下淀粉粒平均粒径最大值出现在花后 28 天，经花后干旱胁迫处理，淀粉粒平均粒径最大值出现在花后 14 天。随着 B 型淀粉粒快速发育，新冬 23 号在花后 21 天淀粉平均粒径比花后 14 天和花后 28 天小。B 型淀粉粒主要发育时期为籽粒灌浆中后期（花后 14 天开始至籽粒成熟），而 A 型淀粉粒主要发育时期在籽粒灌浆前期（花后 1～14 天）。这些结果表明淀粉粒平均粒径与不同发育时期淀粉粒 SEM 照片的结果一致。

将两个参试品种对比研究分析发现，在小麦籽粒灌浆初期（花后 7 天），花后干旱胁迫使新冬 20 号粒径减小幅度是新冬 23 号的近 6.5 倍，表明新冬 20 号淀粉粒在花后干旱胁迫初期更易受影响；在小麦籽粒灌浆前中期（花后 14 天），花后干旱胁迫使得新冬 23 号粒径减小幅度是新冬 20 号的近 1.6 倍，表明新冬 23 号淀粉粒在花后干旱胁迫前中期更易受影响；在小麦籽粒灌浆中期（花后 21 天），花后干旱胁迫使得新冬 20 号粒径减小幅度是新冬 23 号的近 1.4 倍，表明新冬 20 号淀粉粒在花后干旱胁迫中期更易受影响；在小麦籽粒灌浆中后期（花后 28 天），花后干旱胁迫使得新冬 23 号粒径减小幅度是新冬 20 号的近 10.6 倍，表明新冬 23 号淀粉粒在花后干旱胁迫中后期更易受影响；在小麦籽粒灌浆后期（花后 35 天），花后干旱胁迫使得新冬 23 号粒径减小幅度是新冬 20 号的近 8.0 倍，表明新冬 23 号淀粉粒在花后干旱胁迫后期更易受影响。总之，花后干旱胁迫下新冬 20 号淀粉粒在籽粒灌浆初期和中期更易受影响，新冬 23 号淀粉粒在籽粒灌浆前中期、中后期和后期更易受影响。

上述研究结果表明，小麦花后干旱胁迫对参试品种淀粉粒平均粒径的影响为：淀粉粒平均粒径减小，B 型淀粉粒比例增加。小麦胚乳中 A 型淀粉粒数量只占胚乳淀粉粒总数量的 5% 左右，而重量却占成熟小麦胚乳总淀粉重量的 70% 以上；B 型淀粉粒数量一般占淀粉粒总数的 95% 左右，但重量只占成熟小麦胚乳总重的 25%～30%（Stoddard，1999）。由于小麦籽粒淀粉中 B 型淀粉粒数量多但重量占比小，外界干旱胁迫减少了 A 型淀粉粒数量，增加了 B 型淀粉粒数量，淀粉粒平均粒径大小的改变在一定程度上影响小麦籽粒淀粉含量，在外界干旱胁迫下由"源"产生的光合产物量减少，而这些光合产物是形成多聚糖产生淀粉的物质基础，因此从淀粉粒径分布角度分析淀粉粒的大小改变就会引起淀粉含量的变化。由于小麦籽粒中淀粉一般占到籽粒重量的 65%～70%，淀粉含量变化会引起籽粒重量变化，这也是外界干旱胁迫下造成小麦籽粒重量减轻的原因之一。

表 2.1　小麦花后干旱胁迫下籽粒灌浆不同时期胚乳淀粉粒平均粒径

基因型	处理	平均粒径				
		花后 7 天	花后 14 天	花后 21 天	花后 28 天	花后 35 天
新冬 20 号	干旱	8.34 ± 0.11 B	14.51 ± 0.31 B	14.52 ± 0.12 B	15.05 ± 0.27 B	13.93 ± 0.24 B
	灌水	12.64 ± 0.32 A	15.71 ± 0.15 A	16.19 ± 0.31 A	15.46 ± 0.23 A	14.52 ± 0.12 A
新冬 23 号	干旱	11.34 ± 0.13 B	16.14 ± 0.12 B	14.55 ± 0.35 B	15.26 ± 0.35 B	13.98 ± 0.21 B
	灌水	12.01 ± 0.26 A	18.50 ± 0.16 A	15.76 ± 0.24 A	19.59 ± 0.31 A	18.66 ± 0.23 A

注：表中数据为三次重复测定的平均值 ± 标准误差，同一基因型内不同字母表示差异达到显著水平 $p < 0.01$。

五、小麦淀粉粒酶解后形态变化

通过 SEM 观察表明，花后干旱胁迫小麦淀粉粒表面微孔和微通道数量明显增多。能否用外源酶水解淀粉粒的方法来进一步研究证实，外界花后干旱胁迫使得淀粉粒表面微观结构发生变化，淀粉粒表面增多的微孔和微通道以及淀粉粒赤道凹槽等微观结构成为外源水解酶在淀粉粒表面的作用位点，从而加速淀粉粒的水解。为研究证实小麦花后干旱胁迫对淀粉粒表面微观结构（如微孔和微通道）变化的影响，本书采用外源淀粉水解酶（α-淀粉酶和淀粉葡萄糖苷酶）酶解淀粉粒，再进一步通过 SEM 观察拍照经外源酶处理后淀粉粒表观形态结构，从而进一步探明淀粉粒表面微观结构经花后干旱胁迫处理后的变化。本课题组前期研究表明由于淀粉粒本身的不同层级结构对外源酶液的敏感性不同，淀粉粒经外源酶酶解后各层级形态结构清晰可辨，因此外源酶酶解是深入研究淀粉粒结构的有力工具（Li et al.，2011）。

图 2.5 为新冬 20 号和新冬 23 号经外源酶酶解后的淀粉粒形态照片。图中所有参试品种淀粉粒经过外源酶酶解后，淀粉粒表面微孔和赤道凹槽结构更加清晰可见。将参试品种干旱胁迫处理后的淀粉粒与对照淀粉粒（正常灌水条件）经外源酶酶解后的形态结构相比较，表明淀粉粒表面赤道凹槽结构经干旱胁迫后更易被外源酶酶解。外源酶酶解淀粉粒表面出现的微孔和小洞结构表明，淀粉粒发育过程中自身形成的表面微孔结构可能是外源酶进一步酶解作用的潜在位点，外源酶通过酶解这些位点将有助于淀粉粒进一步加速酶解。Kim 和 Huber（2008）报道了小麦淀粉粒表面微孔和微通道结构。Chen 等（2011）研究认为淀粉粒表面微观结构（微孔和微通道）有助于外界化学物质（外源酶液、酸、碱和水等）进入淀粉粒内部，进而影响淀粉粒膨胀和酶解特性。

此外，图 2.5H 插图显示淀粉粒经外源酶水解后很容易观察到淀粉粒中生长环结构，表明小麦淀粉粒各层级结构具有非均匀同质性。Li 等（2012）研究报道了外源酶液首先酶解淀粉粒非晶体层区域，使得非晶体层和晶体层对比更加明显，产生图 2.5H 插图中的效果。尽管研究表明参试品种新冬 20 号干旱胁迫下花后 28 天和 35 天淀粉粒表面出现微孔结构（见图 2.5D 和图 2.5E），但进行外源酶水解后对比正常灌水条件下其淀粉粒基本形态均未发生明显变化。然而新冬 23 号干旱胁迫下淀粉粒经外源酶水解，其淀粉粒表面（见图 2.5D 和图 2.5H）比正常灌水下淀粉粒表面（见图 2.5C 和图 2.5G）有更多的深孔出现，尤其是淀粉粒赤道凹槽部位表现更为明显，这些证据表明新冬 23 号干旱胁迫下淀粉粒对外源酶水解比新冬 20 号更为敏感。

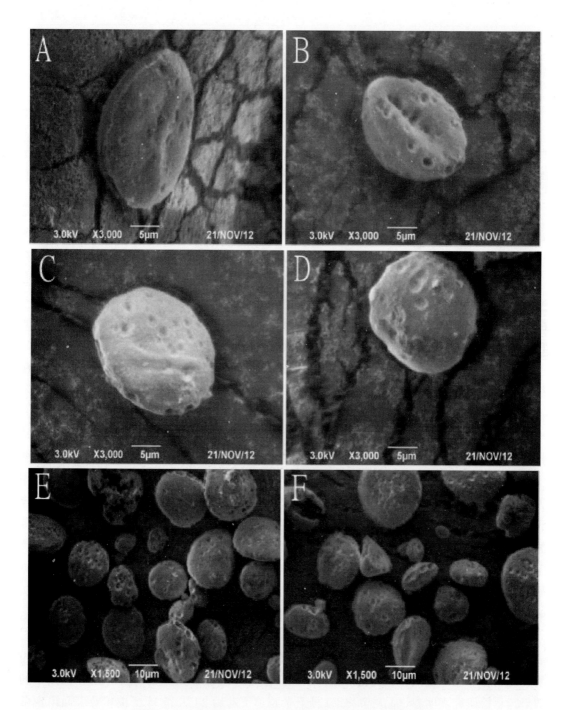

图 2.5   干旱胁迫下小麦胚乳淀粉粒经外源酶酶解后照片

图 2.5　干旱胁迫下小麦胚乳淀粉粒经外源酶酶解后照片（续）

注：A~D 为 360Uα-淀粉酶酶解 25 毫克淀粉粒后 SEM 照片；E~H 为 50U 淀粉葡萄糖苷酶酶解 25 毫克淀粉粒后
SEM 照片。A 和 E 为正常灌水下新冬 20 号酶解淀粉粒照片；B 和 F 为干旱胁迫下新冬 20 号酶解淀粉粒照片；C 和 G
为正常灌水下新冬 23 号酶解淀粉粒照片；D 和 H 为干旱胁迫下新冬 23 号酶解淀粉粒照片。H 照片中插图为放大倍
数×1500 淀粉粒生长环结构。

六、小麦胚乳淀粉粒酶解效率

花后干旱胁迫下淀粉粒外源酶水解 SEM 照片（见图 2.5）表明，淀粉粒表面微观结
构是淀粉水解酶作用淀粉粒表面的潜在位点，位点数量增多有利于淀粉酶水解效率的提
高，能否从淀粉酶解效率的角度进一步证明外界花后干旱胁迫增加了淀粉粒表面水解酶作
用位点。淀粉酶解效率一般是由淀粉酶解后产生还原糖浓度来决定的。为直观表明小麦花
后干旱胁迫下淀粉粒酶解效率，本研究对参试品种淀粉粒经 72 小时酶解后产生的还原糖
浓度进行了测定（见表 2.2）。

表 2.2　干旱胁迫对小麦胚乳淀粉粒水解还原糖浓度影响

基因型	处理	还原糖浓度	
		α-淀粉酶	淀粉葡萄糖苷酶
新冬 20 号	干旱	373.24±1.94B	265.49±0.93B
	灌水	269.30±3.49A	214.87±0.26A
新冬 23 号	干旱	360.24±0.65B	243.09±0.68B
	灌水	319.25±1.29A	205.91±0.26A

注：表中数据为三次重复测定的平均值±标准误差，同一基因型内不同字母表示差异达到显著水平 $p<0.01$。

表 2.2 表明，在花后干旱胁迫下，两个参试品种淀粉粒经 α-淀粉酶和淀粉葡萄糖苷
酶 72 小时水解后产生还原糖浓度均比正常灌水条件下显著升高，其中新冬 20 号分别增加
38.6% 和 23.56%；新冬 23 号分别增加 12.84% 和 18.06%，表明花后干旱胁迫提高了淀

粉酶解效率，证明干旱胁迫增加了淀粉粒表面水解酶作用位点。结合上述淀粉粒酶解 SEM 照片中显示花后干旱胁迫下淀粉粒表面微孔和微通道明显增多的现象，综合表明小麦花后干旱胁迫诱导了淀粉粒层级结构产生变化并且增加淀粉粒表面微孔及微通道的数量，而这些淀粉粒表面上发生的微小变化又成为外源酶水解淀粉粒的首要潜在作用位点，提高了酶解效率，进一步加速了小麦淀粉粒酶解。

七、小麦淀粉粒蛋白酶 XIV 酶解及化学染色

研究表明，淀粉粒表面大部分微通道结构内充满着类通道蛋白，这些通道蛋白阻塞了通往淀粉粒中心腔体的通路（Han et al.，2005）。为进一步研究花后干旱胁迫下淀粉粒表面微观结构的变化，本研究采用蛋白酶 XIV（蛋白酶混合物）酶解淀粉粒，利用荧光染液汞溴红浸染酶解后的淀粉粒，以及利用蛋白特异性探针 CBQCA 标记淀粉粒表面微通道内未完全酶解的类通道蛋白的方法来显示淀粉粒表面微观结构，经花后干旱胁迫后产生的变化。

如图 2.6 所示，花后干旱胁迫下淀粉粒经蛋白酶 XIV 酶解后表面发生变化，对比正常灌水条件下两个参试品种淀粉粒表面有更多随机分布的微孔出现（见图 2.6A 和图 2.6C 中方框）。经荧光染液汞溴红浸染后，CLSM 照片显示花后干旱胁迫下部分淀粉粒被荧光染液染成蓝色，荧光染液通过微孔和微通道进入淀粉粒内部（见图 2.6E 和图 2.6G 箭头），而正常灌水条件下参试品种淀粉粒只有极少数被荧光染液染成蓝色，绝大部分淀粉粒未被染色，荧光染液在淀粉粒赤道区域形成淀粉粒形状的蓝色圆圈（见图 2.6F 和图 2.6H）。蛋白探针 CBQCA 染色后，显示出与荧光染液相似的结果，即经过花后干旱胁迫下部分淀粉粒表面微通道蛋白被标记出来（见图 2.6I 和图 2.6K 箭头），而正常灌水条件下则出现很少（见图 2.6J 和图 2.6L）。

八、小麦淀粉粒蛋白酶 K 酶解及化学染色

本研究采用蛋白酶 K（无淀粉分解活性）酶解淀粉粒，利用荧光染液汞溴红浸染酶解后的淀粉粒，以及利用蛋白特异性探针 CBQCA 标记淀粉粒表面微通道内未完全酶解蛋白的方法来显示淀粉粒表面微观结构的变化。如图 2.7 所示，花后干旱胁迫下淀粉粒经蛋白酶 K 酶解后表面发生变化，对比正常灌水条件下参试品种淀粉粒表面有更多随机分布微孔出现（见图 2.7A 和图 2.7C 中方框）。经荧光染液汞溴红浸染后，CLSM 照片显示花后干旱胁迫下部分淀粉粒被荧光染液染成蓝色，荧光染液通过微孔和微通道进入淀粉粒内部（见图 2.7E 和图 2.7G 箭头），而正常灌水条件下参试品种淀粉粒只有极少数被荧光染液染成蓝色，绝大部分淀粉粒未被染色，荧光染液在淀粉粒赤道区域形成淀粉粒形状的蓝色圆圈（见图 2.7F 和图 2.7H）。蛋白探针 CBQCA 染色后，显示出与荧光染液相似的结果，即经花后干旱胁迫下淀粉粒表面部分随机分布呈放射状的微通道蛋白被标记出来（见图 2.7I 和图 2.7K 箭头），而正常灌水条件下则出现很少（见图 2.7J 和图 2.7L）。

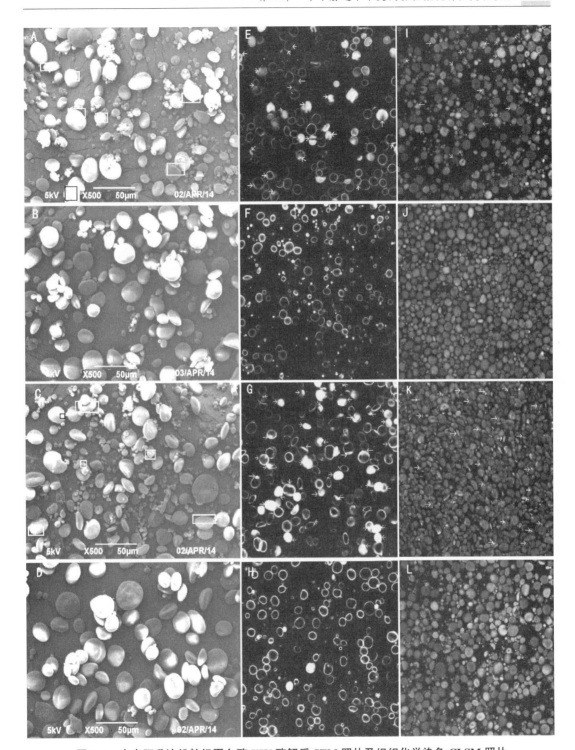

图 2.6　小麦胚乳淀粉粒经蛋白酶 XIV 酶解后 SEM 照片及组织化学染色 CLSM 照片

注：A～D 为蛋白酶 XIV 酶解淀粉粒后 SEM 照片；E～H 为蛋白酶 XIV 酶解淀粉粒经荧光染液汞溴红染色后 CLSM 照片；I～L 为蛋白酶 XIV 酶解淀粉粒经蛋白特异性探针 CBQCA 染色标记后 CLSM 照片。A、E 和 I 为干旱胁迫下新冬 20 号淀粉粒；B、F 和 J 为正常灌水下新冬 20 号淀粉粒；C、G 和 K 为干旱胁迫下新冬 23 号淀粉粒；D、H 和 L 为正常灌水下新冬 23 号淀粉粒。

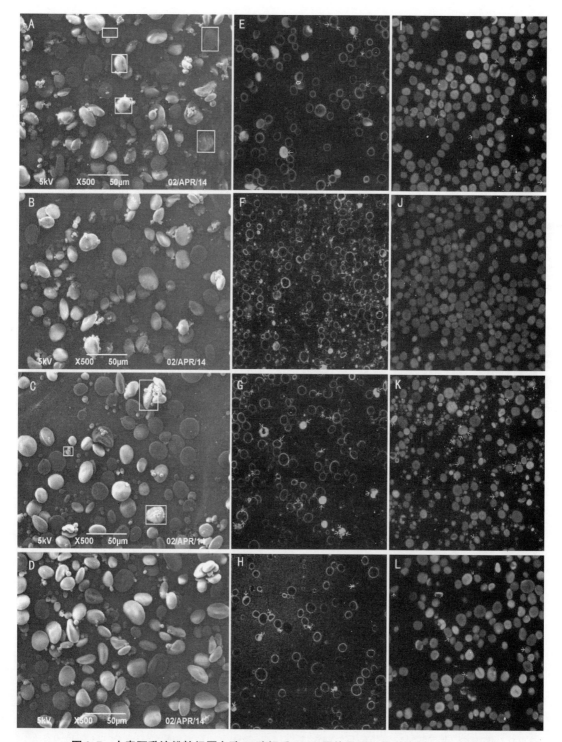

图 2.7　小麦胚乳淀粉粒经蛋白酶 K 酶解后 SEM 照片及组织化学染色 CLSM 照片

注：A～D 为蛋白酶 K 酶解淀粉粒后 SEM 照片；E～H 为蛋白酶 K 酶解淀粉粒经荧光染液汞溴红染色后 CLSM 照片；I～L 为蛋白酶 K 酶解淀粉粒经蛋白特异性探针 CBQCA 染色标记后 CLSM 照片。A、E 和 I 为干旱胁迫下新冬 20 号淀粉粒；B、F 和 J 为正常灌水下新冬 20 号淀粉粒；C、G 和 K 为干旱胁迫下新冬 23 号淀粉粒；D、H 和 L 为正常灌水下新冬 23 号淀粉粒。

小麦籽粒淀粉动态发育研究表明，小麦籽粒淀粉发育过程中 A 型和 B 型淀粉粒有两个生长发育高峰时期，花后 5 天开始主要形成 A 型淀粉粒，花后 15 天开始主要形成 B 型淀粉粒（Peng et al.，1999）。也有学者研究认为小麦胚乳在花后 7～10 天主要形成 A 型淀粉粒，花后 12～14 天主要形成 B 型淀粉粒，花后 21 天开始主要形成小淀粉粒（0～5 微米）（Parker，1985；Bechtel et al.，1990）。小黑麦研究表明，A 型淀粉粒主要在花后 6 天形成，B 型淀粉粒主要在花后 18 天形成，花后 21 天和 27 天还存在两个小淀粉粒（0～5 微米）合成的高峰期（Li et al.，2011）。本书对小麦胚乳淀粉动态发育研究的结果表明，小麦胚乳淀粉粒中 A 型淀粉粒快速发育时期为籽粒灌浆前期（花后 7 天），此时发育形成的淀粉粒主要为 A 型淀粉粒；B 型淀粉粒籽粒主要出现在籽粒灌浆中后期（花后 14 天开始至籽粒成熟），花后 28 天大量出现，这与前人研究关于小麦 A 型、B 型淀粉粒形成时期基本一致，A、B 型淀粉粒发育高峰形成时期上的略微差异主要受取样时期差异的影响。外界干旱胁迫对 B 型淀粉影响的前人研究还存在分歧，一些研究者认为干旱胁迫减少了 B 型淀粉粒（Singh et al.，2008；He et al.，2013），还有一些研究者认为干旱胁迫增加了 B 型淀粉粒（Yang et al.，2014；戴忠民，2007）。本书结果与后者一致，花后干旱胁迫下两个参试品种的 B 型淀粉粒大量快速发育时期为花后 21 天，比对照提前，表明外界干旱胁迫能提前加速 B 型淀粉粒的大量形成。

本书中两个参试品种在不同处理下淀粉粒平均粒径最大值出现时期存在差异，在正常灌水条件和干旱胁迫下，新冬 20 号分别出现在花后 21 天和 28 天；新冬 23 号分别出现在花后 28 天和 14 天。出现时期的差异可能与参试品种对外界干旱胁迫耐受力以及自身淀粉粒大小有关，对于外界干旱胁迫耐受力较强的新冬 20 号，与新冬 23 号相比淀粉粒较小（16.19±0.31 微米，灌水条件下最大值），干旱胁迫对新冬 20 号淀粉粒影响较敏感的时期为籽粒灌浆初期和中期，对中后期淀粉粒影响较小，因此，淀粉粒平均粒径最大值出现在中后期。对于外界干旱胁迫耐受力较敏感的新冬 23 号，与新冬 20 号相比淀粉粒较大（19.59±0.31 微米，灌水条件下最大值），干旱对淀粉粒影响较敏感的时期为籽粒灌浆前中期、中后期和后期，对灌浆前期影响较小，因此，淀粉粒平均粒径最大值出现在前中期。

小麦淀粉粒形态结构是决定淀粉物理化学性质的基础，并进一步影响小麦产量和品质（Tester et al.，2001）。籽粒灌浆期外界环境条件对淀粉粒的形成和发育有重要影响。在外界干旱胁迫条件下，小麦籽粒灌浆不充分，淀粉粒形态结构发育不完善，籽粒淀粉产量则较低，因而由此造成小麦减产和籽粒品质降低。关于小麦淀粉粒形状的研究表明，A 型淀粉粒一般呈盘状或透镜状，B 型淀粉粒一般呈球形或多边形（Stoddard，1999）。本书表明，花后干旱胁迫虽未引起小麦 A 型、B 型淀粉粒基本形态发生根本性变化，但对淀粉粒表面微观结构却产生较大影响，如淀粉粒表面微孔和微通道数量明显增多，淀粉粒粒径变小。花后干旱胁迫导致的淀粉粒表面微孔和微通道结构的增多，成为外源酶水解过程中的首要作用位点，从而进一步提高了外源酶水解的效率，加速了淀粉粒的酶解。

外界干旱胁迫对淀粉粒各层级结构的影响广泛而深远。已有研究将淀粉粒分成 5 级结构。本书中通过外源酶水解淀粉粒，淀粉粒中生长环结构清晰可见。生长环是由晶体壳

（crystalline shells）和半晶体壳（semi crystalline shells）组成。晶体壳是由不同排列方式的小体组成，一般 2~3 层小体就可以组成一个壳。Tang 等（2006）提出缺陷小体模型的概念，将淀粉粒结构中半晶体小体分成正常小体和缺陷小体两种类型，它们是构成淀粉粒的基本单元，正常小体构成晶体状的硬壳，缺陷小体构成半晶体的软壳，由于缺陷小体聚集易碎，并且缺陷小体区域很容易剥落形成淀粉粒表面的微孔和微通道，并对酶具有较弱的抗性。笔者认为，可利用更先进的显微仪器如原子力显微镜等观察，进一步明确缺陷小体的形态及结构。

第三节　干旱胁迫下小麦淀粉粒结构及相关特性变化

在新疆小麦生产中，籽粒灌浆期外界干旱胁迫时常发生，严重影响小麦品质和产量的形成，已经成为制约新疆小麦生产的重要限制性因素。小麦籽粒中淀粉约占籽粒干重的 70%~80%，其含量和淀粉品质对面制食品的加工有重要影响（阎俊等，2001）。小麦淀粉理化特性对面条食用品质如面条软度、光滑性及口感有重要影响（宋键民等，2008）。Rindlav 等（1997）制备了不同结晶度的马铃薯淀粉膜，研究表明淀粉膜水分含量随结晶度的增加呈线性增加趋势。Soest 等（1996）的研究表明，淀粉结晶度对热塑性马铃薯淀粉的拉伸性能产生影响，增加马铃薯淀粉结晶度 5%~30%，可使其弹性系数增加 10~70 兆帕，抗张力增加 3~7 兆帕。

关于外界干旱对小麦品质影响已有较多研究，多从籽粒蛋白质角度入手，而对干旱胁迫下籽粒淀粉品质研究相对较少。如前所述，花后干旱胁迫导致淀粉粒粒径减小，淀粉粒表面微观结构改变如微孔和微通道数量增多，并对淀粉粒酶解特性产生一定影响。淀粉粒表面微观结构变化会对淀粉晶体特性以及淀粉品质产生怎样的影响是本书关注的问题。本节内容通过探明外界干旱胁迫对小麦淀粉晶体结构、支链淀粉链长分布以及淀粉品质变化的影响，研究结果将有助于揭示小麦花后干旱胁迫下胚乳淀粉粒微观结构变化对淀粉粒晶体结构以及淀粉品质的影响。

一、小麦籽粒形态和大小

新冬 20 号和新冬 23 号两个参试品种花后干旱胁迫下籽粒均小于正常灌水条件下籽粒（见图 2.8 和图 2.9）。由于籽粒发育前期胚乳均呈液态，因此烘干后籽粒长而瘦瘪。小麦籽粒在发育初期先长长，再长宽而后逐渐充实饱满，这也是籽粒灌浆前期（花后 7 天和花后 14 天）取样籽粒较瘦长的原因。此外，新冬 20 号籽粒经花后干旱胁迫处理后籽粒瘦瘪程度比新冬 23 号籽粒瘦瘪程度受干旱胁迫影响小。

本书对两个参试小麦品种花后干旱胁迫处理后，不同籽粒灌浆阶段的粒重测定结果列于表 2.3。结果表明花后干旱胁迫下两个参试品种籽粒重量表现出明显差异。在正常灌水条件下，随灌浆进程延续新冬 20 号籽粒重量逐渐增大，在花后干旱胁迫下，籽粒灌浆各时期籽粒重量均比对照条件下减轻。在干旱胁迫下，新冬 23 号粒重变化趋势与新冬 20 号相同。

图 2.8　新冬 20 号花后干旱胁迫下不同发育时期籽粒

注：上排为花后干旱胁迫处理籽粒，时期从左至右依次为花后 7 天、14 天、21 天、28 天和 35 天；下排为花后正常灌水处理籽粒，时期从左至右依次为花后 7 天、14 天、21 天、28 天和 35 天。

图 2.9　新冬 23 号花后干旱胁迫下不同发育时期籽粒

注：上排为花后干旱胁迫处理籽粒，时期从左至右依次为花后 7 天、14 天、21 天、28 天和 35 天；下排为花后正常灌水处理籽粒，时期从左至右依次为花后 7 天、14 天、21 天、28 天和 35 天。

表 2.3　小麦花后干旱胁迫下不同发育时期籽粒重量

基因型	处理	籽粒千粒重（毫克）				
		花后 7 天	花后 14 天	花后 21 天	花后 28 天	花后 35 天
新冬 20 号	干旱	3.56 ± 0.25b	15.66 ± 0.19b	24.99 ± 0.48b	31.69 ± 0.66b	33.38 ± 0.53b
	灌水	5.17 ± 0.27a	16.61 ± 0.05a	29.09 ± 0.66a	40.07 ± 0.18a	41.52 ± 1.07a
新冬 23 号	干旱	4.07 ± 0.08b	14.26 ± 0.02b	28.16 ± 0.35b	33.91 ± 0.15b	34.73 ± 0.17b
	灌水	4.57 ± 0.07a	15.33 ± 0.13a	33.13 ± 0.33a	41.57 ± 0.46a	42.09 ± 0.27a

注：表中数据为三次重复测定的平均值 ± 标准误差，同一基因型内不同字母表示差异达到显著水平 $p < 0.05$。

对比研究表明，在小麦籽粒灌浆初期（花后 7 天）花后干旱胁迫下新冬 20 号粒重减小幅度是新冬 23 号的近 2.86 倍，表明新冬 20 号籽粒重量在灌浆初期更易受影响；籽粒灌浆前中期（花后 14 天）干旱胁迫下新冬 23 号粒重减小幅度是新冬 20 号粒重的近 1.13 倍，表明新冬 23 号籽粒重量在灌浆前中期更易受影响；籽粒灌浆中期（花后 21 天）花后干旱胁迫下新冬23号粒重减小幅度是新冬20号粒重减小幅度的近1.21倍，表明新冬23号淀粉粒在灌浆中期更易受影响；在小麦籽粒灌浆中后期（花后28天）花后干旱胁迫下新冬20号粒重减小幅度是新冬23号的近1.09倍，表明新冬20号淀粉粒在灌浆中后期更易受影响；籽粒灌浆后期（花后35天）花后干旱胁迫下新冬20号粒重减小幅度是新冬23号的近1.11倍，表明新冬20号淀粉粒在灌浆后期更易受影响。总之，花后干旱胁迫下新冬20号粒重在籽粒灌浆初期和中后期更易受影响，新冬23号籽粒在籽粒灌浆前中期和中期更易受影响。

二、小麦淀粉组分积累

小麦胚乳淀粉粒一级结构组分包括直链淀粉和支链淀粉两种类型。研究表明小麦等禾谷类作物籽粒淀粉中直、支链淀粉含量和比例不同，籽粒淀粉粒的数量、大小和结构也相应发生变化，造成淀粉理化特性改变，影响淀粉加工品质（宋键民等，2007；Parker and Ring，2001）。

本书测定了花后干旱胁迫下新冬20号和新冬23号不同发育时期籽粒中总淀粉含量（见表2.4）。结果表明，两个参试品种干旱胁迫下总淀粉含量变化规律略有差异。在正常灌水条件下，新冬20号和新冬23号籽粒胚乳总淀粉含量呈现逐渐增高趋势，成熟期（花后35天）达到最大值。在干旱胁迫下，两个品种的总淀粉含量呈现先升高后降低再升高的变化趋势。新冬20号在花后干旱胁迫后花后7天和花后14天总淀粉含量高于对照条件，新冬23号则在花后14天和21天。新冬20号和新冬23号经花后干旱胁迫成熟期（花后35天）籽粒总淀粉含量分别比对照正常灌水条件下降低28.71%和4.57%。

表2.4　小麦花后干旱胁迫下不同发育时期总淀粉含量

基因型	处理	总淀粉含量（%）				
		花后7天	花后14天	花后21天	花后28天	花后35天
新冬20号	干旱	8.63±0.73b	51.28±0.92b	39.67±0.42b	49.65±2.16b	52.77±1.07b
	灌水	4.92±0.23a	22.4±1.01a	66.68±1.02a	71.35±1.21a	74.02±1.44a
新冬23号	干旱	8.40±0.93b	61.98±3.19b	65.66±0.78b	53.83±0.28b	57.58±1.16b
	灌水	14.56±1.87a	43.04±0.55a	48.36±0.41a	58.31±0.83a	60.34±0.55a

注：表中数据为三次重复测定的平均值±标准误差，同一基因型内不同字母表示差异达到显著水平p<0.05。

如表2.5所示，两个参试品种在花后干旱胁迫下直链淀粉含量变化规律略有不同。在正常灌水条件下，新冬20号和新冬23号的直链淀粉含量呈逐渐增大的趋势，成熟期（花后35天）达到最大值。在干旱胁迫下，两个品种的直链淀粉含量呈现先升高后降低再升高的变化趋势。在干旱胁迫下，新冬20号在花后7天和14天直链淀粉含量高于对照条件，新冬23号则在花后14天和21天。籽粒成熟期（花后35天）新冬20号和新冬23号经干旱胁迫直链淀粉均比灌水条件下降低28.17%和4.47%。

表 2.5　小麦花后干旱胁迫下不同发育时期直链淀粉含量

基因型	处理	直链淀粉含量（%）				
		花后 7 天	花后 14 天	花后 21 天	花后 28 天	花后 35 天
新冬 20 号	干旱	2.96 ± 0.22b	15.48 ± 0.27b	12.07 ± 0.12b	15.00 ± 0.64b	15.91 ± 0.31b
	灌水	1.87 ± 0.07a	7.00 ± 0.30a	20.00 ± 0.30a	21.37 ± 0.36a	22.15 ± 0.42a
新冬 23 号	干旱	2.89 ± 0.27b	18.62 ± 0.94b	19.70 ± 0.23b	16.23 ± 0.08b	17.33 ± 0.34b
	灌水	4.70 ± 0.55a	13.06 ± 0.16a	14.62 ± 0.12a	17.54 ± 0.24a	18.14 ± 0.16a

注：表中数据为三次重复测定的平均值 ± 标准误差，同一基因型内不同字母表示差异达到显著水平 $p < 0.05$。

如表 2.6 所示，两个参试品种经花后干旱胁迫处理支链淀粉含量变化规律略有不同。在正常灌水条件下，新冬 20 号和新冬 23 号籽粒支链淀粉含量呈现逐渐升高的趋势，成熟期（花后 35 天）达到最大值。在干旱胁迫下，两个品种的支链淀粉含量呈现先升高后降低再升高的变化趋势。在干旱胁迫下，新冬 20 号花后 7 天和 14 天支链淀粉含量高于对照条件，新冬 23 号则在花后 14 天和 21 天。干旱胁迫下成熟期新冬 20 号和新冬 23 号支链淀粉均比正常灌水条件下降低 28.94% 和 4.62%。

表 2.6　小麦花后干旱胁迫下不同发育时期支链淀粉含量

基因型	处理	支链淀粉含量（%）				
		花后 7 天	花后 14 天	花后 21 天	花后 28 天	花后 35 天
新冬 20 号	干旱	5.67 ± 0.52b	35.80 ± 0.65b	27.60 ± 0.29b	34.65 ± 1.53b	36.86 ± 0.76b
	灌水	3.05 ± 0.16a	15.40 ± 0.71a	46.68 ± 0.72a	49.98 ± 0.85a	51.87 ± 1.01a
新冬 23 号	干旱	5.51 ± 0.66b	43.36 ± 2.25b	45.96 ± 0.55b	37.60 ± 0.19b	40.25 ± 0.82b
	灌水	9.86 ± 1.32a	29.98 ± 0.39a	33.74 ± 0.29a	40.77 ± 0.58a	42.20 ± 0.39a

注：表中数据为三次重复测定的平均值 ± 标准误差，同一基因型内不同字母表示差异达到显著水平 $p < 0.05$。

新冬 20 号和新冬 23 号籽粒灌浆过程中淀粉积累速率对比研究表明，两个参试品种在正常灌水条件下籽粒淀粉积累速率呈现相同变化趋势，即先升高后降低趋势。在花后干旱胁迫下，新冬 20 号籽粒淀粉积累速率变化都呈现先升高后降低再升高后降低的趋势，新冬 23 号籽粒淀粉积累速率变化都呈现先升高后降低再升高的趋势。表明参试品种籽粒淀粉积累受外界干旱胁迫影响表现出波动变化趋势，不同籽粒灌浆阶段淀粉积累速率响应外界干旱胁迫影响的程度具有差异性。由于两个参试品种灌浆过程中淀粉积累速率特征不同，对比两个参试品种正常灌水条件下淀粉积累速率特征表明，新冬 20 号在籽粒灌浆过程中淀粉积累速率特征为慢—快—慢，即籽粒灌浆前期（花后 1 ~ 14 天）淀粉积累速率较慢，籽粒灌浆中期（花后 14 ~ 28 天）淀粉积累速率较快且持续时间较长，籽粒灌浆后期（花后 28 ~ 35 天）淀粉积累速率较慢。新冬 23 号在籽粒灌浆过程中淀粉积累特征为快—慢—快，即籽粒灌浆前期（花后 1 ~ 14 天）淀粉积累速率较快，籽粒灌浆中期（花后 14～28 天）淀粉积累速率较慢，籽粒灌浆后期（花后 28～35 天）淀粉积累速率较快（见图 2.10）。

三、小麦淀粉粒晶体结构类型

小麦胚乳淀粉粒晶体结构类型属于 A 型。淀粉粒结晶层结构通常用尖峰强度来表示（Myers et al.，2000）。小麦籽粒灌浆期外界干旱胁迫对淀粉粒晶体结构的影响可通过 X 射线衍射图谱的变化显示。如图 2.11 所示，在花后干旱胁迫和正常灌水条件下，新冬 20 号衍射图特征大致相同，分别在 15°、17°、18° 和 23° 处均有强峰；花后干旱和对照条件下的新冬 23 号衍射图特征也大致相同，在 15°、17°、18° 和 23° 处均出现强峰，花后干旱和对照正常灌水条件下的新冬 20 号和新冬 23 号淀粉晶体结构均呈现出典型的 A 型特征，表明花后干旱胁迫并未改变小麦淀粉粒晶体类型。

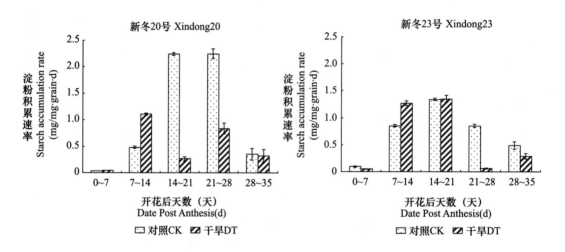

图 2.10　小麦花后干旱胁迫下不同发育时期淀粉积累速率

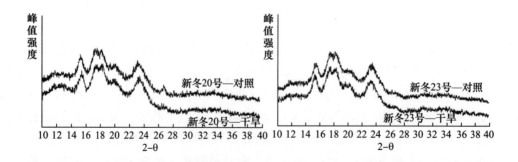

图 2.11　小麦花后干旱胁迫下淀粉粒 X 射线衍射图谱

四、小麦淀粉粒结晶特性

淀粉晶体结构是影响淀粉功能的重要因素之一（陆大雷等，2009）。淀粉的结晶度是衡量淀粉颗粒晶体性质的一个重要参数，常用淀粉中晶体所占比重表示，结晶度大小直接影响淀粉理化性质及应用。淀粉结晶度高反映了淀粉具有较高的黏度和稳定性，而且不易回生。花后干旱胁迫对淀粉粒结晶特性产生影响，进而对淀粉改变淀粉理化的特性和品质。

表2.7花后干旱胁迫下淀粉粒结晶度数据表明，花后干旱胁迫下新冬20号的小麦淀粉粒结晶度比对照正常灌水条件下降低15.61%；新冬23号小麦淀粉粒的结晶度比对照正常灌水条件下降低3.73%。淀粉颗粒结晶层结构通常用尖峰强度来表示（Myers et al.，2000）。由于外界干旱胁迫并未改变参试小麦淀粉晶体类型A型的基本特征，但是从尖峰强度上两个参试品种还是表现出明显差异。结合上文尖峰强度图2.10和图2.11，结果表明花后干旱胁迫条件下新冬20号在15°、17°和18°处尖峰强度数值均高于正常灌水条件下尖峰强度数值，23°处尖峰强度数值低于正常灌水条件。新冬23号则表现出除15°处尖峰强度数值高于正常灌水条件外，其他各处尖峰强度数值均低于灌水条件下相应尖峰强度数值。

表2.7　小麦花后干旱胁迫下淀粉粒结晶度和尖峰强度

基因型	处理	结晶度（%）	尖峰强度			
			$15°2\theta$	$17°2\theta$	$18°2\theta$	$23°2\theta$
新冬20号	干旱	26.87	723	794	788	677
	灌水	31.84	713	790	760	668
新冬23号	干旱	27.6	743	830	803	686
	灌水	28.67	731	858	870	743

五、小麦支链淀粉糖链长分布

支链淀粉糖是由α-1，4糖苷键将葡萄糖单体线性连接，α-1，6糖苷键支链连接葡聚糖。支链淀粉糖结构由A、B、C三种链构成，C链主链两端分别为还原端基和非还原端基，每个支链淀粉分子只有一条主链；A链和B链只有非还原端基，B链是C链的支链，A链是B链的侧链。一般而言，在天然淀粉中支链淀粉糖占淀粉总量的75%～80%，其构型对淀粉理化特性和淀粉食味品质具有重要影响。贺伟等（2012）对玉米、木薯、马铃薯和水稻淀粉粒支链淀粉糖链长分布研究表明，最高峰出现在DP11～13，肩峰出现在DP17～19。根据Takashi（1996）研究将支链淀粉糖色谱图分为A链（DP6－18），B1链（DP19－34），B2链（DP＞35）三个部分。通过对支链淀粉糖链长进行测定，可以判断支链淀粉A、B、C链分布构型特征。

参试品种新冬20号和新冬23号淀粉支链淀粉糖链长分布的测定结果如图2.12所示。经过花后干旱胁迫处理，两个参试品种淀粉支链淀粉糖色谱峰信号与其对照相比强度均减弱，色谱峰数量均减少。表明花后干旱胁迫改变了支链淀粉链长分布，尤其对于A链（DP6－18），B1链（DP19－34），B2链（DP＞35）色谱峰信号强度均减弱。由于小麦淀粉粒中支链淀粉一般占70%～80%，干旱胁迫引起支链淀粉链长变化，会对淀粉理化特性和品质产生影响。此外，参试两个品种间也表现出基因型差异，如图2.12中新冬23号干旱胁迫后色谱峰信号强度减弱幅度高于新冬20号。

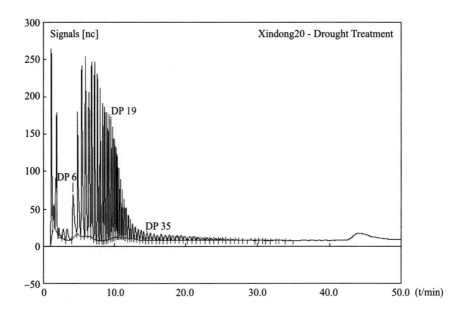

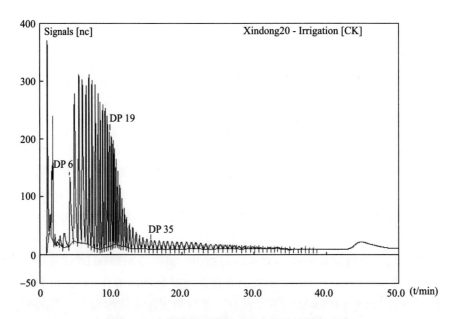

图2.12　小麦花后干旱胁迫下支链淀粉链长分布

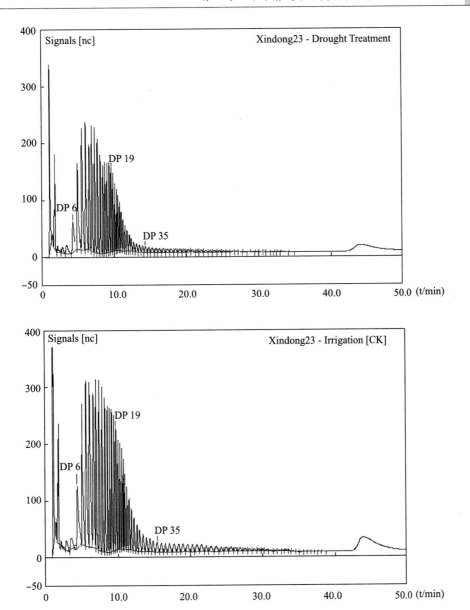

图 2.12　小麦花后干旱胁迫下支链淀粉链长分布（续）

六、小麦支链淀粉糖各链段相对峰面积分布

通常可以根据支链淀粉糖色谱峰面积及峰个数来判断各葡糖糖链的分布，从而判断支链淀粉糖的分子构型。表 2.8 中统计 A 链、B1 链和 B2 链各链段所占比例表明，小麦淀粉中 A 链比例较大，表明小麦淀粉中支链淀粉外侧链较长，对长链空间影响的作用力较大，加之长链运动性较弱不利于形成双螺旋结构。经过花后干旱胁迫，两个参试品种 A 链段所占比例均增高，B 链段比例均降低。研究表明淀粉结晶层中同一簇内相邻 A 链与 B 链间形成的双螺旋结构决定了淀粉晶体特性（Vandeputte and Delcour，2004）。研究显示 A、

B 链间双螺旋结构及规则排列，对支链淀粉 A 链和 B 链长度有严格要求，由于支链淀粉链长及分布不同，因而形成淀粉结晶特性差异，使淀粉具有不同功能和理化特性（贺晓鹏等，2010）。本结果表明，外界花后干旱胁迫对参试小麦淀粉粒中支链淀粉链长分布产生重要影响，使得支链淀粉簇外侧 A 链增长，B 链缩短，不易形成双螺旋结构，改变了淀粉粒中支链淀粉构型，进而引起淀粉晶体特性发生变化。

表 2.8　小麦花后干旱胁迫下支链淀粉糖各链段相对峰面积

基因型	处理	相对峰面积（%）			A 链	B1 链	B2 链
		A/B1	A/B2	B1/B2			
新冬 20 号	干旱	2.80	9.11	3.25	59.27	21.19	6.51
	灌水	2.64	6.86	2.60	56.88	21.56	8.30
新冬 23 号	干旱	2.81	9.21	3.28	57.74	20.57	6.27
	灌水	2.54	6.54	2.58	56.76	22.37	8.68

七、小麦籽粒淀粉持水力和膨润力

淀粉膨胀特性反映了淀粉悬浮液在糊化过程中吸水特性和在一定条件下离心后持水能力（Mccormick and Panozzo，1994）。研究表明淀粉膨胀势与淀粉为原料生产最终产品的食用品质密切相关，淀粉膨胀势可以作为东方式干白面条和日本白盐面条品质预测重要指标（姚大年等，1997；Crosbie，1991）。姚大年等（1999）对小麦淀粉膨胀势与面条品质指标之间关系的研究表明，淀粉膨胀势与面条评分之间呈显著正相关。梁灵等（2003）研究表明，淀粉膨胀体积与面条、馒头的食用品质正相关。加工优质白盐面条需要面粉膨胀体积、膨胀势和峰值黏度高，糊化温度低，崩解速度快（宋键民等，2008）。

小麦籽粒淀粉通常不溶于冷水，由于外界干旱胁迫造成小麦胚乳淀粉粒表面微孔和微通道数量增多，这些淀粉粒表面微观结构的变化会引起淀粉持水力和吸水性的改变。通过对参试品种成熟籽粒淀粉粒持水力和膨润力进行测定，表 2.9 结果表明，花后干旱胁迫和正常灌水条件下新冬 20 号籽粒淀粉的持水力和膨润力差异均不显著，而新冬 23 号籽粒淀粉的持水力在花后干旱胁迫下显著降低，但膨润力与正常灌水条件下比较差异不显著。

表 2.9　干旱胁迫对小麦淀粉粒持水力和膨润力影响

基因型	处理	持水力	膨润力
新冬 20 号	干旱	0.487 ± 0.137a	1.654 ± 0.085a
	灌水	0.459 ± 0.202a	1.736 ± 0.071a
新冬 23 号	干旱	0.435 ± 0.14b	1.628 ± 0.069a
	灌水	0.764 ± 0.17a	1.729 ± 0.032a

注：表中数据是三次重复测定的平均值 ± 标准误差，同一基因型内不同字母表示差异达到显著水平 $p < 0.05$。

八、小麦籽粒淀粉糊化特性

淀粉糊化黏度特性是指一定量淀粉和水在加热、高温和冷却过程中发生黏滞性变化形成淀粉浆糊化黏度谱（谭彩霞等，2011）。淀粉糊化黏度特性是反映淀粉品质重要指标，常用峰值黏度、低谷黏度、稀懈值、最终黏度、崩解值、峰值时间和糊化温度这些 RVA 参数来表示。

淀粉粒大小和比例、淀粉直支比以及直链淀粉含量都与淀粉糊化黏度特性密切相关，淀粉中直链淀粉含量低，淀粉糊化黏度特性指标中峰值黏度和崩解值则较高（Tsai，1974；宋键民等，2008）。小麦和水稻的研究表明，外界干旱胁迫使得直链淀粉含量显著降低（Singh et al.，2008；Liu et al.，2010；Fabian et al.，2011）。因此，干旱胁迫会引起小麦籽粒淀粉糊化黏度指标中峰值黏度和崩解值升高。也有研究表明面条评分与峰值黏度间呈显著或极显著正相关，并高于低谷黏度、最终黏度、崩解值等指标与面条评分的相关性（宋键民等，2008）。小麦淀粉糊化黏度特性与馒头体积、比容和结构等呈显著或极显著相关。因此，淀粉糊化特性是衡量小麦面粉品质的重要指标。

本书测定两个参试品种淀粉糊化黏度特性，表 2.10 中的结果显示，在花后干旱胁迫下新冬 20 号和新冬 23 号淀粉糊化黏度特性指标峰值黏度、低谷黏度、崩解值和回升值均比正常灌水条件下显著升高，最终黏度受干旱胁迫影响较小变化不显著。由于淀粉糊化黏度特性与直链淀粉含量密切相关，结合上文中花后干旱胁迫下籽粒成熟期直链淀粉含量降低的研究结果，分析表明两个参试品种经花后干旱胁迫峰值黏度和崩解值升高主要是由直链淀粉含量降低所致。

表 2.10 干旱胁迫对小麦淀粉糊化特性影响

基因型	处理	峰值黏度	低谷黏度	最终黏度	崩解值	回升值
新冬 20 号	干旱	387.83 ± 3.97b	311.50 ± 5.07b	76.33 ± 6.55a	502.33 ± 10.74b	198.17 ± 9.65b
	灌水	345.33 ± 11.31a	271.5 ± 6.02a	73.83 ± 5.56a	436.67 ± 10.66a	170.50 ± 5.24a
新冬 23 号	干旱	420.33 ± 5.24b	277.67 ± 5.89b	142.67 ± 3.19a	477.33 ± 9.02b	218.83 ± 1.40b
	灌水	384.33 ± 9.17a	248.33 ± 5.92a	136.00 ± 5.18a	416.00 ± 8.71a	178.50 ± 4.19a

注：表中数据是三次重复测定的平均值 ± 标准误差，同一基因型内不同字母表示差异达到显著水平 $p < 0.05$。

九、小麦籽粒破损淀粉

小麦籽粒破损淀粉是制粉过程中机械碾压造成的淀粉粒损伤。小麦破损淀粉含量的高低会对面食制品蒸煮品质优劣产生影响。谭彩霞等（2008）研究认为，面粉中破损淀粉含量过高或过低均不能制作出优质馒头。破损淀粉含量越高，面条食用品质越差，面粉中破损淀粉含量较高还会造成面条糊汤，影响面条弹性和光滑度（王晓曦等，2001）。Yunt 等（1996）研究表明，面粉破损淀粉含量一般在 5% 左右时，加工出的白盐面条品质较好。

破损淀粉能够影响小麦面粉加工品质，破损淀粉含量变化改变了面团流变学特性和面团中淀粉黏度特性，此外淀粉酶也更易于作用于破损淀粉，面粉中破损淀粉含量偏高，面团持水力下降从而释放较多水分引起面团稠度下降，面团黏性升高（谭彩霞等，2008）。花后干旱胁迫对小麦籽粒破损淀粉含量变化影响见表 2.11，结果表明，在花后干旱与对照正常灌水条件下，参试品种破损淀粉含量变化表现出明显不同。新冬 20 号的碘吸收率和破损淀粉程度差异均不显著，而花后干旱胁迫下新冬 23 号的碘吸收率和破损淀粉程度均显著低于对照正常灌水条件下的相应值。本书研究结果表明，由于不同基因型间对外界干旱胁迫的耐受性差异，进而引起了淀粉晶体结构的微小变化，以及籽粒在制粉过程中机械对淀粉粒损伤程度，都会对破损淀粉结果产生影响。

表 2.11　干旱胁迫对小麦破损淀粉的影响

基因型	处理	碘吸收率	破损淀粉程度
新冬 20 号	干旱	$92.91 \pm 0.27a$	$18.47 \pm 0.74a$
	灌水	$92.45 \pm 0.24a$	$17.92 \pm 0.81a$
新冬 23 号	干旱	$92.49 \pm 0.15b$	$17.25 \pm 0.38b$
	灌水	$93.25 \pm 0.19a$	$19.67 \pm 0.59a$

注：表中数据是三次重复测定的平均值 ± 标准误差，同一基因型内不同字母表示差异达到显著水平 $p < 0.05$。

外界花后干旱胁迫在新疆小麦生产上经常发生，对小麦籽粒灌浆产生严重影响，造成籽粒重量减轻，导致减产。对于小麦品质而言，外界籽粒灌浆期干旱胁迫也会影响籽粒中淀粉的积累，从而降低籽粒淀粉含量，改变淀粉中直、支链淀粉组分，对面粉及面粉加工品质产生影响。对淀粉粒径分布研究表明，花后外界干旱胁迫能够减小籽粒胚乳中淀粉粒粒径，提高 B 型淀粉粒含量，从而改变 A 型、B 型淀粉粒比例。已有研究表明，A 型、B 型淀粉粒一级结构中支链淀粉和直链淀粉所占比例并不同，外界花后干旱胁迫如何对小麦籽粒淀粉积累量以及淀粉组分产生影响，淀粉组分的改变与 A 型、B 型淀粉粒比例变化有无内在联系，这些问题都是研究者非常感兴趣的方面。本研究结果为：两个参试品种经花后干旱胁迫成熟后（35DPA），籽粒总淀粉含量上均比对照正常灌水条件下显著降低，并且淀粉组分中直链和支链淀粉含量也在籽粒中表现出显著降低的规律。因此，综合分析上述结论证据，研究者认为小麦籽粒灌浆期外界干旱胁迫是通过影响淀粉合成进而降低了淀粉中直、支链淀粉含量，并改变了直、支链淀粉比例，籽粒总淀粉含量也因此降低，进而造成小麦籽粒灌浆不充分，粒重减轻导致减产，并影响用小麦面粉为原料的食品加工品质。

淀粉粒是由结晶区和非结晶区交替构成的多晶聚合物。淀粉结晶区利用 X 衍射分析呈现尖峰特征，非结晶区则呈现弥散特征。不同植物来源淀粉的晶体结构各异，根据 X 衍射图归纳起来主要分为三种类型：第一类主要是禾谷类如小麦、水稻、玉米淀粉为特征的 A 型模式，其衍射图显示分别在 15°、17°、18°和 23°处有强峰；第二类主要是块茎、果实和茎淀粉，如香蕉、马铃薯淀粉等为特征的 B 型模式，其衍射图在 5.6°、17°、22°

和24°有较强的衍射峰出现；第三类是以植物根中淀粉和豆类淀粉为特征的 C 型模式，衍射图综合 A 型和 B 型，它与 A 型不同之处为 5.6°有一个中强峰，与 B 型差异之处为 23°显示一个单峰（Christopher，1997；黄强等，2004）。花后干旱和正常灌水对照处理下的参试品种衍射图在 15°、17°、18°和 23°处均有强峰，并呈现典型的 A 型结构类型。本研究中干旱胁迫下新冬 20 号和新冬 23 号，淀粉粒的结晶度均低于对照条件，干旱胁迫引起淀粉粒的结晶度降低，淀粉的弹性系数下降，进而影响淀粉品质，但是对于不同的小麦基因型，其影响力存在差异。

　　本研究中外界花后干旱胁迫对两个参试小麦品种籽粒淀粉糊化特性的影响表现一致，干旱胁迫下籽粒淀粉糊化特性中的峰值黏度、低谷黏度、崩解值和回升值均显著升高。结合本研究中外界花后干旱胁迫降低了两个参试品种在籽粒灌浆后期（花后 28 天和 35 天）直链淀粉含量。直链淀粉对淀粉粒膨胀和糊化特性具有重要作用，通过改变淀粉粒直链淀粉/脂复合物能动性限制水分运动从而对淀粉粒膨胀和糊化特性产生影响。干旱胁迫下新冬 23 号的持水力显著性降低，结合梁灵等（2003）的研究结果表明干旱胁迫会使馒头、面条的食用品质下降，但对淀粉膨胀势的影响会因基因型间的差异而不同，具体基因型之间的差异大小还需进一步探讨。

　　花后干旱胁迫增加了新冬 23 号淀粉粒表面的微孔和微通道数量，使水分子更易进入淀粉粒的内部，造成淀粉持水力在两个参试基因型间表现出差异，结合前文研究结果，新冬 23 号对外界干旱耐受力较弱，经干旱胁迫后淀粉粒表面微孔和微通道数量增多，推断干旱胁迫后新冬 23 号淀粉持水力降低，经过试验测定结果也符合研究预期。孙辉等（2012）的研究表明，小麦的破损淀粉含量越高，馒头的评分就越低。干旱胁迫下新冬 23 号破损淀粉程度出现了显著下降，若单从破损淀粉含量上分析，表明外界花后干旱在一定程度上利于馒头的品质，但是食品加工品质是由多种指标共同作用的结果，并且因基因型间的差异而不同。

第四节　干旱胁迫下小麦籽粒灌浆中后期转录组研究

　　小麦籽粒灌浆过程十分复杂，涉及多种生理及代谢过程，最终影响籽粒充实程度。随着新一代高通量测序技术的发展，人类进入了功能基因组时代，人们能够很容易对某一物种转录组或基因组进行深度测序，这也为研究复杂生命过程提供了平台和技术支持。李怀珠（2014）通过转录组学方法研究了小麦籽粒和子房壁的发育，结果表明在形态建成期小麦籽粒发育受两种机制调控：一是调控形态建成，二是调控干物质积累，同时发现一批参与调控籽粒发育的重要功能基因。Mukherjee 等（2015）对小麦的研究表明，ABA 可能参与诱导 GBSS、SS、SBE 和 DBE 淀粉合成酶家族中某些基因在转录水平上的变化，从而调控支链淀粉和直链淀粉的合成。目前，通过转录组学研究小麦籽粒淀粉合成代谢途径的报道较少，在木薯（Wanatsanan et al.，2012；赵超，2013）、芋头（Liu et al.，2015）和莲藕（程立宝等，2012）的淀粉合成以及水稻籽粒发育（Zhou et al.，2013）等方面报道较多。Li 等（2014）通过分析水稻低淀粉含量突变体和野生型的籽粒不同发育时期的转录组发现，在突变体中 *OsAGPS2b* 未参与淀粉催化合成的第一步，该基因可能与突变体的表型有关。通过转录组学研究和挖掘重要基因已经成为人们研究生物性状和代谢途径的重要手段。根据本书研究结果，小麦花后 21 天籽粒胚乳中 A 型淀粉粒已大量形成，花后干旱胁迫下两个参试品种均表现出 B 型淀粉粒大量快速发育时期为花后 21 天，比正常对照条件下提前的规律。因此，本书对花后干旱胁迫下小麦籽粒灌浆中后期进行高通量转录组测序，可以从转录组水平研究干旱胁迫对淀粉粒微观特性的影响，为揭示其机理提供转录组信息。

一、小麦胚乳 RNA 浓度检测与 RNA－Seq 质量分析

（一）小麦胚乳 RNA 浓度检测

用 1% 琼脂糖凝胶电泳对花后 21 天小麦胚乳总 RNA 完整性进行检测，图 2.13 的琼脂糖凝胶电泳结果显示，提取总 RNA 条带中 28S、18S 均呈现清晰无拖尾现象，表明总 RNA 完整性较好。

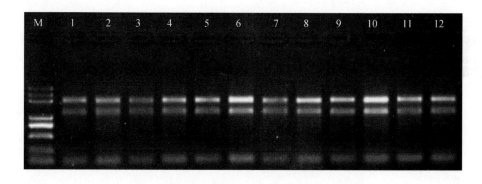

图 2.13　小麦胚乳总 RNA 琼脂糖凝胶电泳图

注：1~3 分别代表新冬 20 号花后 21 天 － CK － Ⅰ、Ⅱ、Ⅲ；4~6 分别代表新冬 20 号花后 21 天 － DT － Ⅰ、Ⅱ、Ⅲ；7~9 分别代表新冬 23 号花后 21 天 － CK － Ⅰ、Ⅱ、Ⅲ；10~12 分别代表新冬 23 号花后 21 天 － DT － Ⅰ、Ⅱ、Ⅲ。Marker 为 Trans 2K Plus，图中对应序列 4 原液稀释 30 倍后上样 1μl，序列 6~8、11 原液稀释 20 倍后上样 1μl，序列 1~3、5、12 原液稀释 15 倍后上样 1μl，序列 10 原液稀释 7 倍后上样 1μl，序列 9 原液稀释 5 倍后上样 1μl。

RNA 质量决定 RNA－Seq 测序结果准确性。高质量小麦胚乳 RNA 是 RNA－Seq 测序的基础，相反低质量 RNA 会影响 GE 磁珠分离 mRNA 以及降低反转录效率，造成 DGE 基因测定不准以及 RNA－Seq 文库随机性差异，重复比例较高，严重会造成建库失败。小麦胚乳总 RNA 经 Aglilent 2100 检测结果（见表 2.12 和图 2.14）表明，$1.8 \leqslant OD260/280 \leqslant 2.2$，$RIN \geqslant 6.3$，符合 RNA－Seq 测序要求。

（二）小麦胚乳 RNA－Seq 质量分析

新冬 20 号和新冬 23 号适水和干旱处理下的籽粒胚乳 RNA，利用 Illumina HiSeq™ 2000 平台测序。表 2.13 表明，新冬 20 号干旱处理下测序总量为 $3.0 - 3.5 \times 10^7$ reads；适

水对照测序总量为 $3.4-4.5\times10^7$ reads。新冬 23 号干旱处理下测序总量为 $2.7-3.7\times$ 10^7 reads；适水对照测序总量为 $3.1-3.4\times10^7$ reads。两个参试品种转录组测序 47.7% 以上的 reads 与基因序列相匹配。

表 2.12　小麦 RNA – Seq Aglilent 2100 检测结论

样品	浓度 (ng/μg)	RIN	25S:18S	备注	结论
新冬 20 号 21 花后 D – CK – Ⅰ	1376	8.8	2.1	OD260/280 = 2.091 OD260/230 = 2.048	合格，满足 2 次及以上建库需要
新冬 20 号 21 花后 D – CK – Ⅱ	1792	7.8	1.6	OD260/280 = 2.103 OD260/230 = 2.060	合格，满足 2 次及以上建库需要
新冬 20 号 21 花后 D – CK – Ⅲ	1310	7.8	1.5	OD260/280 = 2.113 OD260/230 = 1.737	合格，满足 2 次及以上建库需要
新冬 20 号 21 花后 D – DT – Ⅰ	3886	8.4	1.7	OD260/280 = 2.166 OD260/230 = 1.967	合格，满足 2 次及以上建库需要
新冬 20 号 21 花后 D – DT – Ⅱ	1530	9.4	1.9	OD260/280 = 2.102 OD260/230 = 2.167	合格，满足 2 次及以上建库需要
新冬 20 号 21 花后 D – DT – Ⅲ	2642	9.1	2.1	OD260/280 = 2.107 OD260/230 = 2.213	合格，满足 2 次及以上建库需要
新冬 23 号 21 花后 D – CK – Ⅰ	2754	8.1	1.5	OD260/280 = 2.106 OD260/230 = 2.037	合格，满足 2 次及以上建库需要
新冬 23 号 21 花后 D – CK – Ⅱ	2114	8.4	1.7	OD260/280 = 2.140 OD260/230 = 1.972	合格，满足 2 次及以上建库需要
新冬 23 号 21 花后 D – CK – Ⅲ	530	9.3	2.0	OD260/280 = 2.103 OD260/230 = 1.55	合格，满足 2 次及以上建库需要
新冬 23 号 21 花后 D – DT – Ⅰ	708	8.5	1.9	OD260/280 = 2.133 OD260/230 = 1.825	合格，满足 2 次及以上建库需要
新冬 23 号 21 花后 D – DT – Ⅱ	2242	8.0	1.6	OD260/280 = 2.127 OD260/230 = 1.743	合格，满足 2 次及以上建库需要
新冬 23 号 21 花后 D – DT – Ⅲ	1802	8.4	1.9	OD260/280 = 2.135 OD260/230 = 1.817	合格，满足 2 次及以上建库需要

表 2.13　小麦胚乳花后 21 天转录组测序总量

样品	测序总量	比对数量	基因序列匹配率（%）
新冬 20 号 21 花后 D – CK – Ⅰ	30682764	15409608	50.22
新冬 20 号 21 花后 D – CK – Ⅱ	35656194	25614426	71.84
新冬 20 号 21 花后 D – CK – Ⅲ	32262197	16283861	50.47
新冬 20 号 21 花后 D – DT – Ⅰ	45914714	30097169	65.55

续表

样品	测序总量	比对数量	基因序列匹配率（%）
新冬 20 号 21 花后 D – DT – Ⅱ	35468340	16919235	47.70
新冬 20 号 21 花后 D – DT – Ⅲ	34236258	18237633	53.27
新冬 23 号 21 花后 D – CK – Ⅰ	34970008	24965322	71.39
新冬 23 号 21 花后 D – CK – Ⅱ	37300096	21847700	58.57
新冬 23 号 21 花后 D – CK – Ⅲ	27373052	15007069	54.82
新冬 23 号 21 花后 D – DT – Ⅰ	34178038	20323861	59.46
新冬 23 号 21 花后 D – DT – Ⅱ	33812695	24047885	71.12
新冬 23 号 21 花后 D – DT – Ⅲ	31761740	17834961	56.15

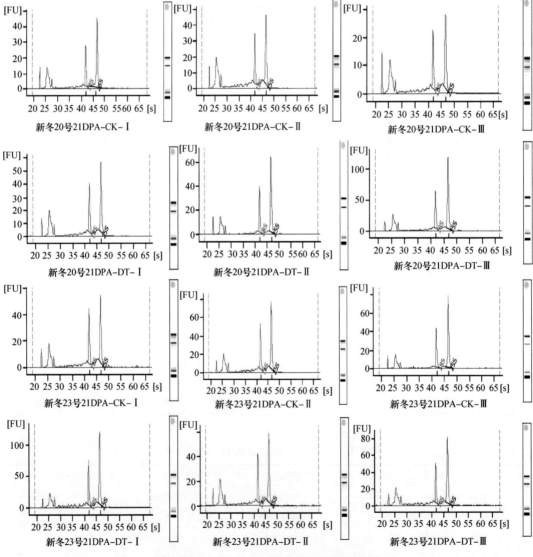

图 2.14　小麦 RNA – Seq Aglilent 2100 检测

每个碱基测序错误率是通过测序 Phred 数值（Phred score，Q_{phred}）表示。利用 Illumina HiSeq™ 2000 测序错误率与测序质量对应关系模型公式，对 Clean reads 中每个碱基测序质量进行模型公式计算的结果，表 2.14 的统计结果表明，Phred 数值大于 20、30 的碱基占总体碱基的百分比在测序样品中分别达到 97.36% 和 81.49% 以上。碱基测序错误率受包括测序仪器、测序试剂、样品质量等多方面影响，而本研究中对小麦花后 21 天籽粒胚乳转录组测序碱基错误率计算结果表明，碱基测序错误率较低。此外表 2.14 中参试样品 GC 在含量 56%~58%，表明参试样品转录组碱基测序结果较为稳定。

表 2.14　小麦胚乳花后 21 天转录组测序质量表　　　　单位：%

样品	Phred 值 > 20 Q20	Phred 值 > 30 Q30	GC 碱基含量 GC content
新冬 20 号花后 21d – CK – Ⅰ – 1	99.94	97.27	56
新冬 20 号花后 21d – CK – Ⅱ – 2	97.36	81.49	57
新冬 20 号花后 21d – CK – Ⅱ – 1	99.91	96.83	56
新冬 20 号花后 21d – CK – Ⅱ – 2	97.96	83.38	56
新冬 20 号花后 21d – CK – Ⅲ – 1	99.93	97.27	56
新冬 20 号花后 21d – CK – Ⅲ – 2	98.47	86.48	57
新冬 20 号花后 21d – DT – Ⅰ – 1	99.94	97.14	57
新冬 20 号花后 21d – DT – Ⅰ – 2	98.68	87.09	57
新冬 20 号花后 21d – DT – Ⅱ – 1	99.94	97.49	57
新冬 20 号花后 21d – DT – Ⅱ – 2	98.18	86.35	57
新冬 20 号花后 21d – DT – Ⅲ – 1	99.91	97.33	57
新冬 20 号花后 21d – DT – Ⅲ – 2	98.64	87.37	57
新冬 23 号花后 21d – CK – Ⅰ – 1	99.92	97.25	56
新冬 23 号花后 21d – CK – Ⅰ – 2	98.25	85.85	56
新冬 23 号花后 21d – CK – Ⅱ – 1	99.95	97.61	57
新冬 23 号花后 21d – CK – Ⅱ – 2	97.94	84.75	57
新冬 23 号花后 21d – CK – Ⅲ – 1	99.91	96.72	57
新冬 23 号花后 21d – CK – Ⅲ – 2	98.02	84.14	57
新冬 23 号花后 21d – DT – Ⅰ – 1	99.95	97.51	56
新冬 23 号花后 21d – DT – Ⅰ – 2	97.85	84.03	57
新冬 23 号花后 21d – DT – Ⅱ – 1	99.91	96.94	55
新冬 23 号花后 21d – DT – Ⅱ – 2	97.70	83.35	56
新冬 23 号花后 21d – DT – Ⅲ – 1	99.93	97.07	58
新冬 23 号花后 21d – DT – Ⅲ – 2	98.32	85.45	58

注：表中样品名称中 1 为左端 reads，2 为右端 reads；Q20、Q30 为 Phred 数值分别大于 20 和 30 的碱基占总碱基百分比；GC content 为计算碱基 G 和 C 的数量总和占总碱基数量的百分比。

通过对参试样品转录组测序中 GC 碱基含量分布进行检测，可考察测序结果有无 AT、GC 分离现象。转录组测序中根据 G/C 和 A/T 含量相等原则，理论上 GC 和 AT 含量每个测序循环上应分别近似相等（若为链特异性建库，则可能会出现 GC 分离或 AT 分离），整个测序过程基本稳定不变呈水平线。现有高通量测序技术中，6bp 随机引物会造成前几个位置核苷酸组成存在一定偏好性，反映在分布图上的波动性属正常情况。图 2.15 为小麦胚乳花后 21 天转录组测序 GC 含量分布，G、C 曲线重合，A、T 曲线重合，表明碱基组成平衡，样品测序过程中无异常情况。

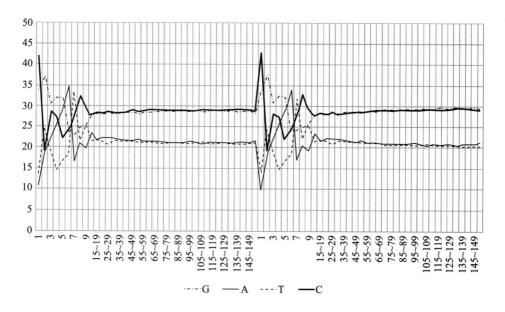

图 2.15　小麦胚乳花后 21 天转录组测序 GC 含量分布

注：图中前 150bp 为双端测序序列第一端测序 reads 中 GC 碱基分布；后 150bp 为双端测序序列另一端测序 reads 中 GC 碱基分布。

二、小麦胚乳差异基因表达分析

小麦花后 21 天籽粒胚乳转录组测序结果列于表 2.15，分析表明对于新冬 20 号干旱处理和适水对照下差异表达基因 1368 个，其中 998 个基因上调表达，370 个基因下调表达；新冬 23 号干旱处理和适水对照下差异表达基因 194 个，其中 67 个基因上调表达，127 个基因下调表达。

表 2.15　小麦胚乳差异基因数量

样品	上调表达差异基因	下调表达差异基因	总差异基因
新冬 20 号 DT－CK	998	370	1368
新冬 23 号 DT－CK	67	127	194

图 2.16 中差异表达基因维恩图（B）直观展示了新冬 20 号和新冬 23 号共有差异基因 11 个，占总差异表达基因的 0.7%。

对于新冬 20 号籽粒胚乳干旱处理和适水对照差异表达基因的 GO 功能分析显示，1368 个差异表达基因分布在 42 个 Terms 上。这些差异表达基因功能主要分为细胞组分、分子功能和生物学过程三大类。其中参与生物学过程的差异表达基因主要参与新陈代谢过程（metabolic process）、细胞代谢过程（cellular process）、生物调控（biological regulation）、刺激响应（response to stimulus）等（见图 2.17）。

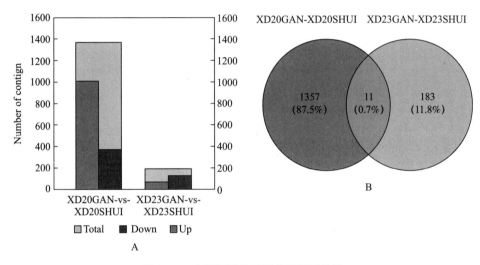

图 2.16　小麦胚乳转录组差异基因统计

注：A 为差异 contigs 柱状图；B 为差异表达基因维恩图。

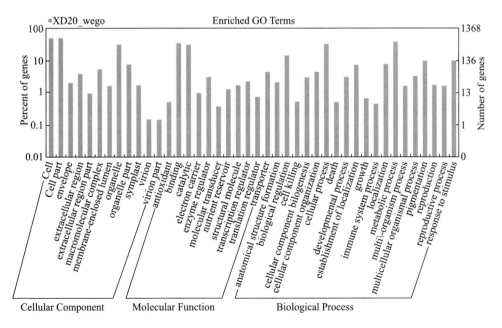

图 2.17　新冬 20 号籽粒胚乳转录组差异表达基因 GO 分析

对于新冬 23 号籽粒胚乳干旱处理和适水对照差异表达基因的 GO 功能分析显示，194 个差异表达基因分布在 38 个 Terms 上。这些差异表达基因功能主要分为细胞组分、分子功能和生物学过程三大类。其中参与生物学过程的差异表达基因主要参与新陈代谢过程（metabolic process）、细胞代谢过程（cellular process）、刺激响应（response to stimulus）、生物调控（biological regulation）等（见图 2.18）。

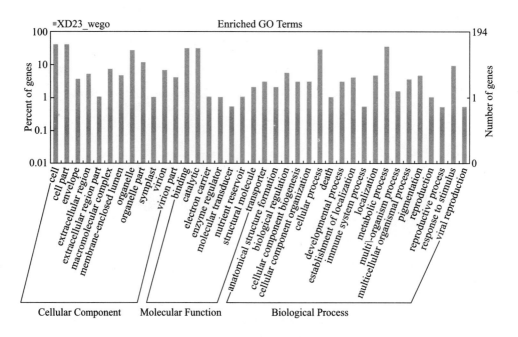

图 2.18　新冬 23 号籽粒胚乳转录组差异表达基因 GO 分析

三、小麦胚乳差异表达基因路径功能分析

不同转录本相互协调完成相应生物学功能。基于路径分析有助于进一步了解参试品种花后 21 天在干旱胁迫与适水对照间差异表达基因的生物学功能。表 2.16 中列出新冬 20 号干旱胁迫与适水对照间差异基因 KEGG 显著性的路径，淀粉和糖代谢路径中 p 值最小，表明差异达到极显著水平。其他达到显著水平的路径中还包括内质网加工蛋白、半乳糖代谢、钙信号通路等。

表 2.17 中列出新冬 23 号干旱胁迫与适水对照间差异基因 KEGG 显著性路径，双组分调节系统和谷胱甘肽代谢路径达到显著水平，淀粉和糖代谢路径未达到显著水平。小麦花后干旱胁迫下淀粉微观特性变化形成中籽粒胚乳转录组水平研究，淀粉和糖代谢是本研究中非常重要的路径。参试基因型中达到显著性差异水平的路径结果表明，如花后干旱胁迫对于新冬 20 号差异基因在生物学功能上主要影响淀粉和糖代谢等，而对于新冬 23 号差异基因在生物学功能上主要影响的是对外界胁迫环境刺激响应，双组分调节系统和谷胱甘肽代谢，上述这些结果从转录组水平佐证了新冬 20 号和新冬 23 号对外界花后干旱胁迫的耐受程度间的差异。

表 2.16 新冬 20 号差异基因 KEGG 显著性富集

通路	数据库	编号	差异基因数	背景基因数	P 值
Starch and sucrose metabolism	KEGG PATHWAY	ko00500	20	33	2.75E − 05
Protein processing in endoplasmic reticulum	KEGG PATHWAY	ko04141	30	77	0.000205
Galactose metabolism	KEGG PATHWAY	ko00052	12	16	0.00272
Phenylpropanoid biosynthesis	KEGG PATHWAY	ko00940	12	23	0.002803
Circadian rhythm	KEGG PATHWAY	ko04710	6	6	0.003972
Glutathione metabolism	KEGG PATHWAY	ko00480	8	16	0.016717
Flavonoid biosynthesis	KEGG PATHWAY	ko00941	6	12	0.036829
Calcium signaling pathway	KEGG PATHWAY	ko04020	4	6	0.04548
Regulation of actin cytoskeleton	KEGG PATHWAY	ko04810	7	17	0.049851

表 2.17 新冬 23 号差异基因 KEGG 显著性富集

通路	数据库	编号	差异基因数	背景基因数	P 值
Two – component system	KEGG PATHWAY	ko02020	3	9	0.002983
Glutathione metabolism	KEGG PATHWAY	ko00480	3	16	0.01154
Pentose phosphate pathway	KEGG PATHWAY	ko00030	2	16	0.075267
Amino sugar and nucleotide sugar metabolism	KEGG PATHWAY	ko00520	3	39	0.08992
Plant hormone signal transduction	KEGG PATHWAY	ko04075	3	43	0.110796
Glycolysis /Gluconeogenesis	KEGG PATHWAY	ko00010	2	31	0.204268
Starch and sucrose metabolism	KEGG PATHWAY	ko00500	2	33	0.22307

对新冬 20 号达到显著性的淀粉和糖代谢 KEGG 路径（见图 2.19）分析表明，上调差异表达的基因主要富集在淀粉和糖代谢路径中的淀粉分解酶类，如 β − 淀粉酶（3.2.1.2）、葡萄糖苷酶（3.2.1.20，3.2.1.21）、海藻糖磷酸酶（3.1.3.12）、β − 呋喃果糖苷酶（3.2.1.26）、果胶酯酶（3.1.1.11）等。下调差异表达的基因主要富集在淀粉和糖代谢路径中的淀粉合成酶类，如淀粉合成酶（2.4.1.21）、淀粉磷酸化酶（2.4.1.1）、己糖激酶（2.7.1.1）、果糖激酶（2.7.1.4）、ADP − 二磷酸酶（3.6.1.21）等。

参试两个冬小麦基因型遗传背景不同，本书结果中两参试基因型对外界花后干旱胁迫下淀粉粒表观、结构和功能特性均表现出差异。本章研究结果表明，在转录水平上两参试基因型对外界花后干旱胁迫的差异表现在三个方面：第一，两参试基因型干旱胁迫与适水对照下差异表达基因数目不同。对外界干旱耐受能力较强的新冬 20 号差异表达基因 1368个，其中 998 个基因上调表达、370 个基因下调表达；对外界干旱耐受能力较敏感的新冬 23 号干旱处理和适水对照下差异表达基因 194 个，其中 67 个基因上调表达、127 个基因

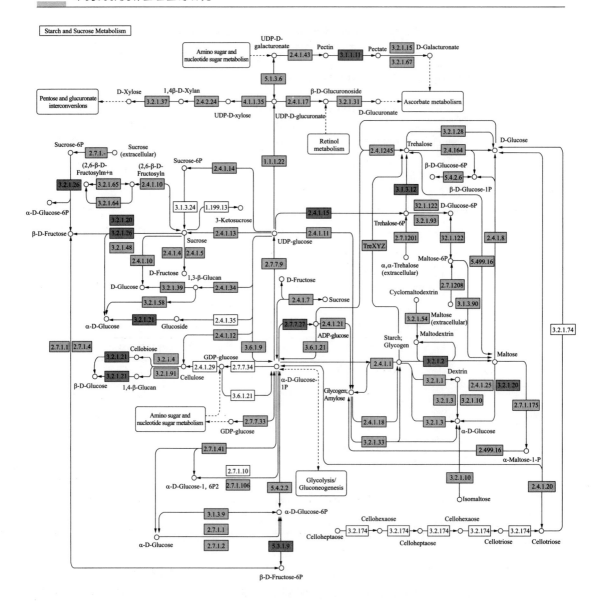

图 2.19　新冬 20 号显著富集 KEGG 代谢通路

下调表达。表明干旱耐受力较强的新冬 20 号对外界干旱胁迫响应有较多基因参加来应对干旱胁迫，而干旱耐受力较敏感的新冬 23 号对外界胁迫响应则有较少基因参与。第二，两参试基因型差异表达基因注释参与生物学过程的基因数量不同。新冬 20 号差异表达基因参与生物学过程的基因数目排序（前四位）为新陈代谢过程＞细胞代谢过程＞生物调控＞刺激响应。新冬 23 号差异表达基因参与生物学过程的基因数目排序（前四位）为新陈代谢过程＞细胞代谢过程＞刺激响应＞生物调控。第三，两参试基因型达到差异显著水平的 KEGG pathway 不同。花后干旱胁迫对于新冬 20 号差异基因在生物学功能上主要影响淀粉和糖代谢等，而对于新冬 23 号差异基因在生物学功能上主要影响的是对外界胁迫环境刺激响应，双组分调节系统和谷胱甘肽代谢。

淀粉生物合成与分解涉及众多酶的协同作用。小麦光合同化产物蔗糖在蔗糖酶作用下分解为果糖和 UDP – 葡萄糖，UDP – 葡萄糖在己糖激酶的作用下进而形成 6 – 磷酸葡萄糖（G – 6 – P）和 1 – 磷酸葡萄糖（G – 1 – P）。G – 1 – P 在 ADP – 葡糖焦磷酸化酶（AGPase）作用下转化为 ADP – 葡糖。小麦胚乳细胞中 AGPase 主要位于细胞质中，产生的 ADP – 葡糖直接运输进入淀粉质体内。由可溶性淀粉合成酶（SSS）、淀粉分支酶（SBE）和淀粉去分支酶（DBE）负责支链淀粉的合成，而颗粒结合淀粉合成酶（GBSS）是与直链淀粉合成直接相关的酶。本书中干旱胁迫和适水对照差异基因在淀粉和糖代谢路径中，参与淀粉合成相关酶的差异基因下调表达，淀粉分解相关酶的差异基因上调表达。这些结果从转录水平揭示了小麦花后干旱胁迫下，在籽粒灌浆中后期（花后 21 天）淀粉生物合成与淀粉降解同时进行，并且淀粉合成能力降低而淀粉分解能力相对升高。转录水平下小麦胚乳细胞中淀粉粒表面微观结构变化与淀粉合成及降解相关基因关系密切。

本节研究针对小麦花后干旱胁迫下籽粒灌浆中后期胚乳转录组测序，结果表明干旱胁迫和适水对照下新冬 20 号差异表达基因 1368 个，其中 998 个基因上调表达、370 个基因下调表达；新冬 23 号差异表达基因 194 个，其中 67 个基因上调表达、127 个基因下调表达。这些差异表达基因主要参与的生物学过程有新陈代谢过程、细胞代谢过程、生物调控和刺激响应等，上调差异表达的基因主要富集在淀粉和糖代谢路径中参与淀粉分解；下调差异表达的基因主要富集在淀粉和糖代谢路径中参与淀粉合成。本节研究结果给予的启示为：在转录组水平上揭示淀粉粒微观特性变化与淀粉生物合成和降解间存在密切联系，对于转录组结果验证还需要通过对淀粉合成与降解相关酶基因表达及时空定位进行研究来予以验证。

第五节　干旱胁迫下小麦淀粉合成酶与分解酶基因表达时空定位研究

小麦淀粉生物合成是一个极其复杂的生物学过程，涉及众多酶的共同作用，目前研究较多的主要是淀粉合成酶 AGPase、SS、GBSS、SBE 和 DBE 等，这些酶对淀粉粒的形成、发育及其结构特性有重要影响。此外，淀粉分解酶在其中亦发挥重要作用。大麦研究表明，在胚乳中接近胚的部位能够检测到 α – 淀粉酶活性，在籽粒发育后期胚乳中能检测到 β – 淀粉酶活性，未成熟大麦籽粒中糊粉层细胞诱导的少量 α – 淀粉酶可能会引起胚乳中淀粉水解，影响籽粒的正常发育（Macgregor and Dushnicky，1989；Beck and Ziegler，1989）。

外界环境条件对淀粉生物合成有重要影响（Ahmadi and Baker，2001；Duffus，1992；Worch et al.，2011；Thitisaksakul et al.，2012）。小麦花后干旱胁迫对淀粉粒粒径分布、淀粉粒晶体特性、淀粉粒表面微观结构变化产生重要影响，并最终作用于淀粉品质。干旱胁迫下小麦籽粒灌浆中后期转录组测序结果表明，淀粉粒微观特性变化在转录水平上与淀粉生物合成和降解联系紧密。因此，本节主要从小麦花后干旱胁迫下淀粉合成酶和分解酶活性、基因转录和时空定位三个方面开展研究，旨在探明引起小麦花后干旱胁迫下淀粉粒表面微观结构变化的内在原因。

一、标准曲线建立与待测基因内参校正

将不同灌浆时期两个参试小麦品种花后干旱处理与对照正常灌水条件下的 cDNA 模板按品种分别取相同体积混匀，系列梯度稀释，生成两个参试品种系列稀释 cDNA 模板浓度与 actin 基因 Ct 值的标准曲线如图 2.20 所示。新冬 20 号花后干旱胁迫和适水对照的 cDNA 模板浓度与 actin 基因 Ct 值间呈现线性关系，线性回归方程为 $y = -1.121\log x + 29.035$，$R^2 = 0.9945$；新冬 23 号花后干旱胁迫和适水对照的 cDNA 模板浓度与 actin 基因 Ct 值间呈现线性关系，线性回归方程为 $y = -1.55\log x + 33.655$，$R^2 = 0.9945$。

本书采用相对定量的方法，以 actin 为对照内参基因校正待测基因 PCR 模板的拷贝数。在两个参试品种花后干旱胁迫和适水对照下，籽粒发育不同时期 actin 基因 Ct 值作图 2.20，结果表明不同处理下两个参试品种籽粒各发育时期 actin 基因 Ct 值较稳定，actin 可以作为本书研究内参基因使用。

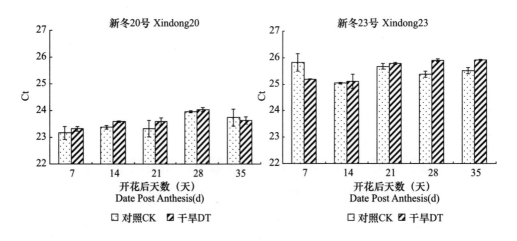

图 2.20　小麦胚乳不同发育时期 actin 基因 Ct 值

二、小麦淀粉合成限速酶基因的转录与酶活性

（一）agp I、agp II 基因的转录

AGPase 主要催化淀粉合成最初的葡萄糖基供体 ADP-glucose。淀粉合成效率和速率受 ADP-glucose 浓度影响（Huang et al., 2014）。对 agp I 和 agp II 基因相对表达量进行检测，图 2.21 的结果表明：新冬 20 号在正常灌水条件下，agp I 和 agp II 基因表达量随着籽粒发育呈逐渐降低的趋势，花后 7 天基因表达量最高，花后 28 天表达量最低。在干旱胁迫条件下，agp I 和 agp II 基因表达量比对照大幅降低且呈现出先升高后降低的趋势，表明新冬 20 号 agpI 和 agpII 基因表达受干旱胁迫影响较大。新冬 23 号在对照条件下 agp I 和 agp II 基因表达量随着籽粒发育呈现出逐渐降低的趋势，花后 7 天表达量最高，花后 28

天表达量最低。在干旱胁迫下，*agp* I 和 *agp* II 基因表达量较对照大幅降低且呈现逐渐降低的趋势，表明新冬23号 *agp* I 和 *agp* II 基因表达较敏感。

作为淀粉生物合成限速酶，*agp* I 和 *agp* II 基因在干旱胁迫下的相对表达量反映了在转录水平上受外界干旱胁迫影响程度的大小，结合上述试验结果进一步分析表明，*agp* 基因相对表达量易受外界干旱胁迫影响。从基因表达动态角度分析，较耐旱基因型新冬20号在干旱胁迫下 *agp* 基因相对表达量呈现先升高后降低的趋势，籽粒灌浆中后期（花后14~21天）表达量较高；干旱敏感基因型新冬23号，在干旱胁迫下 *agp* 基因相对表达量呈现逐渐降低的趋势，灌浆前中期（花后7~14天）表达量较高。表明干旱胁迫对敏感型品种在灌浆中期淀粉合成限速酶基因表达量有抑制作用，从而造成籽粒灌浆中后期淀粉生物合成速率和效率下降，籽粒灌浆不充分，粒重降低。

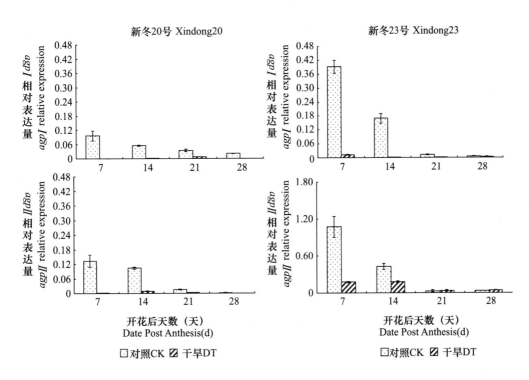

图2.21　小麦花后干旱胁迫下小麦胚乳发育不同时期 *agp* 基因相对表达量变化

（二）AGPase 活性

AGPase 是植物淀粉生物合成过程中限速酶，负责在酶促反应中催化 1-磷酸葡糖（G-1-P）与腺苷三磷酸（ATP）反应，产生腺苷二磷酸葡糖（ADPG）和焦磷酸（PPi）。上述酶促反应为淀粉生物合成提供了最初的葡萄糖基供体（ADPG）。本书对参试品种花后不同时期籽粒取样，测定籽粒胚乳中 AGPase 活性，图2.22 的结果表明：在干旱胁迫条件下，新冬20号籽粒 AGPase 活性在整个灌浆期总体呈现先升高后降低趋势，干旱胁迫下籽粒 AGPase 活性在花后21天和35天低于同期对照，其他时期则高于同期对照。新冬23号籽粒 AGPase 活性的变化趋势与新冬20号相同，其中除花后7天外其他各时期灌水条件下籽粒 AGPase 活性均高于同期干旱胁迫处理。

由于 AGPase 是植物淀粉生物合成过程中的限速酶，对于两个遗传背景不同的品种，干旱处理下新冬 20 号籽粒 AGPase 活性在大部分观测时期均高于同期对照，表明干旱处理下新冬 20 号籽粒淀粉合成速率相对较快，且不易受外界干旱胁迫影响。而干旱处理下新冬 23 号籽粒 AGPase 活性在大部分观测时期均低于同期对照，表明新冬 23 号在干旱胁迫下淀粉合成速率相对较慢，且易受外界干旱胁迫影响。

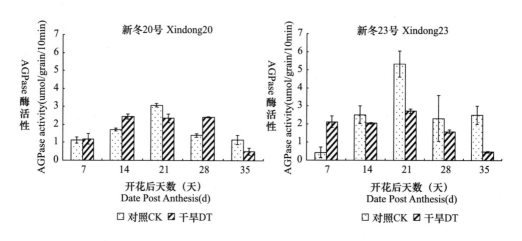

图 2.22　花后干旱胁迫下小麦籽粒发育不同时期 AGPase 活性变化

三、小麦淀粉合成酶基因的转录与酶活性

（一）*ss* I、*ss* II、*ss* III 基因的转录

根据氨基酸序列不同，淀粉合成酶由四个同工酶家族 SS I、SS II、SS III 和 SS IV 构成。根据 NCBI 已公布的基因序列设计引物，检测淀粉合成酶基因表达量。由于 *ss* 基因在禾谷类作物中表达具有特异性，*ss* I、*ss* II 和 *ss* III 基因能够在籽粒胚乳中表达，而 *ss* IV 基因只能够在叶中表达，因此，本书对两个参试品种籽粒胚乳中 *ss* I、*ss* II 和 *ss* III 基因相对表达量进行检测。

对 *ss* I 基因相对表达量进行检测，图 2.23 的结果显示：在干旱胁迫处理下，新冬 20 号 *ss* I 基因表达量在整个灌浆期总体呈先升高后降低的趋势，对照条件下则呈现逐渐降低的趋势。受干旱胁迫影响，除花后 21 天外，其余取样时期 *ss* I 基因相对表达量均为干旱胁迫处理低于同期对照。新冬 23 号在干旱胁迫下 *ss* I 基因表达量总体呈现先升高后降低的趋势，对照条件下则呈现先升高后降低的趋势，其中花后 7~21 天对照条件下的表达量明显高于干旱处理，花后 28~35 天两种水分处理下的表达量基本持平。

对 *ss* II 基因相对表达量进行检测，图 2.24 的结果表明：在干旱胁迫处理下，新冬 20 号 *ss* II 基因表达量在整个灌浆期总体呈先升高后降低的趋势，对照条件下则呈现逐渐降低的趋势。受干旱胁迫影响，除花后 14 天外，其余取样时期 *ss* II 基因相对表达量均为干旱胁迫处理低于同期对照。新冬 23 号在干旱胁迫和对照处理下 *ss* II 基因表达量在整个灌浆期均呈先升高后降低的趋势。受干旱胁迫的影响，$ss\,\mathrm{II}$基因相对表达量在花后21天干旱胁迫处理略高于同期对照，其余取样时期均为对照的表达量高于干旱胁迫处理。

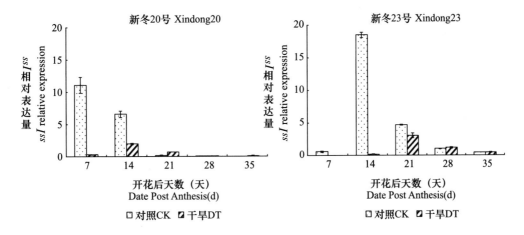

图 2.23　花后干旱胁迫下小麦胚乳发育不同时期 $ss\,\mathrm{I}$ 基因相对表达量变化

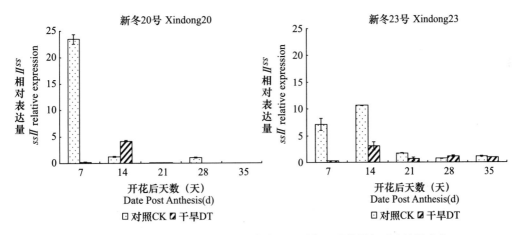

图 2.24　花后干旱胁迫下小麦胚乳发育不同时期 $ss\,\mathrm{II}$ 基因相对表达量变化

对 $ss\,\mathrm{III}$ 基因相对表达量进行检测，图 2.25 的结果显示：在干旱胁迫处理下，新冬20号 $ss\,\mathrm{III}$ 基因表达量在整个灌浆期总体呈先升高后降低的趋势，对照条件下则呈现逐渐降低的趋势。受干旱胁迫影响，除花后21天外，其余取样时期 $ss\,\mathrm{III}$ 基因相对表达量均为干旱胁迫处理低于同期对照或与对照持平。新冬23号在干旱胁迫和对照处理下 $ss\,\mathrm{III}$ 基因表达量在整个灌浆期均呈先升高后降低的趋势。受干旱胁迫的影响，$ss\,\mathrm{III}$ 基因相对表达量在花后14天干旱胁迫处理高于同期对照，花后28天干旱胁迫和对照持平，其余取样时期均为对照的表达量高于干旱胁迫处理。

（二）SS 活性

淀粉合成酶（SS）按理化性质分为颗粒结合型淀粉合成酶（GBSS）和可溶性淀粉合成酶（SSS）两种类型，直、支链淀粉分别由 GBSS 和 SSS 催化合成。图 2.26 结果表明：

干旱胁迫下新冬 20 号籽粒 SS 活性呈下降趋势，花后 7 天时 SS 活性最高；随着干旱胁迫程度加深，SS 活性逐渐降低。而对照条件下，新冬 20 号籽粒 SS 活性呈现先升高后降低的趋势，花后 21 天时 SS 活性达到最高之后逐渐下降。对照条件下新冬 23 号籽粒 SS 活性变化基本呈"V"形，花后 21 天最低；在干旱胁迫下，SS 活性变化则呈现先升后降之势，花后 21 天活性最高。

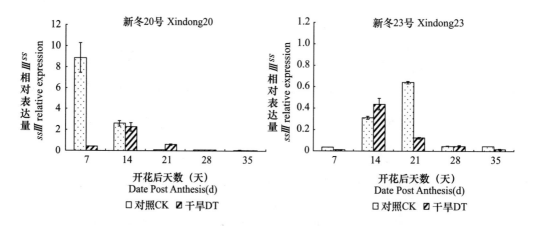

图 2.25　花后干旱胁迫下小麦胚乳发育不同时期 ss Ⅲ 基因相对表达量变化

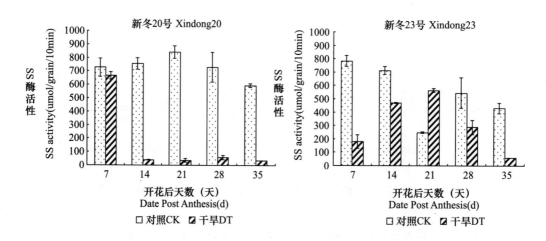

图 2.26　花后干旱胁迫下小麦籽粒发育不同时期 SS 活性变化

四、小麦颗粒结合型淀粉合成酶基因的转录与酶活性

（一）gbss Ⅰ 基因的转录

颗粒结合型淀粉合成酶 gbss 基因具有组织表达专一性，gbss Ⅰ 基因主要在胚乳等贮藏器官中表达，gbss Ⅱ 主要在非贮藏器官中表达。例如，有研究表明，水稻中胚乳 gbss Ⅰ 基因表达量比花粉中表达量高 50 倍，马铃薯块茎中 gbss Ⅰ 基因 mRNA 表达量比叶片中高 10 倍（Hirano et al.，1998；Van der leij et al.，1987）。根据 NCBI 已公布的小麦 gbss 基因序

列设计引物，检测淀粉合成酶基因表达量。小麦颗粒结合型淀粉合成酶基因在禾谷类作物中表达也具有特异性，*gbss* I 基因能够在小麦胚乳中表达，而 *gbss* II 基因主要在小麦非贮藏组织中表达，因此本书对小麦胚乳中 *gbss* I 基因相对表达量进行检测，结果如图 2.27 所示：在干旱胁迫和对照处理下，新冬 20 号 *gbss* I 基因表达量随着籽粒的灌浆呈逐渐降低的趋势，花后 7 天表达量最高且对照明显高于干旱胁迫处理，表明外界干旱胁迫对灌浆前期 *gbss* I 基因表达量影响最大。对于新冬 23 号，干旱胁迫和对照处理下 *gbss* I 基因表达量在整个灌浆期均呈先升高后降低的趋势。

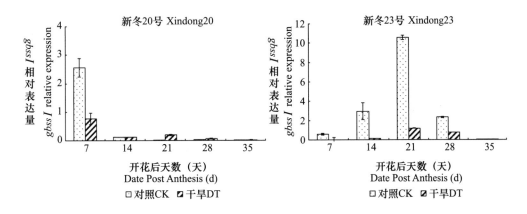

图 2.27　花后干旱胁迫下小麦胚乳发育不同时期 *gbss* I 相对表达量变化

（二）GBSS 活性

颗粒结合型淀粉合成酶 GBSS 一般具有 GBSS I 和 GBSS II 两种同工型。GBSS I 主要以附着颗粒的形式存在于胚乳贮藏营养器官中，催化直、支链淀粉形成；GBSS II 主要作用于植物组织非贮藏器官中，既能以附着颗粒的形式存在，也能以游离的形式存在，催化合成临时性淀粉。本书对 GBSS 活性进行测定，在小麦胚乳中实质上是主要对 GBSS I 活性进行测定。结果如图 2.28 所示：对于参试品种新冬 20 号，GBSS 活性除花后 14 天外，其他取样时期经干旱胁迫处理后籽粒胚乳中 GBSS 活性均低于对照水平，且呈现出先升高后降低趋势。另一个参试品种新冬 23 号，GBSS 活性除花后 14 天和 28 天外，其他取样时期经干旱胁迫处理后籽粒胚乳中 GBSS 活性均低于对照水平，GBSS 活性呈现先升高后降低的变化趋势。

综上所述，虽然两个参试品种籽粒胚乳 *gbss* I 基因表达模式略有不同，但经过花后干旱胁迫后，*gbss* I 基因表达在大部分取样时间内表现为降低趋势。由于 *gbss* I 编码的 GBSS 主要参与直链淀粉合成，在水稻和玉米中研究表明胚乳中 GBSS 活性及直链淀粉含量随 *gbss* I 基因拷贝数的增加而呈线性增加（Van et al.，1987；彭俈松等，1997）。如前所述，成熟期（花后 35 天）籽粒直链淀粉含量在花后干旱胁迫下参试品种均表现为降低的结果，分析表明外界花后干旱胁迫降低 *gbss* I 基因表达量，使得籽粒淀粉合成过程中 GBSS 活性降低，从而进一步降低了籽粒成熟期直链淀粉含量。

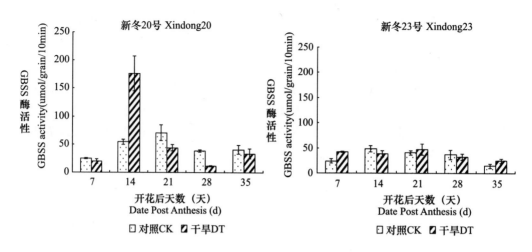

图 2.28　花后干旱胁迫下小麦籽粒发育不同时期 GBSS 活性变化

五、小麦淀粉分支酶基因的转录与酶活性

（一）*sbe* Ⅰ、*sbe* Ⅱa、*sbe* Ⅱb 基因的转录

淀粉分支酶 SBE 主要分为 SBE Ⅰ 和 SBE Ⅱ 两大类，SBE Ⅱ 又分为 SBE Ⅱa 和 SBE Ⅱb 两种同工型。SBE Ⅰ 主要负责长链和中等长度葡聚糖链的合成，在分枝直链淀粉时活性较高，分枝支链淀粉时活性较低；SBE Ⅱ 主要负责短链葡聚糖的合成，分枝支链淀粉速率是直链淀粉的 6 倍（Takeda and Guan，1993；谭彩霞，2009）。根据 NCBI 已公布的 *sbe* 基因序列设计引物，检测淀粉分支酶 *sbe* Ⅰ 基因表达量。结果如图 2.29 所示：对于新冬 20 号 *sbe* Ⅰ 基因表达量随着籽粒发育呈现出先升高后降低再升高最后降低的趋势，*sbe* Ⅰ 基因在花后 14 天表达量最高，花后 35 天表达量最低。花后干旱胁迫下，*sbe* Ⅰ 基因表达量比对照灌水下大幅降低，且呈现出先升高后降低的趋势，表明新冬 20 号 *sbe* Ⅰ 基因表达受外界干旱胁迫影响表现出较大敏感性。对于新冬 23 号 *sbe* Ⅰ 基因表达量随着籽粒发育呈现出先升高后降低再升高最后降低的趋势，*sbe* Ⅰ 基因在花后 14 天表达量最高。在花后干旱胁迫条件下，*sbe* Ⅰ 基因表达量比对照灌水条件下大幅降低且呈现出先升高后降低的趋势，表明新冬 23 号 *sbe* Ⅰ 基因表达受外界干旱胁迫影响也表现出较大敏感性。

根据 NCBI 已公布的 *sbe* Ⅱa 基因序列设计引物，检测淀粉分支酶 *sbe* Ⅱa 基因表达量。结果如图 2.30 所示：新冬 20 号 *sbe* Ⅱa 基因表达量在对照条件下随着籽粒发育呈现出逐渐降低的趋势，*sbe* Ⅱa 基因在花后 7 天表达量最高，花后 35 天表达量最低。在花后干旱胁迫条件下，*sbe* Ⅱa 基因表达量比对照灌水条件下大幅降低且呈现出先升高后降低的趋势，表明新冬 20 号 *sbe* Ⅱa 基因表达受外界干旱胁迫影响表现出较大敏感性。对于新冬 23 号 *sbe* Ⅱa 基因表达量随着籽粒发育呈现出先升高后降低再升高最后降低的趋势，*sbe* Ⅱa 基因在花后 14 天表达量最高。在干旱胁迫下，*sbe* Ⅱa 基因表达量比对照灌水条件下大幅降低，且呈现出先升高后降低的趋势。

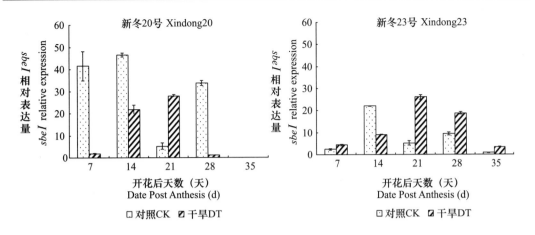

图2.29　花后干旱胁迫下小麦胚乳发育不同时期 *sbe* I 基因相对表达量变化

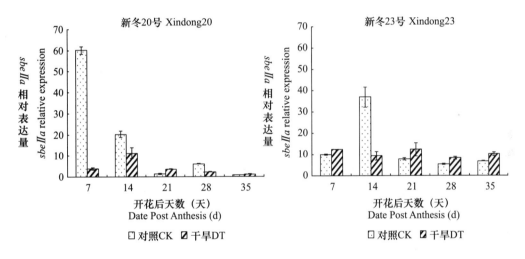

图2.30　花后干旱胁迫下小麦胚乳发育不同时期 *sbe* II a 基因相对表达量变化

根据 NCBI 已公布的 *sbe* II b 基因序列设计引物，检测淀粉分支酶 *sbe* II b 基因表达量。结果如图2.31所示：对于新冬20号 *sbe* II b 基因表达量在对照条件下随着籽粒发育呈现出逐渐降低的趋势，*sbe* II b 基因花后7天表达量最高，花后35天表达量最低。干旱胁迫下，*sbe* II b 基因表达量比对照灌水条件下大幅降低，且呈现出先升高后降低的趋势，表明新冬20号 *sbe* II b 基因表达受外界干旱胁迫影响表现出较大敏感性。新冬23号 *sbe* II b 基因表达量随着籽粒发育呈现出先升高后降低再升高最后降低的趋势，*sbe* II b 基因在花后14天表达量最高。干旱胁迫下，*sbe* II b 基因表达量比对照灌水下大幅降低，且呈现出先升高后降低的趋势。

（二）SBE 活性

小麦胚乳淀粉分支酶 SBE 主要水解直链淀粉的 α-1，4糖苷键，把切下的短链转移到 C6 氢氧键末端形成 α-1，6糖苷键，α-1，6糖苷键连接形成支链淀粉的分支结构，所以 SBE 被认为是影响植物淀粉的精细结构的关键酶（Satoh et al.，2003）。本书对两个

66 小麦淀粉发育生理生态研究

参试品种籽粒花后干旱胁迫下不同发育时期 SBE 酶活性进行测定，结果如图 2.32 所示：对于新冬 20 号正常灌水下呈现先降低后升高又降低再升高的 W 形趋势，花后干旱胁迫下 SBE 酶活性在各时期均低于正常灌水下，且呈现先降低又升高后降低的趋势。对于新冬 23 号正常灌水下呈现先降低后升高的 V 形趋势，干旱胁迫下 SBE 酶活性在各时期均低于正常灌水下，且呈现先升高又降低后升高再降低的倒 W 形趋势。总之，本研究的两个参试品种 SBE 酶活性经花后干旱胁迫后均比对照正常灌水条件下降低，这将对籽粒胚乳淀粉粒精细结构形成产生重要影响。对于两个参试品种经花后干旱胁迫 SBE 酶活性最高值出现的时期略有差异，在新冬 20 号为花后 7 天新冬 23 号为花后 14 天，表明 SBE 酶活性受外界花后干旱胁迫影响可能存在品种基因型间差异。从籽粒灌浆中后期（花后21～35天）SBE 酶活性受花后干旱胁迫影响表明，新冬 20 号 SBE 酶活性变化不大，而新冬 23 号变化幅度较大，结合前述淀粉粒表面微观结构的研究结果两个参试品种中新冬 23 号淀粉粒表面微孔和微通道数量出现较多，综合这些证据表明 SBE 酶活性对于淀粉粒表面微观结构形成可能密切相关。

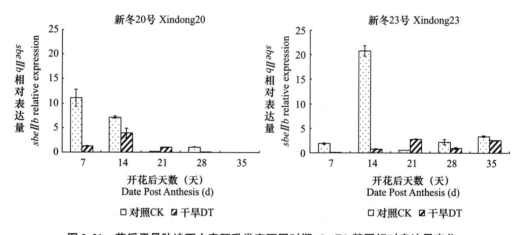

图 2.31 花后干旱胁迫下小麦胚乳发育不同时期 *sbe Ⅱ b* 基因相对表达量变化

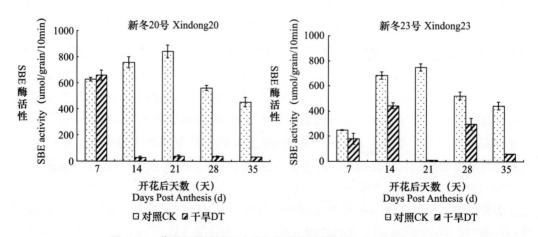

图 2.32 花后干旱胁迫下小麦籽粒发育不同时期 SBE 活性变化

六、小麦淀粉去分支酶基因的转录与酶活性

（一）iso I 基因的转录

根据 NCBI 已公布的 iso I 基因序列设计引物，检测淀粉合成酶基因表达量。结果如图 2.33 所示：对于新冬 20 号 iso I 基因表达量随着籽粒发育呈现出先降低后升高再降低的趋势，iso I 基因在花后 7 天表达量最高，花后 35 天表达量最低。在干旱胁迫下，iso I 基因表达量与对照相比大幅降低，且呈现出先升高后降低的趋势，表明新冬 20 号 iso I 基因表达受外界干旱胁迫影响表现出较大敏感性。对于新冬 23 号 iso I 基因表达量随着籽粒发育呈现出先升高后降低再升高的趋势，iso I 基因表达量在花后 14 天最高，花后 28 天最低。在干旱胁迫下，iso I 基因表达量与对照相比大幅降低，且呈现出先降低后升高再降低又升高的趋势，表明新冬 23 号 iso I 基因表达受外界干旱胁迫影响也表现出较大敏感性。

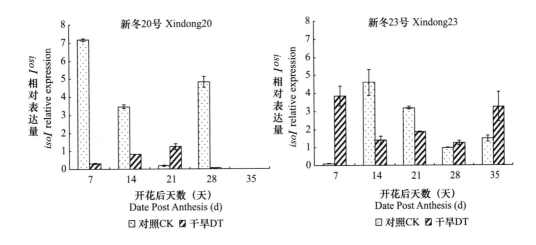

图 2.33　花后干旱胁迫下小麦胚乳发育不同时期 iso I 基因相对表达量变化

（二）DBE 活性

淀粉去分支酶最早是在酵母中发现的，这种酶对支链淀粉进行碘染色时可以检测到其活性，人们又陆续在马铃薯和水稻胚乳中发现这种酶，后来人们发现这种酶能够去掉支链淀粉分支产生线性的葡萄糖链，因而定名为淀粉去分支酶（Nishimura，1931；Maruo et al.，1950；Nakamura et al.，1989）。植物中存在两种普鲁兰型和异淀粉酶型两种淀粉去分支酶。由于普鲁兰型淀粉去分支酶不能作用于植物和动物糖原的淀粉分支链，在植物中主要起为异淀粉酶类型的淀粉去分支酶作用。本书对花后干旱胁迫下小麦籽粒异淀粉酶类型淀粉去分支酶活性进行测定，图 2.34 的结果表明：对于新冬 20 号正常灌水条件下籽粒发育各时期变化不大，干旱胁迫下籽粒发育前中期（花后 7~21 天）DBE 酶活性均略高于对照，籽粒发育后期（花后 28~35 天）略低于对照。新冬 23 号籽粒 DBE 酶活性在对照条件下除花后 7 天外其他时期均变化不大，干旱胁迫下在籽粒发育前中期（花后 7~21 天）变化较大，籽粒发育后期（花后 28~35 天）略高于对照。两个品种对比表明，新

冬23号DBE酶活性受外界干旱胁迫影响变化较大。结合前述，推测新冬23号籽粒淀粉合成过程中DBE酶对支链淀粉修饰过程中受外界干旱胁迫影响较大，这可能与新冬23号籽粒淀粉粒表面微观结构增多有一定关系。

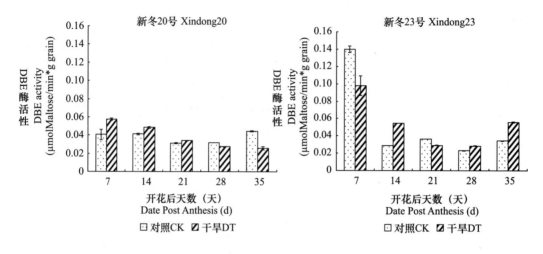

图2.34　花后干旱胁迫下小麦籽粒发育不同时期DBE酶活性变化

七、小麦α型淀粉分解酶基因的转录与酶活性

（一）*amyⅠ*、*amyⅡ*、*amyⅢ*、*amyⅣ*基因的转录

近年来，淀粉分解酶基因都已被分离鉴定，其核酸序列、染色体定位以及系统发育都已被阐明（Toshiaki and Kirniko，1997）。根据NCBI已公布的*amyⅠ*基因序列设计引物，检测α型淀粉分解酶*amyⅠ*基因表达量。结果如图2.35所示：在干旱胁迫和对照下，新冬20号籽粒灌浆期*amyⅠ*基因表达量总体呈现出先降低后升高再降低趋势。受干旱胁迫影响，各取样时期*amyⅠ*基因相对表达量均比对照条件低。新冬23号籽粒灌浆期*amyⅠ*基因表达量在对照下总体呈现出先降低后升高趋势，干旱胁迫下则呈现降低—升高—降低—升高的趋势；不同处理间比较，干旱胁迫下*amyⅠ*基因表达量在籽粒灌浆前期（花后7～14天）均低于同期对照，而籽粒灌浆中后期（花后21天、28天、35天）则高于对照，表明在花后干旱胁迫下*amyⅠ*基因表达量比正常对照水平略高，从转录本角度表明有较多*amyⅠ*基因在新冬23号籽粒灌浆中后期参与淀粉粒的生物合成。

根据NCBI已公布的*amyⅡ*基因序列设计引物，检测α型淀粉分解酶*amyⅡ*基因表达量。结果如图2.36所示：在对照下，新冬20号籽粒灌浆期*amyⅡ*基因表达量总体呈现出先升高后降低再升高后降低趋势，在花后干旱胁迫下，则呈现出先升高后降低趋势；受干旱胁迫影响，*amyⅡ*基因相对表达量除花后7天比同时期对照条件下明显增高外，其他取样时期均为对照的表达量高于干旱处理。在对照下，新冬23号籽粒灌浆期*amyⅡ*基因表达量总体呈现出先降低后升高再降低趋势，在干旱胁迫下则呈现出先降低后升高趋势；受外界干旱胁迫影响*amyⅡ*基因表达量除在籽粒灌浆后期（花后28天）均低于对照水平外，其他时期（花后 7 天、14 天、21 天、35 天）*amy I* 基因表达量均高于对照水平，表明在花后干旱胁迫下 *amy II* 基因表达量比正常对照水平略高，从转录本角度表明有较多 *amy II* 基因在新冬 23 号籽粒灌浆过程中参与淀粉粒的生物合成。

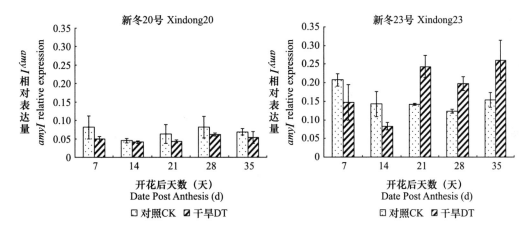

图 2.35　花后干旱胁迫下小麦胚乳发育不同时期 *amy I* 基因相对表达量变化

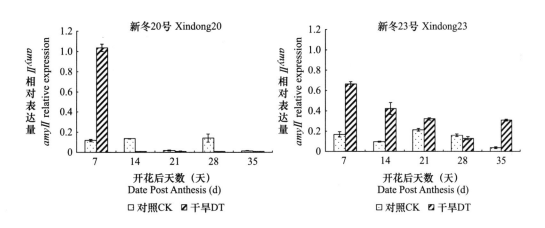

图 2.36　花后干旱胁迫下小麦胚乳发育不同时期 *amy II* 基因相对表达量变化

根据 NCBI 已公布的 *amy III* 基因序列设计引物，检测 α 型淀粉分解酶 *amy III* 基因表达量。结果如图 2.37 所示：在干旱和对照处理下，新冬 20 号籽粒 *amy III* 基因表达量大体呈现先升高后降低的趋势，在花后 28 天达到峰值，且对照的表达量明显高于干旱胁迫处理。在两种水分处理下，新冬 23 号籽粒 *amy III* 基因表达量大体呈现逐渐升高的趋势，在花后 35 天达到峰值且干旱的表达量明显高于对照处理，从转录本角度表明干旱胁迫下有较多 *amy II* 基因在新冬 23 号籽粒灌浆过程中参与淀粉粒的生物合成。

根据 NCBI 已公布的 *amy IV* 基因序列设计引物，检测 α 型淀粉分解酶 *amy IV* 基因表达量。结果如图 2.38 所示：在对照下，新冬 20 号籽粒灌浆期 *amy IV* 基因表达量总体呈现出先降低后升高再降低趋势，干旱胁迫下则呈现出先降低后升高的趋势，峰值均出现在花后

7 天，除花后 35 天外，干旱胁迫下 *amy*Ⅳ基因相对表达量均比对照下低或基本持平。对照下新冬 23 号籽粒灌浆期 *amy*Ⅳ基因表达量总体呈现出先升高后降低再升高趋势，花后干旱胁迫下则呈现出逐渐升高再降低后升高的趋势，其中干旱下 *amy*Ⅳ基因表达量在花后 28~35 天急剧升高。相同取样时期内花后干旱胁迫与灌水下相比较，由于外界干旱胁迫影响 *amy*Ⅳ基因表达量在籽粒灌浆（花后 21 天、28 天、35 天）均高于对照水平，表明在花后干旱胁迫下 *amy*Ⅳ基因表达量比正常对照水平略高，从转录本角度表明有较多 *amy*Ⅳ基因在新冬 23 号籽粒灌浆中后期参与淀粉粒的生物合成。

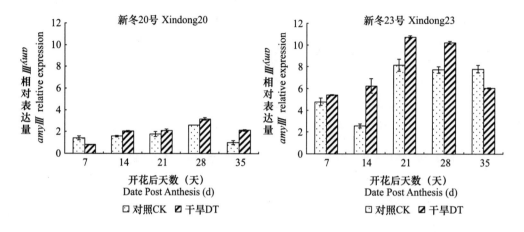

图 2.37　花后干旱胁迫下小麦胚乳发育不同时期 *amy*Ⅲ基因相对表达量变化

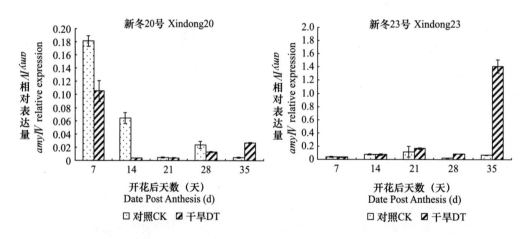

图 2.38　花后干旱胁迫下小麦胚乳发育不同时期 *amy*Ⅳ基因相对表达量变化

（二）α-Amylase 活性

α-淀粉酶能够水解淀粉生成麦芽糖和糊精，对淀粉糊化特性有一定影响。研究表明，与种子萌发过程中淀粉粒形态变化相似，体外 α-淀粉酶处理后淀粉粒表面也会出现很多微孔，且多集中在赤道凹槽部分（Li et al.，2011）。本书为探讨花后干旱胁迫下小麦灌浆后期淀粉粒表面出现微孔的原因，测定了小麦灌浆过程中淀粉降解酶（α-

淀粉酶和 β – 淀粉酶）活性变化。对 α – 淀粉酶活性的测定结果如图 2.39 所示：在干旱胁迫下，新冬 20 号花后 21 天时 α – 淀粉酶活性达到最大值，其次是花后 35 天，且活性均高于同时期的对照处理。在干旱胁迫下，新冬 23 号的 α – 淀粉酶活性呈现逐渐升高的趋势，花后 14 ~ 35 天均高于同时期的对照处理，花后 35 天达到最大值，而同时期对照条件下 α – 淀粉酶活性变化不大。在干旱胁迫下，新冬 20 号和新冬 23 号的 α – 淀粉酶活性均在花后 35 天达到高值且高于同时期的对照。在籽粒形成后期，胚乳中活性较高的 α – 淀粉酶和 β – 淀粉酶在干旱胁迫下可能被淀粉粒吸收，分解了淀粉粒表面的部分淀粉分子形成微孔。

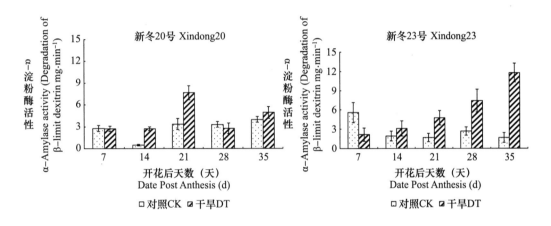

图 2.39　花后干旱胁迫下小麦籽粒发育不同时期 α – 淀粉酶活性变化

八、小麦 β 型淀粉分解酶基因的转录与酶活性

（一）bam I 基因的转录

根据 NCBI 已公布的 bam I 基因序列设计引物，检测 β 型淀粉分解酶 bam I 基因表达量。结果如图 2.40 所示：在对照下，新冬 20 号籽粒灌浆期 bam I 基因表达量总体呈现出先升高后降低再升高趋势，在干旱胁迫下则呈现先升高后降低再升高趋势；其中干旱胁迫下 bam I 基因相对表达量在花后 14 天、28 天比对照明显升高。在对照下新冬 23 号籽粒灌浆期 bam I 基因表达量总体呈现出先降低后升高再降低趋势，在花后干旱胁迫下则呈现先升高后降低再升高的趋势，相同取样时期内花后干旱胁迫与灌水下相比较，由于外界干旱胁迫影响 bam I 基因表达量在籽粒灌浆（花后 7 天、14 天、28 天、35 天）均高于对照水平，表明在花后干旱胁迫下 bam I 基因表达量比正常对照水平略高，从转录本角度表明有较多 bam I 基因在新冬 23 号籽粒灌浆过程中参与淀粉粒的生物合成。

（二）bam V 基因的转录

根据 NCBI 已公布的 bam V 基因序列设计引物，检测 β 型淀粉分解酶 bam V 基因表达量。结果如图 2.41 所示：在对照下，新冬 20 号籽粒灌浆期 bam V 基因表达量总体呈现出先降低后升高再降低趋势，在花后干旱胁迫下则一直保持较低的表达量。在对照下，新冬

23 号籽粒灌浆期 *bam* V 基因表达量总体呈现出先升高后降低趋势，在干旱胁迫下则呈现出先降低后升高趋势，相同取样时期内花后干旱胁迫与灌水条件下相比较，由于外界干旱胁迫影响 *bam* V 基因表达量在籽粒灌浆（花后 7 天、35 天）均高于对照水平，表明在花后干旱胁迫下 *bam* V 基因表达量比正常对照水平略高，从转录本角度表明有较多 *bam* V 基因在新冬 23 号籽粒灌浆前和后期参与淀粉粒的生物合成。

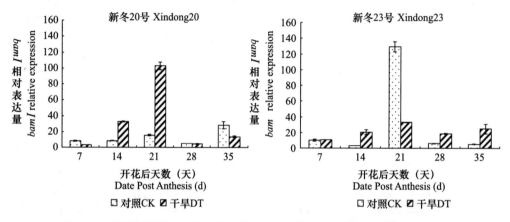

图 2.40　花后干旱胁迫下小麦籽粒发育不同时期 *bam* I 基因相对表达量变化

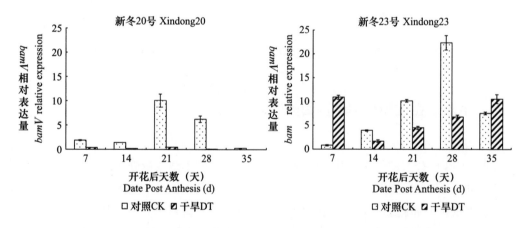

图 2.41　花后干旱胁迫下小麦籽粒发育不同时期 *bam* V 基因相对表达量变化

（三）β–Amylase 活性

对 β–淀粉酶活性测定结果如图 2.42 所示，在干旱胁迫下，新冬 20 号在花后 35 天时 β–淀粉酶活性达到最大值，其次是花后 7 天，且活性除花后 21 天外其他时期均高于同时期的对照处理。在花后干旱胁迫处理下，新冬 23 号的 β–淀粉酶活性呈现逐渐升高的趋势，在花后 7 天、14 天、35 天均高于同时期的对照处理，花后 35 天达到最大值，而同时期对照下 β–淀粉酶活性有逐渐增强趋势。在干旱胁迫下，新冬 20 号和新冬 23 号的 β–淀粉酶活性均在花后 35 天达到高值，且高于同时期的对照。结合前文中 α–淀粉酶活性研究结果，分析表明在籽粒形成后期，胚乳中活性较高的 α 型和 β 型淀粉酶在干旱胁迫下可能作用于淀粉粒，分解了淀粉粒表面的部分淀粉分子，从而改变了淀粉粒表面的微观结构。

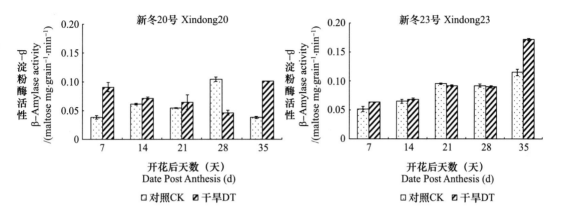

图2.42　花后干旱胁迫下小麦籽粒发育不同时期β-淀粉酶活性变化

九、amyⅣ基因表达时空定位

在干旱胁迫下两个参试品种籽粒胚乳中，α-淀粉分解酶关键基因中 *amy*Ⅳ基因相对表达量较高，本研究应用原位杂交技术对 α-淀粉分解酶基因 *amy*Ⅳ在小麦胚乳中的表达部位及表达时期进行了分析。图2.43的结果表明：在干旱胁迫下，新冬20号籽粒发育花后7天时 *amy*Ⅳ基因在籽粒中的表达模式如图2.43A所示，主要在果种皮和胚乳边缘糊粉层以及珠心细胞表达，而正常灌水下则主要在胚乳边缘糊粉层中表达（见图2.43A和图2.43F中黑色箭头）。籽粒发育花后14天时花后干旱胁迫处理后 *amy*Ⅳ基因主要在胚乳边缘糊粉层细胞中表达（见图2.43B中箭头）。籽粒发育花后21天时花后干旱胁迫处理后 *amy*Ⅳ基因由胚乳边缘糊粉层向籽粒中部推进表达的趋势更明显，而正常灌水下则 *amy*Ⅳ基因表达主要集中在果种皮及糊粉层（见图2.43C和图2.43H中箭头）。籽粒发育花后28天时干旱胁迫下 *amy*Ⅳ基因在籽粒胚乳中部的表达较明显，而正常灌水下则集中在果种皮、珠心层及糊粉层（见图2.43D和图2.43I中箭头）。花后35天时干旱胁迫下 *amy*Ⅳ基因表达主要分布在籽粒胚乳，而正常灌水下则主要集中在果种皮、珠心层及糊粉层（见图2.43E和图2.43J中箭头）。综上所述，在干旱胁迫下，籽粒淀粉分解酶关键基因 *amy*Ⅳ基因时空表达的规律为籽粒发育前期（花后7天）主要在果种皮、糊粉层和珠心细胞，籽粒发育中期（花后7~28天）由外向内即从糊粉层向籽粒胚乳中部表达，籽粒发育后期（花后28~35天）胚乳各处均有表达且表达趋势明显。

新冬23号干旱胁迫下 *amy*Ⅳ基因在籽粒中的表达模式如图2.44A所示：主要在果种皮和胚乳边缘糊粉层以及珠心细胞表达，而正常灌水下则主要在胚乳边缘糊粉层中表达（见图2.44A和图2.44F中箭头）。花后14天时干旱胁迫处理下 *amy*Ⅳ基因主要在胚乳边缘糊粉层和珠心层细胞中表达（见图2.44B中箭头）。花后21天时干旱胁迫处理下 *amy*Ⅳ

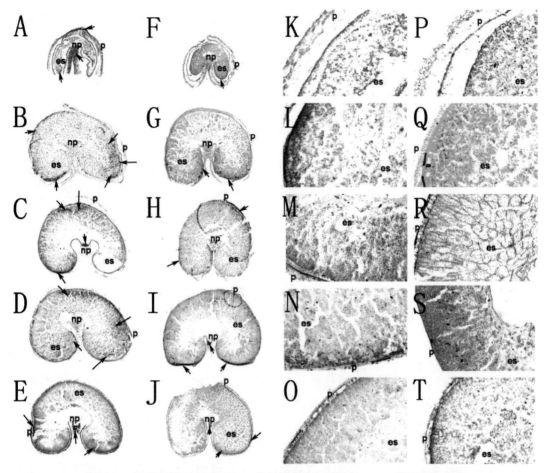

图 2.43　花后干旱胁迫下新冬 20 号籽粒发育不同时期 amy Ⅳ基因原位杂交

注：A～E 为干旱胁迫下新冬 20 号花后 7～35 天籽粒胚乳 amy Ⅳ基因原位杂交照片；F～J 为正常灌水下新冬 20 号花后 7～35 天籽粒胚乳 amy Ⅳ基因原位杂交照片；K～O 为干旱胁迫下新冬 20 号花后 7～35 天籽粒胚乳 amy Ⅳ基因原位杂交照片局部放大图；P～T 为正常灌水下新冬 20 号花后 7～35 天籽粒胚乳 amy Ⅳ基因原位杂交照片局部放大图。图中籽粒横切面中 p 为果种皮部位、es 为胚乳、np 为珠心部位，箭头所指部位为 amy Ⅳ基因表达较强的部位。

基因由胚乳边缘糊粉层向籽粒中部推进表达的趋势更明显，而正常灌水下 amy Ⅳ基因表达则主要集中在果种皮、珠心及糊粉层（见图 2.44C 和图 2.44H 中箭头）。花后 28 天在干旱胁迫下，amy Ⅳ基因在籽粒胚乳中部的表达较明显，而正常灌水下则集中在果种皮及糊粉层（见图 2.44D 和图 2.44I 中箭头）。花后 35 天在干旱胁迫下，amy Ⅳ基因表达主要分布在籽粒胚乳，而正常灌水下则主要集中在果种皮、珠心层及糊粉层（见图 2.44E 和图 2.44J 中箭头）。在制作石蜡切片过程中，切到籽粒胚的外缘部位经原位杂交显色，表明经干旱胁迫后在胚乳和胚交界的糊粉层细胞中 amy Ⅳ基因表达较强。综上所述，干旱胁迫下籽粒淀粉分解酶关键基因 amy Ⅳ基因时空表达的规律为籽粒发育前期（花后 7 天）主要在果种皮、糊粉层和珠心细胞，籽粒发育中期（花后 7～28 天）由外向内即从糊粉层向籽粒胚乳中部表达，籽粒发育后期（花后 28～35 天）胚乳各处均有表达且表达趋势明显。

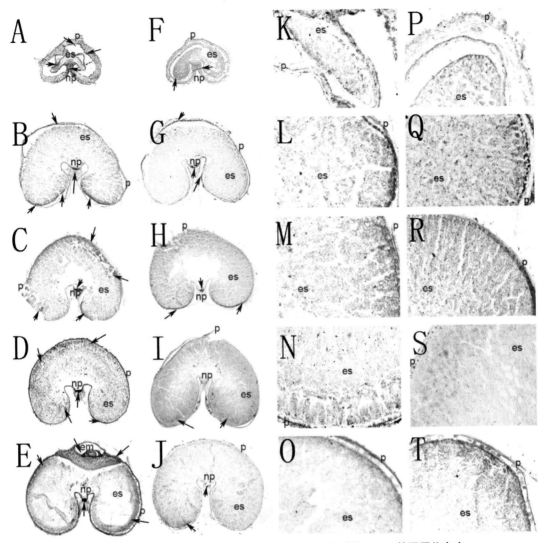

图2.44　花后干旱胁迫下新冬23号籽粒发育不同时期amyIV基因原位杂交

注：A～E为干旱胁迫下新冬23号花后7～35天籽粒胚乳amyIV基因原位杂交照片；F～J为正常灌水下新冬23号花后7～35天籽粒胚乳amyIV基因原位杂交照片；K～O为干旱胁迫下新冬23号花后7～35天籽粒胚乳amyIV基因原位杂交照片局部放大图；P～T为正常灌水下新冬23号花后7～35天籽粒胚乳amyIV基因原位杂交照片局部放大图。图中籽粒横切面中p为果种皮部位、es为胚乳、np为珠心部位，em为胚部，箭头所指部位为amyIV基因表达较强的部位。

十、bamI基因表达时空定位

由于在干旱胁迫下，两个参试品种籽粒胚乳中淀粉分解酶关键基因中bamI基因相对表达量较高，本研究应用原位杂交技术对β-淀粉分解酶基因bamI在小麦胚乳中的表达部位及表达时期进行了分析。图2.45的结果表明：在干旱胁迫下，新冬20号花后7天时bamI基因在籽粒中的表达模式如图2.45A所示，主要在果种皮和胚乳边缘糊粉层以及珠心细胞表达，而正常灌水下则主要在胚乳边缘糊粉层中表达（见图2.45A和图2.45F中箭头）。花后 14 天在干旱胁迫处理下，*bam I* 基因主要在胚乳边缘糊粉层和珠心细胞中表达（见图 2.45B 中箭头）。花后 21 天在干旱胁迫下 *bam I* 基因由胚乳边缘糊粉层向籽粒中部推进表达的趋势更为明显，而正常灌水条件下，*bam I* 基因表达主要集中在果种皮及糊粉层（见图 2.45C 和图 2.45H 中箭头）。花后 28 天在干旱胁迫下，*bam I* 基因在籽粒胚乳中部的表达较明显，而正常灌水下则集中在果种皮、珠心层及糊粉层（见图 2.45D 和图 2.45I 中箭头）。花后 35 天在干旱胁迫下，*bam I* 基因表达主要分布在籽粒胚乳，而正常灌水下则主要集中在果种皮、珠心层及糊粉层（见图 2.45E 和图 2.45J 中箭头）。综上所述，在干旱胁迫下，籽粒淀粉分解酶关键基因 *bam I* 基因时空表达的规律为籽粒发育前期（花后 7 天）主要在果种皮、糊粉层和珠心细胞，籽粒发育中期（花后 7～28 天）由外向内即从糊粉层向籽粒胚乳中部表达，籽粒发育后期（花后 28～35 天）遍及胚乳各处且表达趋势明显。

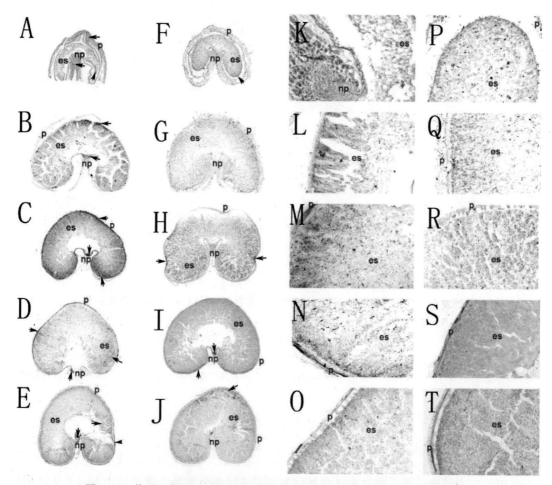

图 2.45　花后干旱胁迫下新冬 20 号籽粒发育不同时期 *bam I* 基因原位杂交

注：A～E 为干旱胁迫下新冬 20 号花后 7～35 天籽粒胚乳 *bam I* 基因原位杂交照片；F～J 为正常灌水下新冬 20 号花后 7～35 天籽粒胚乳 *bam I* 基因原位杂交照片；K～O 为干旱胁迫下新冬 20 号花后 7～35 天籽粒胚乳 *bam I* 基因原位杂交照片局部放大图；P～T 为正常灌水下新冬 20 号花后 7～35 天籽粒胚乳 *bam I* 基因原位杂交照片局部放大图。图中籽粒横切面中 p 为果种皮部位、es 为胚乳、np 为珠心部位，箭头所指部位为 *bam I* 基因表达较强的部位。

　　新冬 23 号在干旱胁迫下籽粒花后 7 天时 *bam I* 基因在籽粒中表达如图 2.46A 所示，主要在果种皮和胚乳边缘糊粉层以及珠心细胞表达，而在正常灌水下则主要在胚乳边缘糊粉层中表达（见图 2.46A 和图 2.46F 中箭头）。花后 14 天在干旱条件下，*bam I* 基因主要在胚乳边缘糊粉层和珠心细胞中表达（见图 2.46B 中箭头）。花后 21 天在干旱胁迫下，*bam I* 基因表达部位由胚乳边缘糊粉层向籽粒中部扩展的趋势更明显，而正常灌水下 *bam I* 基因表达则主要集中在果种皮及糊粉层（见图 2.46C 和图 2.46H 中箭头）。花后 28 天在干旱胁迫下，*bam I* 基因在籽粒胚乳中部的表达较明显，而对照下则主要集中在果种皮、

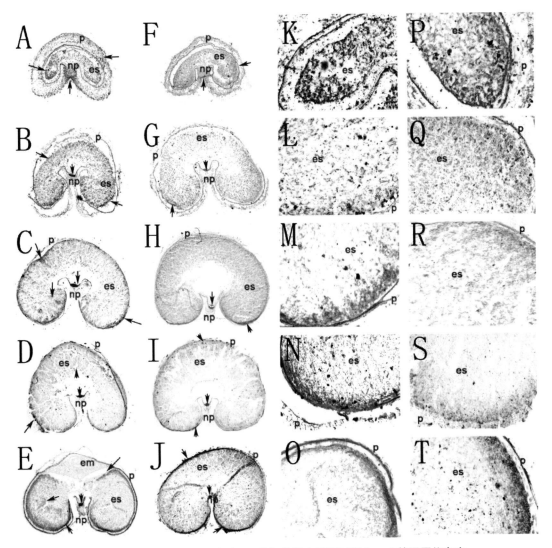

图 2.46　花后干旱胁迫下新冬 23 号籽粒发育不同时期 *bam I* 基因原位杂交

注：A～E 为干旱胁迫下新冬 23 号花后 7～35 天籽粒胚乳 *bam I* 基因原位杂交照片；F～J 为正常灌水下新冬 23 号花后 7～35 天籽粒胚乳 *bam I* 基因原位杂交照片；K～O 为干旱胁迫下新冬 23 号花后 7～35 天籽粒胚乳 *bam I* 基因原位杂交照片局部放大图；P～T 为正常灌水下新冬 23 号花后 7～35 天籽粒胚乳 *bam I* 基因原位杂交照片局部放大图。图中籽粒横切面中 p 为果种皮部位、es 为胚乳、np 为珠心部位、em 为胚部，箭头所指部位为 *bam I* 基因表达较强的部位。

珠心层及糊粉层（见图2.46D和图2.46I中箭头）。花后35天时干旱胁迫下 *bam I* 基因的表达在籽粒胚乳中较明显，而正常灌水下主要还集中在果种皮、珠心层及糊粉层（见图2.46E和图2.46J中箭头）。综上所述，在干旱胁迫下籽粒淀粉分解酶关键基因 *bam I* 基因时空表达的规律为籽粒发育前期（花后7天）主要在果种皮、糊粉层和珠心细胞，籽粒发育中期（花后7～28天）由外向内即从糊粉层向籽粒胚乳中部表达，籽粒发育后期（花后28～35天）遍及胚乳各处表达趋势明显。

十一、*bam V* 基因表达时空定位

由于干旱胁迫下两个参试品种籽粒胚乳中淀粉分解酶关键基因 *bam V* 基因相对表达量较高，本研究应用原位杂交技术进行对该基因在小麦胚乳中的表达部位及表达时期进行了分析，图2.47的结果表明：在干旱胁迫下，新冬20号花后7天籽粒中 *bam V* 基因表达主要在果种皮和胚乳边缘糊粉层以及珠心细胞，如图2.47A所示；在正常灌水下则主要在胚乳边缘糊粉层中表达（见图2.47A和图2.47F中箭头）。花后14天在干旱胁迫下籽粒中 *bam V* 基因主要在胚乳边缘糊粉层和珠心细胞中表达（见图2.47B中箭头）。花后21天干旱胁迫下，籽粒中 *bam V* 基因的表达部位由胚乳边缘糊粉层向籽粒中部扩展的趋势更明显；而在对照条件下该基因的表达部位则主要集中在果种皮及糊粉层（见图2.47C和图2.47H中箭头）。籽粒发育在花后28天干旱胁迫下 *bam V* 基因在籽粒胚乳中部的表达较明显，而正常灌水下则主要集中在果种皮、珠心层及糊粉层（见图2.47D和图2.47I中箭头）。花后35天干旱胁迫下，*bam V* 基因的表达主要在分布在籽粒胚乳，而对照下则主要集中于果种皮、珠心层及糊粉层（见图2.47E和图2.47J中箭头）。综上所述，花后干旱胁迫下籽粒淀粉分解酶关键基因 *bam V* 的时空表达规律为籽粒发育前期（花后7天）主要集中于果种皮、糊粉层和珠心细胞，籽粒发育中期（花后7～28天）由外向内即从糊粉层向籽粒胚乳中部表达，籽粒发育后期（花后28～35天）遍及胚乳各处表达趋势明显。

新冬23号在干旱胁迫下花后7天时，*bam V* 基因在籽粒中的表达如图2.48A所示，主要在果种皮和胚乳边缘糊粉层以及珠心细胞表达，在正常灌水下则主要在胚乳边缘糊粉层中表达（见图2.48A和图2.48F中箭头）。花后14天在干旱胁迫下，籽粒 *bam V* 基因的表达部位主要集中在胚乳边缘糊粉层和珠心（见图2.48B中箭头）。花后21天在干旱胁迫下，籽粒 *bam V* 基因的表达部位由胚乳边缘糊粉层向籽粒中部扩展的趋势更明显，而在正常灌水下则主要集中在果种皮及糊粉层（见图2.48C和图2.48H中箭头）。花后28天在干旱胁迫下，籽粒 *bam V* 基因的表达部位主要在籽粒胚乳中部，而正常灌水下则主要集中在果种皮、珠心层及糊粉层（见图2.48D和图2.48I中箭头）。花后35天干旱胁迫下，*bam V* 基因在籽粒胚乳中的表达较明显，而在正常灌水下则主要集中在果种皮、珠心层及糊粉层（见图2.48E和图2.48J中箭头）。综上所述，在花后干旱胁迫下，籽粒淀粉分解酶关键基因 *bam V* 的时空表达规律为籽粒发育前期（花后7天）主要集中于果种皮、糊粉层和珠心细胞，籽粒发育中期（花后7～28天）由外向内即从糊粉层向籽粒胚乳中部表达，籽粒发育后期（花后28～35天）遍及胚乳各处表达趋势明显。

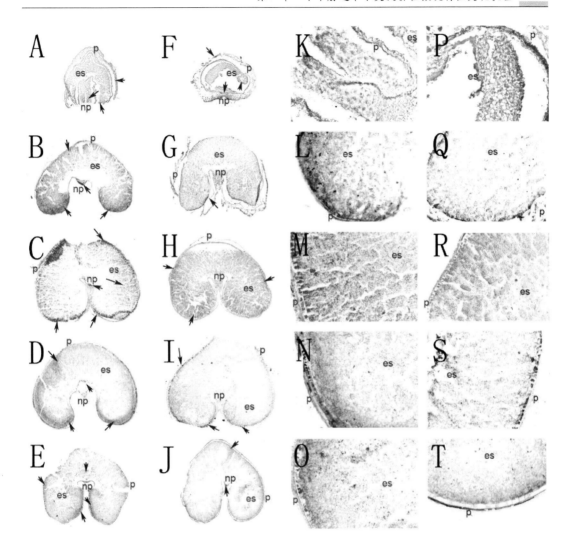

图 2.47 花后干旱胁迫下新冬 20 号籽粒发育不同时期 *bam* V 基因原位杂交

注：A～E 为干旱胁迫下新冬 20 号花后 7～35 天籽粒胚乳 *bam* V 基因原位杂交照片；F～J 为正常灌水下新冬 20 号花后 7～35 天籽粒胚乳 *bam* V 基因原位杂交照片；K～O 为干旱胁迫下新冬 20 号花后 7～35 天籽粒胚乳 *bam* V 基因原位杂交照片局部放大图；P～T 为正常灌水下新冬 20 号花后 7～35 天籽粒胚乳 *bam* V 基因原位杂交照片局部放大图。图中籽粒横切面中 p 为果种皮部位、es 为胚乳、np 为珠心部位，箭头所指部位为 *bam* V 基因表达较强的部位。

　　根据小麦籽粒发育过程中淀粉合成酶与分解酶基因表达的动态变化，可将其分为四组，即整个籽粒灌浆时期表达量较高、整个籽粒灌浆时期表达量较低、籽粒发育早期表达量较高和籽粒发育晚期表达量较高，基因表达的动态变化通过影响淀粉的结构，最终影响淀粉产量和品质（Singh et al.，2015）。本书探讨了花后干旱胁迫下小麦籽粒发育过程中淀粉合成酶与淀粉分解酶相关基因表达与淀粉酶活性的变化特征，揭示了淀粉合成酶与淀粉分解酶共同作用于淀粉粒的形成发育过程。以往研究大多关注淀粉合成酶在淀粉粒形成发育中的作用，忽视了淀粉分解酶在这其中所扮演的角色。为保证全面、准确地探讨小麦淀粉合成的生物过程，应重视淀粉分解酶的作用以及淀粉合成酶和分解酶在淀粉合成/代谢中的相互影响。

　　小麦淀粉粒内部的微通道是其固有特性，表面的微孔在适水栽培条件下是不易观察到的，本书发现外界干旱胁迫后，通过扫描电镜很容易观察到淀粉粒表面的微孔，通过激光共聚焦显微镜发现淀粉粒内部的微通道出现通道数量增加，孔径变大的现象。在适水栽培下，小麦籽粒灌浆过程淀粉合成酶和降解酶之间可能存在一定的平衡关系，花后干旱胁迫处理将此平衡打破，淀粉降解酶在灌浆后期活性增强导致淀粉粒表面微孔数量增加、内部微通道孔径变大。如前文所述，淀粉粒此微观结构的变化对淀粉品质影响深远，因此在进行外界环境胁迫对小麦淀粉合成相关研究时，也要注重关于淀粉降解酶活性变化和淀粉粒微观结构对淀粉最终品质的影响。

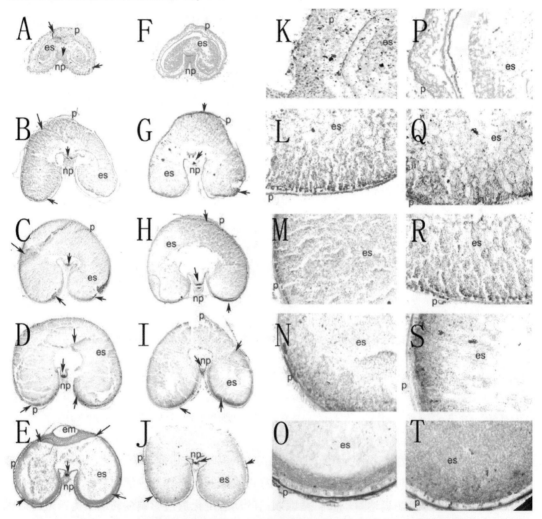

图 2.48　花后干旱胁迫下新冬 23 号籽粒发育不同时期 *bam* V 基因原位杂交

　　注：A～E 为干旱胁迫下新冬 23 号花后 7～35 天籽粒胚乳 *bam* V 基因原位杂交照片；F～J 为正常灌水下新冬 23 号花后 7～35 天籽粒胚乳 *bam* V 基因原位杂交照片；K～O 为干旱胁迫下新冬 23 号花后 7～35 天籽粒胚乳 *bam* V 基因原位杂交照片局部放大图；P～T 为正常灌水下新冬 23 号花后 7～35 天籽粒胚乳 *bam* V 基因原位杂交照片局部放大图。图中籽粒横切面中 p 为果种皮部位、es 为胚乳、np 为珠心部位、em 为胚部，箭头所指部位为 *bam* V 基因表达较强的部位。

一般认为，淀粉生物合成过程中相关酶之间的互作对于淀粉生物合成具有重要作用。例如，玉米胚乳的研究表明 *ISA2* 突变体将会带来可溶性糖的积累，而 *SS3* 和 *ISA2* 共同作用将会抑制可溶性糖积累（Lin et al.，2012）。淀粉合成酶与淀粉分支酶之间的互作研究表明，水稻胚乳突变体 *SS1* 中由于缺失特异分支酶 BE2b，产生淀粉不仅增加了直链淀粉含量而且改变了淀粉结构（Abe et al.，2014）。最近有研究显示，在籽粒发育过程中淀粉分解酶能够影响淀粉生物合成（Radchuk et al.，2009；Barrero et al.，2013；Whan et al.，2014；James and Jens，2015）。如小麦研究显示 α 型淀粉分解酶基因家族中通过时空定位研究表明，*amyⅢ* 是在籽粒发育过程中表达量较高的 α 型淀粉分解酶基因，*amyⅢ* 过量表达并没有改变籽粒淀粉含量，而是通过淀粉降解从而增加了籽粒成熟期可溶性糖含量（Whan et al.，2014）。玉米研究结果表明，在淀粉合成灌浆期淀粉分解酶 β - 淀粉酶，授粉第 7 天活性最高，随着灌浆进行活力逐渐降低；α - 淀粉酶在第 10 天达到最大值后也逐渐降低，表明开花后玉米籽粒"库"强度的建立，从而接受来自叶片内光合产物的运输和分配，需要淀粉分解酶分解淀粉提供能量（文迪，2010）。上述这些研究仅是对淀粉合成酶家族或淀粉分解酶家族内部之间相互作用的研究结果，而涉及两个家族之间的互作研究鲜见报道，究其原因是相关酶缺失的突变体材料的缺乏以及对这些淀粉生物合成酶间作用机理还不清楚。

小麦胚乳淀粉生物合成过程中淀粉合成酶与淀粉分解酶相互作用，共同完成将光合同化产物转化成淀粉的过程。本书研究从籽粒胚乳淀粉生物合成过程中淀粉合成酶基因表达、淀粉合成酶活性、淀粉分解酶基因表达、淀粉分解酶活性、淀粉分解酶基因时空定位角度开展研究，结果表明在小麦淀粉生物合成过程中淀粉合成相关酶在淀粉物合成中起重要作用，这是以往研究早已形成的共识，而本书研究结果还表明淀粉分解相关酶对淀粉生物合成的作用也不可忽视，尤其对于淀粉粒表面微观结构形成的作用更应引起重视，外界干旱胁迫将淀粉分解酶的作用效果进一步放大，有助于探明其中作用机理。淀粉分解酶相关基因 *amyⅣ*、*bamⅠ* 和 *bamⅤ* 基因表达时空定位结果启示研究者，小麦籽粒淀粉形成发育过程中淀粉分解酶基因在籽粒胚乳表达部位由外向内即由糊粉层向胚乳中心表达，接近小麦籽粒果种皮的胚乳外缘细胞中淀粉粒表面最易出现微孔和微通道结构，前文中对胚乳外缘细胞淀粉粒形态观察，佐证了上述结果。

第六节 干旱胁迫下小麦淀粉粒微观特性变化机理模型

随着我国人民生活水平的不断改善，人民群众对小麦及面粉制品的品质要求也随之提高。小麦面粉制品是新疆各族人民的主食，但是在新疆大部分麦区的小麦生产中籽粒灌浆期降雨稀少，干旱引起籽粒产量下降和品质不稳定一直是困扰优质小麦生产的重要问题。目前关于干旱胁迫对小麦籽粒淀粉生物合成影响的研究多集中在淀粉合成酶活性变化、淀粉积累规律、淀粉粒粒级分布等方面；关于干旱胁迫对小麦淀粉品质影响的研究多从直/支链淀粉比例、支链淀粉分支结构等方面入手，较少从淀粉粒表面微观特性变化的角度研究。干旱胁迫导致小麦淀粉粒表面的微孔和微通道数量增加、孔径变大，是影响淀粉粒理化特性和加工品质的重要因素。本书针对上述问题提出科学假设：小麦籽粒灌浆期干旱胁迫破坏了籽粒淀粉合成过程中淀粉合成酶和降解酶之间的平衡，使得淀粉粒发育后期胚乳中淀粉降解酶活性增强，水解了淀粉颗粒表面的淀粉分子，使淀粉粒表面的微孔和微通道数量增加，在淀粉加工过程中这些微孔和微通道成为酶和水的首要作用位点，使其更容易进入淀粉粒内部，进而对小麦产量和籽粒淀粉品质产生影响。为进一步研究证实上述科学假设，本书开展了小麦花后干旱胁迫下淀粉粒表面微观特性变化及形成机理研究。

小麦生产中籽粒灌浆期遭受外界干旱胁迫，破坏了籽粒淀粉合成过程中淀粉合成酶和降解酶之间的平衡，淀粉合成酶（AGPase、SS 和 SBE）活性降低，淀粉降解酶（AMY 和 BMY）活性增强，水解了淀粉颗粒表面的淀粉分子，使淀粉粒表面的微孔和微通道数量增加，在淀粉加工过程中这些微孔和微通道成为酶、水等物质的首要作用位点，使其更容易进入淀粉粒内部，进而对小麦淀粉品质产生影响。基于本书研究结果，结合相关文献，提出了小麦花后干旱胁迫下淀粉粒微观特性变化形成机理模型，如图 2.49 所示。

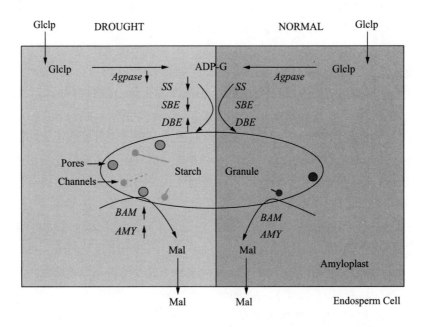

图 2.49　小麦花后干旱胁迫下淀粉粒微观特性变化形成机理模型

第三章　干旱胁迫对小麦籽粒萌发及
淀粉特性影响

第一节　小麦花后干旱对籽粒萌发特性的影响

小麦不但是我国的主要粮食作物，也是新疆最主要的粮食作物。淀粉是小麦籽粒中胚乳的重要组成部分，约占小麦籽粒干重的 65%，已经被广泛应用于食品和非食品工业中（Wang et al.，2014；闫俊等，2001）。随着全球气候变暖，我国小麦主产区在小麦生长季节干旱频发，严重影响了小麦的产量和品质进一步提高（李诚等，2015）。以往研究注重探明外界干旱胁迫对小麦籽粒灌浆危害以及籽粒贮藏物质积累的影响，而本书则更关注花后干旱胁迫对小麦籽粒发芽特性的影响，以及籽粒萌发过程中淀粉粒形态与淀粉酶活性间的相互关系，有助于拓宽对花后干旱胁迫下小麦籽粒发芽特性的认识，这些研究结果可为应对新疆小麦籽粒灌浆期外界干旱胁迫危害提供理论依据。

小麦淀粉粒在胚乳中主要是以颗粒的形式存在。小麦淀粉粒主要分为 A 型淀粉粒和 B 型淀粉粒，两种类型淀粉粒的数量、品质特性与小麦生长的外部环境条件和基因型密切相关（Coventry et al.，2011；Ao and Jaylin，2007）。原亚萍等（2013）研究表明，在小麦籽粒成熟过程中，随着营养物质的积累，小麦籽粒发芽过程中起关键作用的淀粉酶也随之合成。种子生理成熟后，种子活力会出现不可逆的下降，这些不可逆变化的综合效应称为劣变或老化（Singh et al.，2008）。劣变或老化的种子萌发速度慢、发芽率低、出苗率低、畸形苗增多、抗逆性能差，严重影响农业生产。干旱胁迫可以促进植物的乙烯释放，加速植株衰老，然而目前关于小麦籽粒灌浆期（生理成熟期）干旱胁迫对小麦籽粒收获后作为种子的萌发特性的研究鲜见报道。Singh 等（2008）研究表明干旱胁迫使小麦籽粒中 A、B 型淀粉粒的形态和结构发生了一定变化，同时干旱胁迫条件也会影响小麦籽粒中淀粉的积累及淀粉合成中关键酶的形成。研究表明小麦田间持水量在 55% 时显著提高了籽粒中面筋含量、蛋白质及蛋白谷/醇比等多数品质性状（兰涛等，2005）。本章以小麦籽粒萌发特性的研究为切入点，研究花后干旱胁迫对小麦籽粒粒重、淀粉粒形态、籽粒萌发后的酸性磷酸酶活性、淀粉分解酶活性以及胚根、胚芽长度的变化，探明小麦籽粒灌浆期花后干旱胁迫对籽粒萌发特性的影响，为应对新疆小麦灌浆期干旱胁迫危害提供理论依据。

2014 年 9 月至 2015 年 7 月，课题组在石河子大学农学院试验站设置小区试验，采用随机区组设计，小区面积为 7 平方米，4 次重复。从播种到开花前采用大田灌溉种植，开花后干旱处理，遇阴雨天搭遮雨棚，田间停止灌水，对照采用与大田生产一致的田间灌溉。种子完熟期收取各种处理的种子，分别装袋备用。供试品种为新冬 20 号和新冬 23 号小麦品种。新冬 20 号的品种特性是具有广泛的适应性，产量潜力较高，抗逆性较强（陈淑琴等，1998）；新冬 23 号的品种特性是产量潜力一般，抗逆性较弱（姚翠琴等，2010）。参试小麦品种籽粒收获后，将长相一致、种子比较完整的籽粒挑选出来，经蒸馏水漂洗后，用氯化汞浸泡 50 秒，25℃恒温培养箱中暗处理 48 小时后，置于 25℃的光照培养箱中，光照时间为 16 小时，每天按时浇水。取 2 天、4 天、6 天、8 天的小麦去胚根、胚芽后备用。

一、干旱胁迫下小麦萌发后淀粉粒形态

有研究表明，外源 α - 淀粉酶能够使淀粉粒表面出现很多微孔，且大多数集中在赤道凹槽处（Li et al.，2010）。为研究花后干旱处理下小麦籽粒成熟后，萌发过程中胚乳淀粉粒的变化，本书分别提取了发芽 2 天和 6 天的淀粉粒，通过电镜观察其形态变化。图 3.1 表明，通过观察新冬 20 号和新冬 23 号不同处理的小麦籽粒发芽后的 2 天、6 天籽粒中的淀粉粒，发现两种不同处理下淀粉粒被酶解的程度分别是：干旱处理 > 对照。发芽 2 天，淀粉粒表面开始出现孔洞，两个处理间差异不明显。发芽 6 天淀粉粒表面的孔洞数量明显增多，随着萌发过程的进行，淀粉粒表面和赤道凹槽中的小孔不断增多。这表明了干旱胁迫下小麦籽粒在萌发的过程中淀粉降解程度较高，即籽粒中酶的活性较高；对照处理下的淀粉降解程度较低，即酶的活性较低，籽粒中淀粉粒分布的规律大致相同。由于降解酶易从微孔处开始降解，所以干旱处理的淀粉颗粒表面被水解的微孔比正常灌溉条件下的淀粉颗粒表面多，表明干旱胁迫下比正常灌溉条件下产生降解酶多。正常灌溉小麦品种的 B - 型淀粉粒数量比干旱处理中的 B - 型淀粉粒多。

二、干旱胁迫下小麦籽粒萌发后 α - 淀粉酶和 β - 淀粉酶活性

在小麦萌发过程中，胚乳中的淀粉粒主要被种子中的 α - 淀粉酶和 β - 淀粉酶降解为单糖，在淀粉磷酸化酶的作用下进行。小麦中的 β - 淀粉酶活性会随着萌发过程的进行，缓慢增加到最大值。

本书测定了两个小麦品种萌发过程中淀粉分解酶活性变化。结果显示（见图 3.2），在对照条件下，新冬 20 号小麦籽粒 α - 淀粉酶活性随籽粒萌发时间呈上升趋势，该品种干旱和对照处理的差距较大，呈持续上升的趋势，2 天、4 天干旱条件下活性较高，6 天、8 天增幅较为平缓；在 2 天、4 天、6 天、8 天时，干旱处理明显高于同时期的对照。新冬 23 号小麦品种籽粒 α - 淀粉酶活性随籽粒灌浆呈先上升再下降再上升的趋势，该品种对照和干旱处理的差距较小，有持续上升的趋势，在籽粒萌发 4 天、6 天时干旱处理略高于同时期的对照。

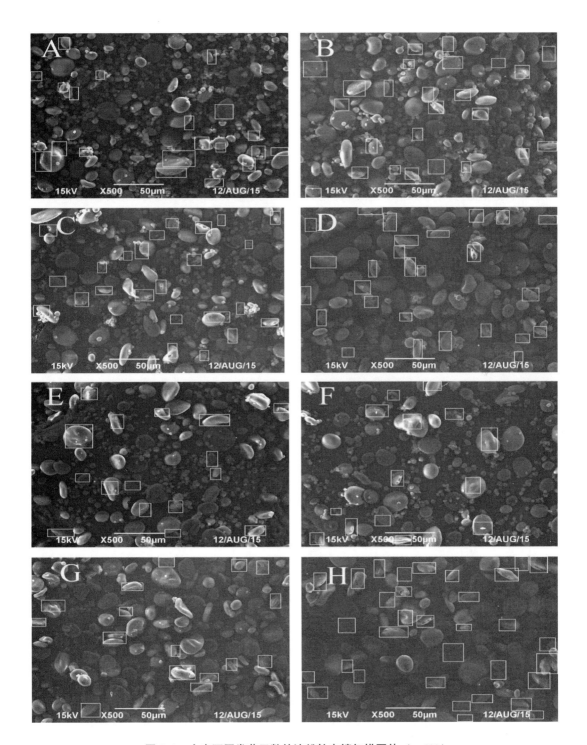

图 3.1 小麦不同发芽天数的淀粉粒电镜扫描图片（×500）

注：A、C 分别为新冬 20 号适水处理籽粒发芽 2 天、6 天的淀粉粒；B、D 分别为新冬 20 号干旱处理籽粒发芽 2 天、6 天的淀粉粒；E、G 分别为新冬 23 号适水处理籽粒发芽 2 天、6 天的淀粉粒；F、H 分别为新冬 23 号适水处理籽粒发芽 2 天、6 天的淀粉粒。

　　花后干旱胁迫下新冬 20 号和新冬 23 号的 β-淀粉酶活性都在籽粒发芽 8 天时达到最大值。新冬 20 号 β-淀粉酶在籽粒发芽 2 天时干旱处理略低于同期的对照，籽粒发芽 6 天时干旱处理与对照持平，在籽粒发芽 4 天、8 天时干旱处理的 β-淀粉酶明显高于同时期的对照。新冬 23 号 β-淀粉酶在籽粒发芽 2 天、8 天时干旱处理明显要低于同时期的对照，在籽粒发芽 4 天、6 天时干旱处理略高于同期对照（见图 3.3）。在小麦籽粒发芽的过程中，α-淀粉酶随时间的增加，其活性逐渐增强，而 β-淀粉酶随时间的增加，活性呈持续上升变化，且正常灌溉和干旱处理的 β-淀粉酶活性较为接近。

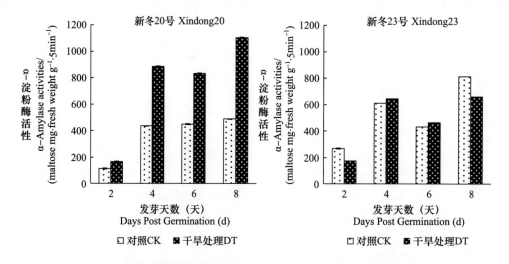

图 3.2　花后干旱胁迫下小麦籽粒不同萌发时期的 α-淀粉酶活性

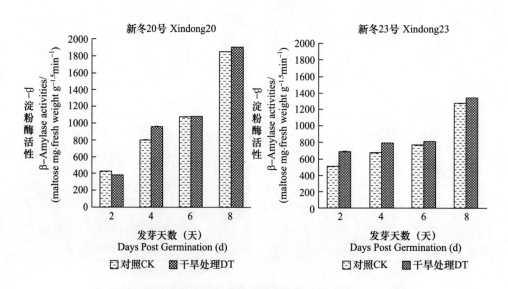

图 3.3　花后干旱胁迫下小麦籽粒不同发芽时期的 β-淀粉酶活性

三、干旱胁迫下小麦籽粒萌发后酸性磷酸酶活性

植物体内的酸性磷酸酶不仅能够促进碳水化合物的转化和蛋白质的合成，还可以将土壤中的有机磷化合物分解成无机磷等物质，提高土壤的有效磷素（黄宇等，2008）。本试验测定的两个小麦品种灌浆过程中酸性磷酸酶变化的结果显示（见图3.4），新冬20号小麦品种酸性磷酸酶的变化趋势是先上升再下降的过程，籽粒发芽4天时干旱处理与对照差异很大，明显低于对照；在籽粒发芽2天、6天、8天时干旱处理的酸性磷酸酶活性明显高于同期的对照。新冬23号小麦品种酸性磷酸酶的变化趋势是先上升再下降的过程，在2天时适水和干旱处理的酸性磷酸酶的差异明显较大，在籽粒发芽2天、4天、6天、8天时干旱处理下的酸性磷酸酶活性都明显低于同时期的对照。

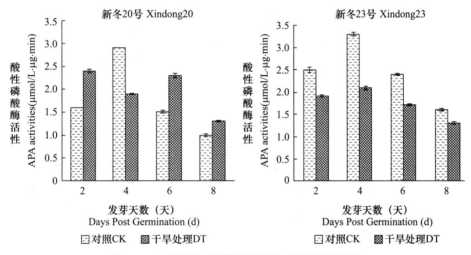

图 3.4 小麦籽粒不同萌发时期的酸性磷酸酶活性

四、干旱胁迫下小麦籽粒萌发后胚根胚芽长度

如图3.5所示，新冬20号两种不同处理的小麦种子发芽后胚芽长度均有不断增加的趋势，对照条件下籽粒发芽2天、4天的胚芽伸长得最快，6天、8天的胚芽长度均是干旱处理下的长度较长；新冬23号两种不同处理的小麦种子发芽后胚芽长度也呈不断伸长的趋势，对照条件下籽粒发芽2天的种子胚芽长度与干旱处理的长度持平，4天、6天、8天胚芽均是适水胚芽伸长最快。对于新冬20号不同处理间胚芽长度的差异在2天、4天的差异显著，8天时差异不显著。新冬23号不同处理间胚芽长度在4天、6天、8天的差异显著，而在2天时各处理间差异不显著。

如图3.6所示，新冬20号两种不同处理的小麦种子发芽后胚根长度均有先上升再下降再上升的趋势，干旱处理下籽粒发芽2天、4天的胚根均低于同期的对照，6天、8天的胚根长度均是干旱处理下的长度较长；新冬23号两种不同处理的小麦种子发芽后胚根长度也是不断伸长的趋势，对照条件下籽粒发芽2天、4天、6天、8天胚芽均是对照胚

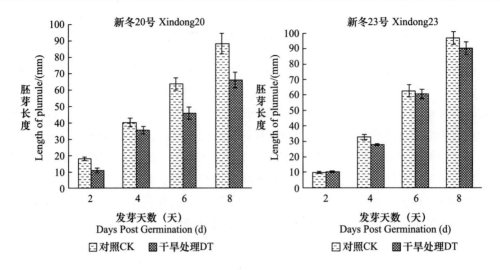

图 3.5　小麦籽粒不同萌发时期的胚芽长度

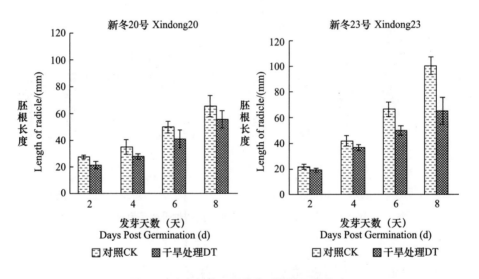

图 3.6　小麦籽粒不同萌发时期的胚根长度

根伸长最快。

　　淀粉主要以淀粉粒的形式存在于小麦籽粒的胚乳中，其形态和结构是小麦淀粉品质的重要决定因素。一般研究认为成熟期的小麦籽粒中胚乳主要含有 A 型、B 型两种类型的淀粉粒，A 型淀粉粒占胚乳中淀粉重量的 70% 以上；而 B 型淀粉粒占成熟小麦胚乳总重的 25%～30%。Bechtel 等（1990）指出 A 型淀粉粒在花后 4～5 天开始形成，B 型淀粉粒在花后 12～14 天开始形成，它们的数量和大小在籽粒成熟前会一直增加。戴忠民等（2007）研究表明，旱作条件下的小麦籽粒中的 B 型淀粉粒显著大于灌溉栽培的 B 型淀粉粒体表面积的百分比，A 型淀粉粒的体表面积明显减少，与籽粒灌浆前、中期的淀粉积累速率有关，使干旱栽培条件下 B 型淀粉粒的数量显著提高。发芽小麦中的 α - 淀粉酶活性较高，能将淀粉逐步分解成碳水化合物，所以糖类含量也相应较高（艾志录等，2006）。

小麦中的 β – 淀粉酶活性会随着发芽过程的进行，缓慢增加到最大值（黄宇等，2008）。在小麦籽粒发芽的过程中，α – 淀粉酶随时间的增加，活性逐渐增强，而 β – 淀粉酶随时间的增加，活性呈持续上升变化，且正常灌溉和干旱胁迫处理的 β – 淀粉酶活性较为接近。

本书中新冬 20 号和新冬 23 号两个品种酸性磷酸酶含量都是先上升后下降的过程，这可能是适水条件下小麦籽粒对磷素吸收正常，籽粒中积累了较多的有机磷酸酯，从而使种子在发芽过程中酸性磷酸酶活性较强。试验中参试品种的胚根、胚芽长度都呈持续上升的趋势，在发芽试验后期，花后干旱胁迫处理下的胚根、胚芽长度要短于同期的对照，表明花后干旱胁迫使小麦生长发育出现早衰，籽粒对磷的积累量有限，因此种子中有机磷酸酯的含量较少，发芽过程中酸性磷酸酶活性较弱，在适水条件下籽粒中积累的营养物质多，酸性磷酸酶的活性高。灌浆期干旱处理的小麦籽粒中营养成分低于对照，导致在籽粒萌发时胚根胚芽的生长受营养物质量的影响，花后干旱胁迫处理的胚根、胚芽长度明显低于对照，表明灌浆期干旱处理加速植株衰老，导致籽粒中营养物质减少，从而影响籽粒萌发过程中胚根胚芽的生长。

在种子萌发过程中，随着淀粉酶活性的增高，淀粉粒表面赤道凹槽和微孔部分更易被分解。花后干旱处理的小麦千粒重明显低于对照，淀粉颗粒表面被水解的微孔比正常灌溉条件下的淀粉颗粒表面多，β – 淀粉酶活性干旱处理高于正常灌溉，表明干旱处理的小麦籽粒，其淀粉颗粒表面更易被水解。干旱处理的酸性磷酸酶含量明显低于对照，表明适水条件下小麦籽粒对磷素吸收正常，籽粒中积累了较多的有机磷酸酯，使种子在发芽过程中酸性磷酸酶活性较强。两个小麦品种的胚根胚芽长度都呈持续上升的趋势，干旱处理的胚根胚芽长度明显低于对照，表明灌浆期干旱处理加速植株衰老，导致籽粒中营养物质减少，从而影响籽粒萌发过程中胚根胚芽的生长。

第二节　小麦花后干旱下喷施 $Co(NO_3)_2$ 对萌发特性影响研究

小麦是新疆主要的粮食作物。新疆小麦常年播种面积在 1800 万亩左右，播种面积列全国第七位，总产量居全国第六位《中国统计年鉴》（2015）。新疆已成为国家粮食安全战略的重要后备区。然而近年来，小麦籽粒灌浆期干旱造成籽粒减产和品质下降一直是困扰新疆小麦生产的重要问题。已有研究表明外界干旱是导致小麦植株体内乙烯释放量增加的一个重要因素，对小麦籽粒灌浆和胚乳程序性死亡进程有重要调控，可引起粒重下降，在籽粒灌浆初期喷施硝酸钴（乙烯合成抑制剂），可使小麦和玉米的粒重显著增加（许振柱等，1995；Beltrano et al.，1994）。

淀粉是小麦胚乳中的重要组分，小麦种子在萌发过程中胚乳淀粉粒在 α – 淀粉酶和 β – 淀粉酶以及淀粉磷酸化酶的作用下转变成单糖，可以被胚根和胚芽直接利用。研究表明种子生理成熟过程中的生长条件、发育程度以及收获后储存环境等因素都会影响种子的萌发特性（王芳等，2007，舒英杰等，2014；任利沙等，2016）。种子生理成熟后，种子活力会出现不可逆的下降，这些不可逆变化的综合效应称为劣变或老化（Ndimande et al.，1981）。劣变或老化的种子萌发速度慢、发芽率低、出苗率低、畸形苗增多、抗逆性能变差，严重影响农业生产。外界干旱胁迫可以促进作物中乙烯的释放（Narayana et al.，1991；Morgan and Drew，1997），加速植株衰老，胚乳细胞程序性死亡进程加快。然而目前关于小麦籽粒灌浆期在干旱胁迫后喷施乙烯合成抑制剂对小麦籽粒收获后种子萌发特性的研究鲜见报道。本书通过研究小麦籽粒发育过程中经干旱、干旱喷洒乙烯合成抑制剂 Co(NO$_3$)$_2$、正常灌溉处理下收获籽粒在萌发过程中胚乳淀粉粒形态变化，比较不同处理下淀粉酶活力、酸性磷酸酶活性以及胚根、胚芽发育状况，可为小麦栽培过程中通过喷施外源生长调节剂应对干旱胁迫以及提高小麦种子活力研究提供理论依据。

石河子大学麦类作物研究所冬小麦育种课题组提供了两种新疆主栽的冬小麦品种，即新冬 18 号和新冬 22 号作为参试材料。新冬 18 号为冬性晚熟品种，新冬 22 号为冬性早熟品种。2014 年 9 月至 2015 年 7 月，课题组在石河子大学农学院试验站设置小区试验，采用随机区组试验设计，小区面积为 7 平方米，4 次重复。所有试验小区从播种到开花前采用相同的大田滴灌种植栽培方式，开花后干旱处理采用遇阴雨天搭遮雨棚、田间停止灌水的方式进行，对照采用与小麦大田生产一致的田间灌溉次数和灌量，在抽穗至成熟期灌水 3 次，每次 1200 平方米/公顷。花后干旱处理下参试品种花后第 9 天开始分别在小麦穗部喷施 5×10^{-5} mol/L Co(NO$_3$)$_2$（乙烯合成抑制剂）、0.1%（v/v）乙醇和 0.01%（v/v）的 Tween20 溶液。正常灌水对照处理下为 0.1%（v/v）乙醇和 0.01%（v/v）的 Tween20 溶液，连续喷施 7 天，设不同处理标识：花后干旱喷洒 Co(NO$_3$)$_2$ 记为 DT + Co；花后干旱记为 DT；正常灌溉记为 CK。小麦完熟期收获各种处理的种子，测定不同处理下参试品种的千粒重。

选取籽粒饱满度一致的 3 种处理下的两个参试品种籽粒，用 0.1% 氯化汞溶液消毒 45 秒，蒸馏水漂洗 3 次，每次 5 分钟，用滤纸吸干附着水。将籽粒均匀摆放在铺两层滤纸的灭菌发芽盒中，每盒种 50 粒。每天用蒸馏水浇灌。之后于人工气候室光照下培养，光照时间为 16 小时，平均温度 20℃（白天）/18℃（夜间）。分别于第 2 天、第 4 天、第 6 天、和第 8 天取样。

一、干旱胁迫下喷施 Co(NO$_3$)$_2$ 对小麦粒重影响

小麦籽粒灌浆过程中植株产生的光合同化产物，转化成碳水化合物在籽粒中贮藏积累，因此籽粒重量大小是反映小麦灌浆强度的综合指标。小麦籽粒灌浆过程伴随着籽粒胚乳细胞程序性死亡的全过程，胚乳细胞完成了由一个活细胞到一个死的营养贮存库的转变。已有研究表明，外界干旱胁迫可造成小麦粒重减轻，胚乳细胞程序性死亡进程加快，籽粒灌浆不充分导致减产。外界干旱胁迫可以加速外源激素乙烯的释放，加速胚乳细胞程序性死亡进程，本研究对两个参试品种，经花后干旱胁迫后喷施乙烯合成抑制剂 Co(NO$_3$)$_2$，成熟期收获籽粒，测定各处理下收获籽粒重量。结果如表 3.1 所示，花后干旱胁迫下新冬 18 号成熟籽粒千粒重比对照条件下显著减小，减幅达到 55.41%，经喷施 Co

（NO_3）$_2$处理后千粒重显著增加，增幅达到43.78%；花后干旱胁迫下新冬22号成熟籽粒千粒重与对照条件下显著减小，减幅达到37.93%，经喷施$Co(NO_3)_2$处理后千粒重显著增加，增幅达到7.73%。千粒重结果表明外界干旱胁迫造成小麦籽粒重减小，而喷洒$Co(NO_3)_2$抑制了籽粒乙烯前体的合成，延缓了胚乳PCD，使小麦籽粒积累更多的营养物质，参试品种粒重显著增加37%以上。此外，从粒重性状上两个参试品种对于外界干旱胁迫的反应存在差异，新冬18号对于外界干旱胁迫较敏感，粒重减幅较大，喷施$Co(NO_3)_2$后粒重增幅较大；而新冬22号表现则与之相反。

表 3.1　小麦花后干旱不同处理下籽粒的千粒重

品种 Genotype	处理 Treatment	千粒重 thousand kerner weight（克）
	DT	20.17±0.09c
新冬18号	DT+Co	29.00±0.11b
	CK	45.23±0.09a
	DT	28.47±0.09c
新冬22号	DT+Co	30.67±0.09b
	CK	45.87±0.19a

注：表中 a、b、c 表示处理间差异达显著水平（$p < 0.05$，Duncan 法检验）。

二、干旱不同处理下小麦籽粒萌发后淀粉粒形态

小麦籽粒发育成熟的过程伴随着淀粉和蛋白质等物质的贮存和积累，其中淀粉是最主要的贮藏物。籽粒萌发过程中在淀粉降解酶的作用下，淀粉粒表面会形成一个个微孔，这些微孔又成为酶作用于淀粉粒表面的重要作用位点，进一步加速淀粉的酶解。为探讨花后干旱不同处理下小麦籽粒萌发后籽粒淀粉形态的变化，本研究对两个小麦品种灌浆过程中3种处理后种子萌发过程中籽粒淀粉形态的变化进行观察和拍照。结果如图3.7所示，新冬18号小麦籽粒发芽2天时，淀粉粒表面和赤道凹槽部分已经开始出现微孔，发芽6天时，淀粉粒表面和赤道凹槽中已经出现了数量众多的明显微孔，DT处理下淀粉粒表面孔洞数量明显多于DT+Co和CK，表明DT处理后种子萌发过程中胚乳淀粉粒降解的程度较高；新冬22号发芽6天时DT处理下的降解程度最高，DT+Co次之，CK最低。这些结果表明小麦籽粒灌浆过程中在外界干旱胁迫下发育形成的淀粉粒，在种子萌发过程中淀粉粒表面微孔数量增加，籽粒在发芽时酶的作用位点增多使淀粉粒分解得更快，经过喷施乙烯合成抑制剂后淀粉粒表面的微孔数量介于干旱胁迫和正常灌水对照之间，表明乙烯合成抑制剂能够使得淀粉结构发育更紧密完整。

三、干旱不同处理下小麦籽粒萌发后淀粉酶活性

小麦种子萌发的过程是酶分解营养物质提供能量的过程，其中淀粉酶将淀粉主要分解为糖类，为籽粒的发育提供能量，淀粉酶活性强弱可以从一个方面代表着小麦种子在萌发

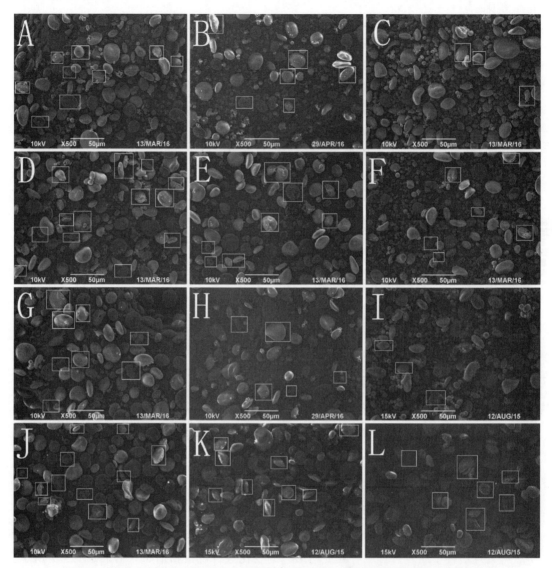

图 3.7　新冬 18 号和新冬 22 号小麦籽粒发芽 2 天和 6 天胚乳淀粉粒的扫描电镜图

注：A～C 分别代表新冬 18 号种子成熟过程中 DT、DT＋Co、CK 处理种子发芽 2 天的淀粉粒；D～F 分别代表新冬 18 号种子成熟过程中 DT、DT＋Co、CK 处理种子发芽 6 天的淀粉粒；G～I 分别代表新冬 22 号种子成熟过程中 DT、DT＋Co、CK 处理种子发芽 2 天的淀粉粒；J～L 分别代表新冬 22 号种子生理成熟过程中 DT、DT＋Co、CK 处理种子发芽 6 天的淀粉粒。

时种子活力的强弱。为探讨花后干旱胁迫不同处理下小麦籽粒萌发后淀粉酶活性，本书测定两个小麦品种灌浆过程中进行 3 种处理后种子萌发过程中淀粉酶活性的变化。结果如图 3.8 所示，在种子生理成熟过程中 DT、DT＋Co、CK 处理下，两个品种不同处理之间萌发过程中籽粒 α－淀粉酶活性在 2 天和 8 天的差异均达到显著水平，新冬 18 号发芽 2 天和 8 天不同处理间小麦的 α－淀粉酶活性均不断升高，其中发芽 2 天、4 天、6 天 DT＋Co 处理的 α－淀粉酶活性均显著高于其他处理；发芽 8 天时，DT 处理的 α－淀粉酶活性最高。新冬 22 号不同处理发芽后 α－淀粉酶活性不断升高，其中 2 天、4 天、6 天时 DT＋Co 处

理的 α–淀粉酶活性均显著高于其他两种处理。表明小麦种子萌发初期 DT + Co 处理下小麦种子萌发时，在 $Co(NO_3)_2$ 作用下，籽粒中乙烯释放的速度慢，籽粒积累了更多的营养物质，又因干旱作用导致酶活性提高来抵抗外界的不良环境，因此在小麦种子发芽 2 天、4 天、6 天，α–淀粉酶活性均高于其他两种处理。

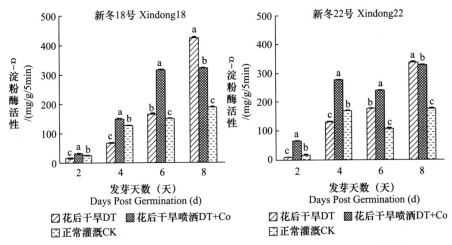

图 3.8　新冬 18 号和新冬 22 号小麦籽粒萌发过程中 α–淀粉酶活性变化

注：图中 a、b、c 表示处理间差异达显著水平（$p < 0.05$，Duncan 法检验）。

　　如图 3.9 所示，萌发过程中两个品种不同处理在相同时期籽粒 β–淀粉酶活性差异均达到显著水平。新冬 18 号小麦不同处理下种子发芽 2 天、4 天、6 天、8 天籽粒 β–淀粉酶活性呈升—降—升的趋势，均在 8 天时达到峰值；发芽 4 ~ 8 天，DT 处理下籽粒的 β–淀粉酶活性均显著高于 DT + Co 和 CK 处理；新冬 22 号 DT、DT + Co 处理后种子发芽的 β–淀粉酶活性总体呈上升趋势，发芽 2 天和 8 天，DT 处理的种子 β–淀粉酶活性显著高于 DT + Co 和 CK 处理，发芽 4 天和 6 天时 DT + Co 处理的种子 β–淀粉酶活性显著高于 DT 和 CK。

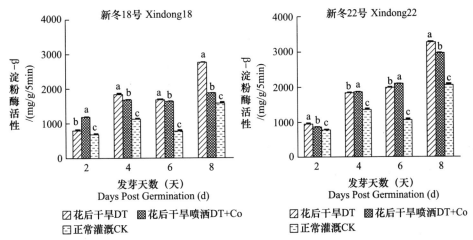

图 3.9　新冬 18 号和新冬 22 号小麦籽粒萌发过程中 β–淀粉酶活性变化

注：图中 a、b、c 表示处理间差异达显著水平（$p < 0.05$，Duncan 法检验）。

四、干旱不同处理下小麦籽粒萌发后酸性磷酸酶活性

本书测定两个小麦品种灌浆过程中进行 3 种处理后种子萌发过程中酸性磷酸酶活性的变化。结果如图 3.10 所示，新冬 18 号小麦籽粒不同处理间发芽 2 天和 8 天籽粒酸性磷酸酶活性变化趋势大致相同，呈现先上升后下降的趋势，且活性均在第 4 天达到最大；新冬 22 号小麦 CK 处理下的酸性磷酸酶活性在各时期均最高；DT 处理下，发芽 2 天、6 天、8 天时酸性磷酸酶活性最弱。表明在 CK 处理下小麦积累较多矿物质营养，因此在发芽时酸性磷酸酶活性高。由于喷施 $Co(NO_3)_2$ 减缓了细胞 PCD 进程，因此籽粒积累更多的营养物质，所以在发芽时，DT + Co 处理下酸性磷酸酶活性显著高于 DT 处理。

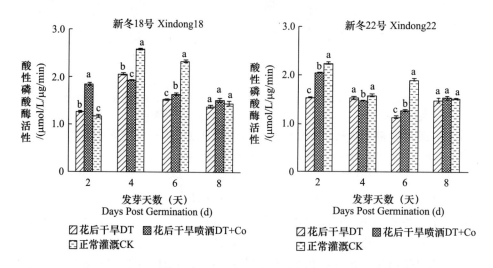

图 3.10　新冬 18 号和新冬 22 号小麦籽粒萌发过程中酸性磷酸酶活性变化
注：图中 a、b、c 表示处理间差异达显著水平（p < 0.05，Duncan 法检验）。

五、干旱不同处理下小麦籽粒萌发后胚根、胚芽长度

小麦籽粒萌发是酶分解淀粉转化为糖类提供能量的过程，小麦籽粒的萌发伴随着胚根和胚芽同时伸长，胚根、胚芽的长势可为判定种子活力的强弱提供依据。为探讨花后干旱胁迫不同处理下小麦籽粒胚根、胚芽的长度，本书测定两个小麦品种灌浆过程中进行 3 种处理后种子萌发过程中胚根、胚芽的长度，结果如图 3.11 所示，两个品种不同处理下发芽 2 ~ 8 天胚芽长度逐渐增加，新冬 18 号小麦 DT + Co 处理下发芽 4 天胚芽的长度显著高于 DT 和 CK。新冬 22 号在发芽 6 天时 DT + Co 处理下的胚芽长均显著高于 DT 和 CK。表明喷施 $Co(NO_3)_2$ 延缓了胚乳细胞的 PCD，籽粒积累更多的营养物质，因此小麦种子发芽时为胚芽的生长提供更多的能量，DT + Co 处理下的千粒重低于 CK 处理，而 DT + Co 处理胚芽却高于 CK 处理，故喷施 $Co(NO_3)_2$ 能提高小麦籽粒发芽的活力。

如图 3.12 所示，新冬 18 号 CK 处理下种子萌发 4 ~ 8 天胚根的长度均显著低于其他两种处理，而 DT 和 DT + Co 处理下的胚根长度差异不明显；新冬 22 号小麦 DT + Co 处理下

种子萌发 2~4 天时胚根长度显著高于 DT 和 CK，发芽 6~8 天时 3 个处理间差异不显著。与胚芽分析结果一致，表明喷施 Co(NO₃)₂ 延缓了胚乳细胞的 PCD，籽粒积累更多的营养物质，因此小麦种子萌发时为胚根的生长提供更多的能量，喷施 Co(NO₃)₂ 能提高小麦籽粒萌发的活力有利于种子的萌发生长。

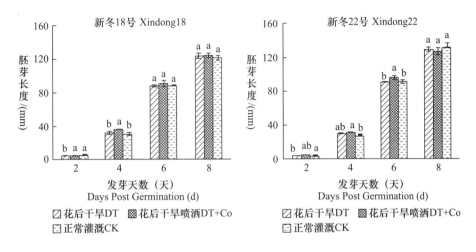

图 3.11 新冬 18 号和新冬 22 号小麦籽粒萌发后胚芽长度变化

注：图中 a、b 表示处理间差异达显著水平（p < 0.05，Duncan 法检验）。

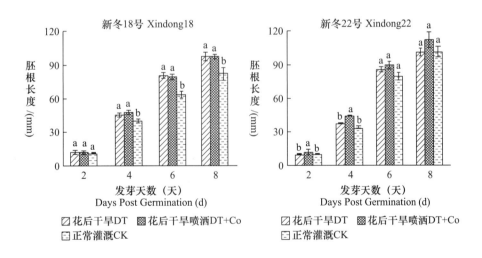

图 3.12 新冬 18 号和新冬 22 号小麦籽粒萌发过程中胚根长度变化

注：图中 a、b 表示处理间差异达显著水平（p < 0.05，Duncan 法检验）。

六、干旱不同处理下小麦干物质量

如图 3.13 所示，发芽 8 天新冬 18 号和新冬 22 号 CK 处理下单株干重显著高于 DT、DT + Co 处理。DT、DT + Co 处理间单株干重不显著。表明 CK 处理下籽粒积累了较多的干物质且淀粉分解酶活性均低于其他两种处理，因此干物质质量显著高于 DT 和 DT + Co 处理。结合前文千粒重的研究结果，进一步表明了喷施适宜的 $Co(NO_3)_2$ 有利于提高种子的活力。

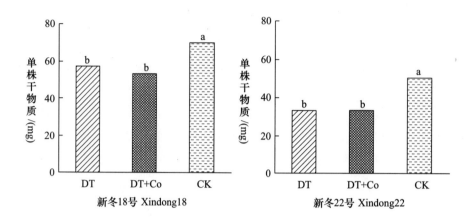

图3.13　新冬18号和新冬22号小麦籽粒发芽8天单株干物质

注：图中 a、b 表示处理间差异达显著水平（$p < 0.05$，Duncan 法检验）。

淀粉是小麦籽粒胚乳的重要组成部分，小麦种子的生理成熟过程实际上是淀粉等贮藏物质积累的过程，也是胚乳细胞程序性死亡的过程（Li et al.，2004）。外界干旱胁迫等逆境会加速胚乳细胞程序性死亡，进而影响胚乳细胞的发育和淀粉的积累。本书中籽粒成熟过程中干旱胁迫下的籽粒千粒重显著低于对照。通过喷施硝酸钴可在一定程度上抑制乙烯的合成，减缓干旱胁迫对胚乳细胞早衰的影响（刘建昌等，2008），这与本研究中 DT + Co 处理下的千粒重显著高于 DT 处理是一致的。而对照处理保证了籽粒正常灌浆的条件，营养物质积累充足，因此千粒重最高，种子发芽8天时单株干物质显著高于同品种的其他处理。

在小麦萌发过程中，胚乳中的淀粉粒主要被种子中的 α - 淀粉酶和 β - 淀粉酶降解，转变成单糖，此外还可在淀粉磷酸化酶的作用下将淀粉转化为单糖，淀粉水解的产物则用于胚芽和胚根的生长。近年来，淀粉粒表面的微孔及微通道对小麦淀粉粒的影响已经引起了许多研究者的关注，这些微观结构是酶、酸、水等物质主要的作用位点，而微孔和微通道数量的多少又与小麦的生长环境有关。李诚等（2015）研究表明小麦花后干旱胁迫下胚乳淀粉粒的表面微孔数量增加。本书中小麦种子生理成熟过程中进行 DT、DT + Co 和 CK 处理，收获成熟籽粒进行发芽试验。研究发现，在小麦种子萌发初期，干旱胁迫处理的种子发芽后淀粉粒表面和赤道凹槽中的微孔最多，DT + Co 次之，CK 处理的最少，可能是干旱处理下增加的微孔结构使内源 α - 淀粉酶和 β - 淀粉酶的作用位点增加，从而加速了胚乳淀粉粒的裂解。尽管同品种内 CK 条件下种子发芽8天时单株干物质显著高于其他处理，但新冬18号 DT 和 DT + Co 处理下发芽8天时胚根长显著高于 CK，表明淀粉粒水解的营养物质优先供应至胚根的生长。

磷是小麦第二大必需营养元素，酸性磷酸酶可将有机磷酸酯水解生成无机磷，而有机磷酸酯的形成又与土壤和植物本身磷元素的含量息息相关（Li et al.，2009）。本书研究结果中新冬 18 号 3 种处理的小麦种子萌发过程中酸性磷酸酶的活性基本是 CK 处理较高，DT + Co 次之，DT 处理下较低。这可能是适水条件下小麦籽粒对磷素吸收正常，籽粒中积累了较多的有机磷酸酯，从而使种子在萌发过程中酸性磷酸酶活性较强。而干旱胁迫使小麦早衰，籽粒对磷的积累量有限，因此种子中有机磷酸酯的含量较少，萌发过程中酸性磷酸酶活性较弱。对照条件下籽粒发芽 8 天的干物质量显著高于其他两种处理，表明在适水处理下籽粒中积累的营养物质多，酸性磷酸酶的活性高。

本书研究结果表明，小麦花后干旱下喷施乙烯合成抑制剂收获种子的粒重显著高于花后干旱胁迫下收获的粒重；籽粒萌发 2 天、4 天和 6 天干旱喷施 $Co(NO_3)_2$ 处理的 α - 淀粉酶活性均显著高于花后干旱胁迫和正常灌水条件，干旱胁迫喷施 $Co(NO_3)_2$ 处理下籽粒胚芽的长度显著高于干旱胁迫和对照。由于经过花后干旱胁迫籽粒中营养物质积累量减小，发芽 8 天后植株的干物质量是正常灌水条件对照显著高于花后干旱胁迫和干旱喷施 $Co(NO_3)_2$ 处理，而干旱胁迫处理和干旱胁迫喷施 $Co(NO_3)_2$ 处理则相差不大，这些结论表明在小麦籽粒灌浆过程中遭遇外界干旱胁迫时，喷施适宜的乙烯合成抑制剂可以减缓外界干旱危害，提高收获种子的活力，有利于种子的萌发。

第四章 高温胁迫下小麦淀粉粒微观结构变化机理

Lobell 和 Field（2007）研究了 1961～2002 年小麦产量与外界温度的关系，表明全球范围温度升高对小麦产量有负面影响。研究显示小麦生长的外界温度每升高 5℃，对于一些小麦品种的产量损失可达 10%～15%（Burrell，2003）。尽管在研究高温与籽粒淀粉积累之间关系时，需要考虑到不同基因型间有较强的遗传背景因素在其中起作用，但在可控的环境条件下外界温度在 30～40℃时，大麦胚乳淀粉积累量减少 13%～33%（Macleod and Duffus，1988；Savin et al.，1997），小麦淀粉积累量减少 2%～33%（Liu et al.，2011；Zhao et al.，2008），水稻淀粉积累量减少 2%～6%（Cheng et al.，2005）。目前研究已明确，外界高温导致小麦等禾谷类作物籽粒胚乳淀粉生物合成积累量减少，从而造成禾谷类作物减产。未来在全球气候暖化的背景下，小麦等禾谷类作物产量损失受外界高温（热）胁迫影响将更明显。

高温胁迫对我国小麦的危害主要表现为干热风，可使光合速率下降，同化物积累减少，或者籽粒过早地停止接收同化产物，引起"高温逼熟"，从而造成粒重下降、产量降低。在我国北方温带小麦栽培区，籽粒灌浆过程的适宜温度 20℃～24℃，籽粒灌浆对温度的反应十分敏感，高于 25℃或低于 12℃都不利于籽粒灌浆，温度高于 25℃会缩短灌浆时间，促进茎叶早衰，籽粒干物质累积量降低，影响粒重增长（金善宝，1996）。研究表明，如果将不同基因型小麦在开花后第 10 天或第 30 天暴露于高温（40℃）中 3 天，则籽粒数、单粒重、籽粒含氮量及蛋白质组分等产量和品质指标显著下降。不同基因型对高温的反应也存在着明显差异，既有耐热型，也有对热敏感型（Stone et al.，1995）；开花后 0～3 天的高温可使小麦产生单性结实籽粒和皱缩籽粒，开花后 6～10 天的高温会产生发育不全和充实不良的籽粒（Tashiro and Wardlaw，1990）；在小麦籽粒灌浆期间，日均高温每增加 1℃，籽粒灌浆持续期缩短 3 天，粒重量下降 2.8 毫克。与其他阶段相比，粒胚胎和"库容"建成阶段的温度对籽粒产量形成更加重要，在我国小麦种植区超过 25℃以上的高温，会造成籽粒灌浆期缩短，使灌浆提前结束；封超年等（2000）研究发现，花后 1～3 天、5～7 天、12～14 天的高温，虽会在短时间内提高籽粒胚乳细胞的分裂速率，加速胚乳细胞发育进程，但胚乳细胞数分裂时间会显著缩短，从而减少最终胚乳细胞数；同时籽粒鲜重、干重的增长速率在短时间内也大于常温处理，但由于叶片光合产物供应能力降低，使灌浆能力衰退，平均灌浆速率下降并对最终粒重造成显著的不良影响。高温胁迫在小麦灌浆期内有其时空分布特点，不同灌浆阶段的高温胁迫对小麦产量和品质的影响及其相关的生理基础可能有所不同，但目前并不清楚（闫素辉，2009）。

淀粉在普通小麦籽粒中占干重的 60% ~ 70%。小麦胚乳淀粉的生物合成是一个非常复杂的过程，涉及众多酶的共同作用（Zhang et al.，2010），目前已发现的淀粉合成关键酶包括：ADP - 葡萄糖焦磷酸化酶（AGPase）、可溶性淀粉合成酶（SSS）、颗粒结合淀粉合成酶（GBSS）、淀粉分支酶（SBE）和淀粉去分支酶（DBE）。对作物淀粉合成途径关键酶的深入研究是揭示外界环境条件对淀粉合成影响不可或缺的前提。高温抑制 SSS 活性，而对 GBSS 活性没有明显的影响（赵辉等，2006）。Hurkman 等（2003）对小麦品种 Butte86 在灌浆期进行不同温度处理后表明，37℃/17℃ 高温降低了 AGPase、GBSS、SSS 和 SBE 的活性，对 SSS 活性影响最大。SSS 活性对温度极为敏感，存在 Knock - down 现象，即温度超过 25℃ 时 SSS 活性显著降低，不利于支链淀粉的生物合成（Hawker et al.，1993）。关于花后高温胁迫对小麦籽粒淀粉合成酶基因表达方面的研究在国内较少。在 24℃/17℃ 处理下，*AGPase*、*SSS* I、*SSS* II、*SSS* III、*SBE* I、*SBE* II 基因表达量在花后 12 ~ 16 天达到最大值。在 37℃/17℃ 处理下，这些基因的表达方式与 24℃/17℃ 处理下的相似，但表达量有所减弱，37℃/28℃ 处理下的表达峰值提前至花后 7 天（Hurkman et al.，2003）。

高温通过抑制 SSS 活性降低了支链淀粉含量，但对直链淀粉含量的影响较小，导致支/直链淀粉的比例显著降低（Keeling et al.，1994；赵辉等，2006）。花后高温胁迫与干旱胁迫对小麦籽粒淀粉及组分的影响存在显著的互作效应，具有叠加效应和复杂性，对品质的具体影响也因品种不同差异显著，如导致强筋品种豫麦 34 的淀粉峰值黏度、最终黏度、稀懈值和反弹值均显著增大，而弱筋小麦品种豫麦 50 的峰值黏度、反弹值和稀懈值下降（苗建利等，2008）。高温胁迫能增加支链淀粉长 B 链含量，减少短 B 链含量，A 链也有所减少，但减少程度小（Jiang et al.，2003）。

淀粉以颗粒的形式存在于胚乳之中，淀粉粒是由结晶区和非结晶区交替、高度有序排列而成（Tang et al.，2006）。淀粉粒的大小、形状和分布对淀粉的加工品质，包括淀粉的组分、糊化特性、酶解特性、吸水性等具有重要影响。小麦有 A 型淀粉粒（≥10 微米）和 B 型淀粉粒（<10 微米）两种类型的淀粉粒，两种淀粉粒的最终数量、特性与谷物生长的外部环境条件（温度、水分等）和基因型有关。

小麦、玉米和高粱等禾本科作物淀粉粒表面均能观察到微孔和微通道。微通道的直径一般 100 纳米左右，表面的微孔与内部蜿蜒的通道相通并一直延伸到脐点，这种结构是淀粉粒本身的属性特征。淀粉粒晶体一般分为五级结构，其四级结构——淀粉小体是构成淀粉粒的基本单元，从"缺陷小体"的角度可以从结构上解释淀粉粒微孔和微通道的形成（Tang et al.，2006）。Gray 等（2003）研究发现在玉米微通道中存在蛋白、磷脂、微管物质和微纤维等。Fannon 等（2004）提出假设，在玉米和高粱胚乳的造粉体中存在微管，这些微管以淀粉发生中心（淀粉粒脐点）呈放射状向外与质体被膜相连，淀粉分子逐渐以微管为中心发育形成淀粉粒，最终淀粉粒微通道成为造粉体微管的残体。但目前为止，关于小麦淀粉粒微通道的起源及生物学意义的研究未见报道。Commuri 等（1999）通过对玉米灌浆期高温处理（35℃，6 天）发现，玉米淀粉粒表面小孔数量大增，认为高温打破了淀粉合成酶和淀粉降解酶之间的平衡，导致淀粉粒的自溶。小麦（Tashiro and Wardlaw，1990）和水稻（Tashiro and Wardlaw，1991）中同样观察到胚乳淀粉粒表面小孔和凹槽数量增多（见图4.1）（Delilah et al.，2007）。

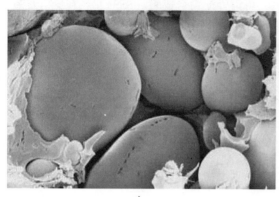 

A   B

图4.1   淀粉粒表面小孔和凹槽

胚乳发育过程中淀粉的生物合成涉及淀粉合成酶以及淀粉降解酶。有学者在大麦籽粒发育过程中亦检测到了淀粉降解酶 α – Amylase、β – Amylase 及其同工酶活性，且多集中在种皮，作用于种皮中临时性淀粉的降解；同时也在胚周围的胚乳中检测到 α – Amylase 活性；种子发育中后期在胚乳中检测到 β – Amylase 活性（MacGregor et al.，1989a，1998b；Volodymyr et al.，2009）。Li 等（2005）通过激光共聚焦显微镜观察发现在玉米籽粒发育后期（花后45天）淀粉粒表面存在许多微孔，而30天时很少，20天前几乎没有。李春艳等在小黑麦籽粒发育后期发现淀粉粒表面的微孔（Li et al.，2011）。微孔的产生可能是籽粒在成熟或田间干燥过程中，淀粉酶对淀粉颗粒表面淀粉分子的水解造成的。Benmoussa 等发现在玉米淀粉粒的微通道蛋白中包含淀粉合成的关键酶——腺苷二磷酸葡萄糖焦磷酸化酶（AGPase）和颗粒淀粉合成酶（GBSS）。基于此研究，推断微通道结构对淀粉合成以及淀粉粒形态建成有重要意义。

目前，关于高温胁迫下小麦淀粉粒结构和品质变化已有部分研究，但对高温胁迫下小麦淀粉粒表面微孔和微通道的变化只限于形态的观察，关于其形成的原因也多为假设，缺乏深入探讨。李春艳等以新疆主栽的冬小麦品种新冬20号和新冬23号为试验材料，于花后5天设两个温度水平：对照处理（24℃/17℃，CK）、高温处理（37℃/28℃，HT），18小时光照，6小时黑暗，相对湿度40%左右。研究了小麦淀粉粒表面微孔和微通道的变化，探讨变化的原因和对淀粉粒特性的影响，可为进一步探明高温胁迫对小麦淀粉粒特性的影响，为进行淀粉化学改性制备微孔淀粉以及实践应用提供理论基础。

第一节   高温胁迫下小麦籽粒形态发育变化

高温胁迫下小麦籽粒发育缓慢（见图4.2），花后14天左右开始失水，小麦植株在花后 28 天已经干枯，籽粒瘦瘪，粒重显著降低，"高温逼熟"特征明显，严重阻碍了小麦籽粒正常灌浆进程，显著降低了胚乳中淀粉的积累。

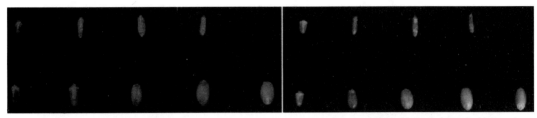

新冬20号 Xindong20　　　　　新冬23号 Xindong23

图 4.2　两种温度条件下不同灌浆天数小麦籽粒形态

注：上排分别为高温处理下花后 7 天、14 天、21 天和 28 天籽粒形态，下排分别为对照花后 7 天、14 天、21 天、28 天和 35 天籽粒形态。

第二节　高温胁迫下小麦胚乳淀粉粒发育及酶解特性变化

由于高温胁迫下小麦植株在花后 28 天已经干枯，对照处理下花后 28 天籽粒也接近成熟状态，故将花后 28 天定为成熟期。图 4.3 和图 4.4 微米结果表明，成熟期（花后 28 天）小麦胚乳淀粉粒分为 A 型淀粉粒和 B 型淀粉粒，A 型淀粉粒较大，直径大于 10 微米，呈透镜状；B 型淀粉粒直径小于 10 微米，呈多面体，灌浆期高温胁迫未改变淀粉粒的基本形态特征，但对淀粉粒的表观特性有一定影响。对于新冬 20 号，花后 7 天高温处理下淀粉粒发育较快，直径较对照大，出现"高温逼熟"的特征。两个参试品种均从花后 14 天淀粉粒表面出现微孔，花后 28 天孔洞数量明显增多，而对照条件下的淀粉粒表面则较光滑。两种温度处理下新冬 20 号花后 21 天以前 A 型淀粉粒表面有较明显的赤道凹槽；新冬 23 号在花后 14 天以前淀粉粒表面赤道凹槽较为明显。两个品种高温处理下淀粉粒表面的微孔在赤道凹槽部位较为集中。此外，高温胁迫对淀粉粒的发育进程也有一定影响，新冬 20 号在花后 28 天对照处理的 B 型淀粉粒数量明显增多，但高温处理下未见此现象。同样，对于新冬 23 号，高温处理下花后 21 天和 28 天的 B 型淀粉粒数量较对照明显增加。

淀粉粒粒度分析表明，高温处理显著增加了 A 型淀粉粒的比例，使 A 型淀粉粒比例均高达 88% 以上（见表 4.1）。

为比较两种温度处理下淀粉粒表面微孔变化对酶解效率的影响，淀粉粒体外酶解试验表明，两种酶处理下两个小麦品种淀粉粒还原糖释放量均为高温处理极显著高于对照（见表 4.2），由此可见，淀粉粒的酶解效率和表面微孔数量密切相关。高温胁迫下增加的

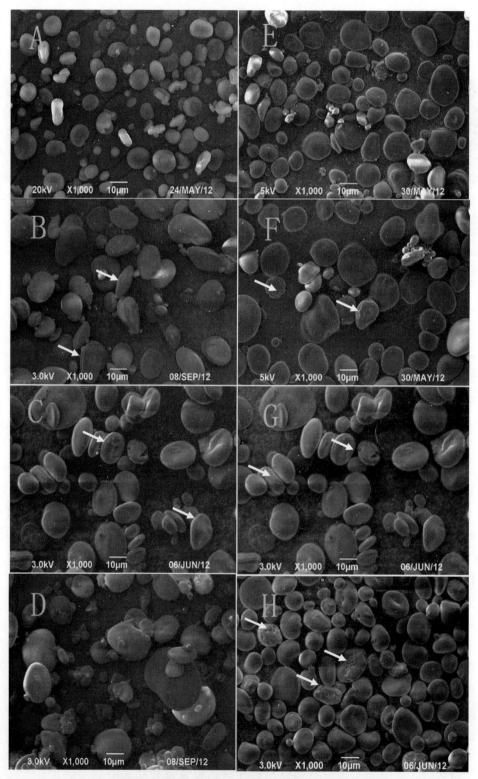

图4.3　不同灌浆天数新冬 20 号淀粉粒的电镜扫描图片（×1000）

注：A～D 分别代表对照处理下的花后 7 天、14 天、21 天和 28 天；E～H 分别代表高温处理下的花后 7 天、14 天、21 天和 28 天。

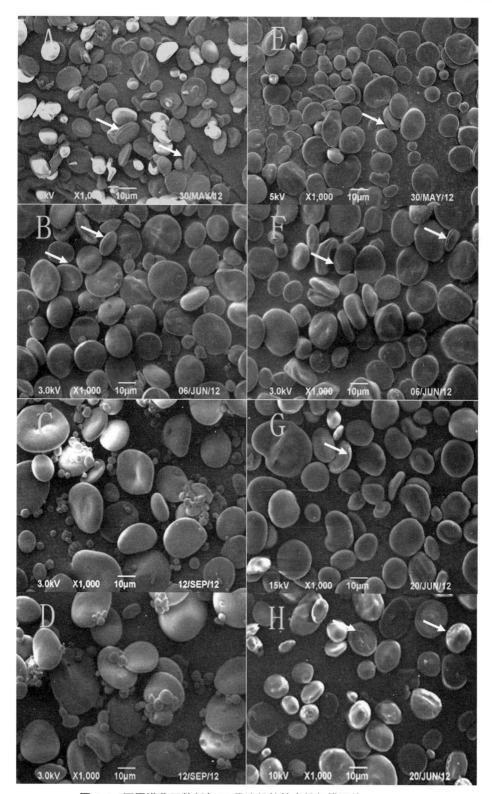

图 4.4　不同灌浆天数新冬 23 号淀粉粒的电镜扫描图片（×1000）

注：A ~ D 分别代表对照处理下的花后 7 天、14 天、21 天和 28 天；E ~ H 分别代表高温处理下的花后 7 天、14 天、21 天和 28 天。

表4.1　高温对淀粉粒粒度分布的影响

品种	处理	所占比例（%）			
		0~5（微米）	5~10（微米）	<10（微米）	≥10（微米）
新冬20号	高温	1.40±0.12B	6.86±0.03B	8.26±0.09B	91.74±0.09A
	对照	16.16±0.02A	12.48±0.01A	28.64±0.03A	71.36±0.03B
新冬23号	高温	3.05±0.13B	9.38±0.01B	12.43±0.12B	87.57±0.12A
	对照	20.57±0.01A	15.58±0.02A	36.15±0.84A	63.85±0.84B

微孔使酶溶液更易进入淀粉粒内部，加速淀粉粒降解。此外，高温胁迫下淀粉粒的结晶结构可能也发生了变化，在37℃的酶解温度下经72小时淀粉粒吸水膨胀更加速了非结晶区的瓦解。

表4.2　高温对淀粉粒酶解特性的影响

品种	处理	葡萄糖释放量（微克/毫升）	
		α – amylase	Amyloglucosidase
新冬20号	高温	2460.75±5.33A	2981.10±23.28A
	对照	269.30±3.49B	214.87±0.26B
新冬23号	高温	3483.14±9.36A	2083.98±32.98A
	对照	319.25±1.29B	205.91±0.26B

第三节　高温胁迫下淀粉合成关键酶活性变化

一、AGPase活性

如图4.5所示，灌浆期高温对小麦籽粒中AGPase活性的影响存在品种间差异。与对照相比，高温胁迫降低了新冬20号籽粒中AGPase酶活性，但趋势相同，呈升—降之势，均在灌浆中期达到最大值。新冬23号籽粒中AGPase酶活性总体高于新冬20号，高温对其酶活性影响较大，提前了酶活性的峰值时间。

二、GBSS酶活性

如图4.6所示，高温对两个小麦品种籽粒中GBSS酶活性影响相对较小，两个温度处理下酶活性峰值出现时间一致，且高温处理下籽粒灌浆前期（花后7~14天）酶活性上升幅度高于对照。

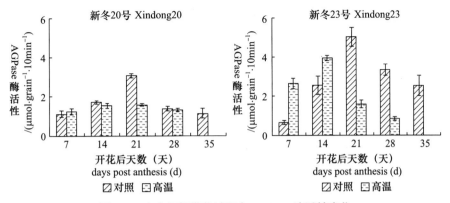

图 4.5　小麦籽粒灌浆过程中 AGPase 酶活性变化

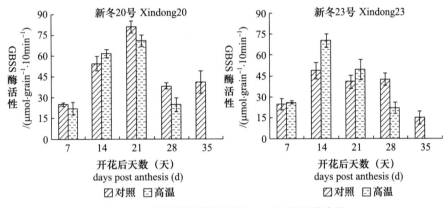

图 4.6　小麦籽粒灌浆过程中 GBSS 酶活性变化

三、SS 酶活性

如图 4.7 所示，高温处理明显降低了两个小麦品种籽粒中 SS 酶活性，抑制了淀粉合成原料蔗糖向籽粒的供应。对照条件下新冬 20 号籽粒中 SS 酶活性总体高于新冬 23 号。

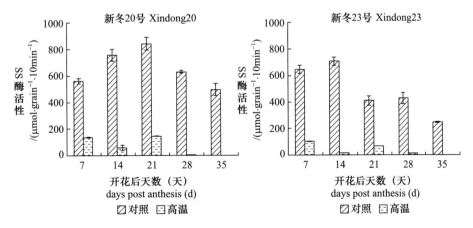

图 4.7　小麦籽粒灌浆过程中 SS 酶活性变化

四、SSS 酶活性

如图 4.8 所示，高温对新冬 20 号小麦籽粒中 SSS 酶活性的影响高于新冬 23 号。高温条件下两个小麦品种籽粒中 SSS 酶活性峰值均提前出现，且灌浆前期（花后 7 ~ 14 天）酶活性均高于同时期对照。

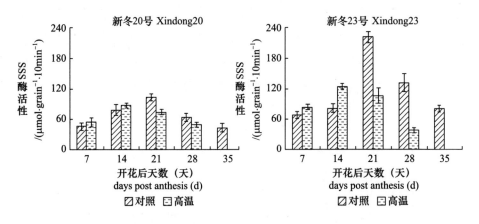

图 4.8　小麦籽粒灌浆过程中 SSS 酶活性变化

五、DBE 酶活性

如图 4.9 所示，两个小麦品种籽粒中 DBE 酶活性对高温的耐受能力存在显著差异。耐热性较强的新冬 20 号小麦 DBE 酶活性在花后 7 天出现峰值之后，趋势和对照基本一致。但高温条件下花后 21 天以前新冬 23 号籽粒中 DBE 酶活性明显高于对照，花后 28 天迅速下降至低于对照。

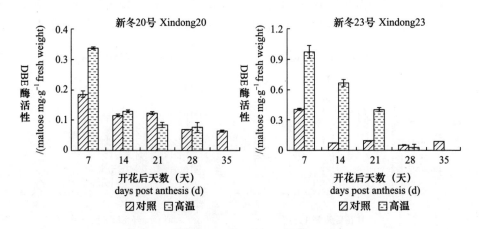

图 4.9　小麦籽粒灌浆过程中 DBE 酶活性变化

第四节　高温胁迫下淀粉降解酶活性变化

一、α-淀粉酶活性

如图 4.10 所示，高温胁迫下新冬 20 号籽粒发育不同时期 α-淀粉酶活性均高于同期对照，花后 21 天达到峰值。对照处理下 α-淀粉酶活性在籽粒灌浆后期（花后 21~35 天）变化不明显。高温处理下新冬 23 号的籽粒 α-淀粉酶活性呈升—降—升的趋势，在花后 28 天达到最大值且高于同期对照处理。与新冬 20 号相似，新冬 23 号对照处理下籽粒 α-淀粉酶活性在灌浆中后期（花后 14~35 天）变化不明显。研究表明，对纯化后的小麦淀粉粒在 37℃进行体外 α-淀粉酶处理，淀粉粒表面出现与本研究类似的微孔（图 2H，图 3H）。籽粒灌浆后期，外界高温可能激活了 α-淀粉酶，使之活性明显升高，并被淀粉粒吸收，分解了淀粉粒表面的部分淀粉分子形成微孔。

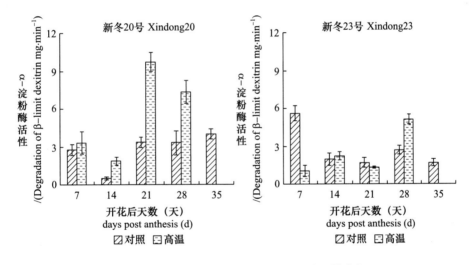

图 4.10　小麦籽粒灌浆过程中 α-淀粉酶活性变化

二、β-淀粉酶活性

高温胁迫下新冬 20 号小麦籽粒中 β-淀粉酶活性呈逐渐升高之势，花后 28 天达到最大值；对照处理籽粒中 β-淀粉酶活性在花后 28 天达到最大值后即明显下降，灌浆前期则变化不明显（见图 4.11）。对照条件下新冬 23 号小麦籽粒中 β-淀粉酶活性在整个灌浆期呈逐步上升之势，高温胁迫下则呈降—升之势，与新冬 20 号相同也在花后 28 天达到最大值。

有研究表明，小麦灌浆期高温显著降低粒重、籽粒总淀粉和支链淀粉含量（李永庚等，2005；戴廷波等，2006）。小麦淀粉合成是众多酶协作的结果，灌浆期高温通过降低籽粒中蔗糖合酶（SS）活性，抑制了淀粉合成原料蔗糖向籽粒的供应，同时降低了各淀粉合成关键酶活性，且大部分酶活性峰值出现时间提前，缩短了籽粒灌浆时间，降低了粒重，致使籽粒高温逼熟，品质下降。

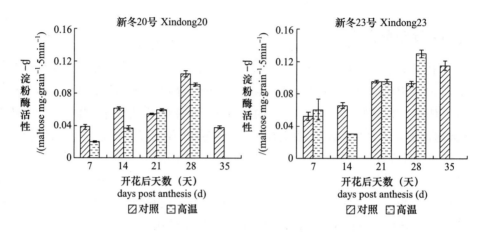

图 4.11　小麦籽粒灌浆过程中 β - 淀粉酶活性变化

小麦品质形成因素中的一个重要方面是淀粉粒的粒度分布和表观特性。本书中高温胁迫下花后 14 天左右两个小麦品种的淀粉粒表面均出现微孔结构，此现象前人在玉米、小麦上亦有报道，但未探讨其形成的原因（Commuri and Jones，1999；王钰，2008）。一般对照条件下淀粉粒表面光滑，淀粉合成过程中合成酶和降解酶活性之间可能存在一个平衡，花后高温胁迫将平衡打破，淀粉降解酶活性增强，合成酶活性降低，降解酶被淀粉粒吸收，降解了部分淀粉分子，致使淀粉粒表面出现孔洞。高温条件下成熟期新冬 20 号淀粉粒表面孔洞化较新冬 23 号强，且新冬 20 号籽粒中 α - 淀粉酶活性显著高于对照，而β - 淀粉酶活性变幅不大，由此可见，α - 淀粉酶对淀粉粒表面孔洞化作用更明显。另外，小麦籽粒中支链淀粉含量约占总淀粉含量的 75%，是淀粉粒外部形态结构的支撑物质，其簇状分支结构的合成过程受众多酶的共同影响（Kalinga et al.，2014），包括 AGPase、SSS、SBE、DBE 等，高温胁迫下酶活性的降低必然影响支链淀粉的精细结构，进而对淀粉粒表观特性产生影响。

有研究表明，花后高温提高了 A 型淀粉粒的比例，降低了 B 型淀粉粒的数目（Blumenthal et al.，1995）。本书中小麦成熟期淀粉粒扫描电镜照片也支持此结果。相对于 B型淀粉粒，A 型淀粉粒的合成需要更强的淀粉合成相关酶活性，一般小麦中 A 型淀粉粒出现在花后 4 天左右，B 型淀粉粒出现在花后 14 天左右，本书中高温胁迫下淀粉合成酶 AGPase、GBSS 和 SSS 活性峰值多出现在花后 14 天左右，峰值出现时间较对照提前或比同时期对照活性强可能与 A 型淀粉粒的合成有关。此外，小麦一般在花后 21 天和 28 天各有一个淀粉粒直径为 0～5 微米合成的小高峰（Bechtel et al.，2003），本研究中对照条件下可以观察到这两个时期 B 型淀粉粒明显增加，但高温胁迫条件下观察不到。由此可见，高温通过影响 A 型淀粉粒、B 型淀粉粒的发育进程而影响淀粉粒最终的粒度分布。目前关于 A 型淀粉粒和 B 型淀粉粒的形成分化已有研究，但具体由哪一类淀粉粒合成酶负责 B 型淀粉粒的合成尚未见明确报道。Cao 等（2015）通过蛋白质组学研究表明小麦籽粒 B 型淀粉粒的形成与淀粉合成酶 SSI－1 的磷酸化有关，其磷酸化程度是否与小麦生长过程中的外界环境有关，尚需深入研究。

Kim 等（2008）通过激光共聚焦显微镜观察表明，小麦 A 型淀粉粒和 B 型淀粉粒表面存在微通道，呈放射状蜿蜒通向淀粉粒内部，且 A 型淀粉粒和 B 型淀粉粒微通道结构不同，本书中高温胁迫后淀粉粒表面出现的孔洞可能改变了通道的内部结构，并对淀粉的加工品质有重大影响。微孔结构将在淀粉糊化或水解过程中成为水、酶等物质的首要作用位点，利于其进入淀粉粒内部。另外，小麦 A 型淀粉粒、B 型淀粉粒的组成成分、比表面积、内部微通道结构等存在差异，高温胁迫下淀粉粒粒度分布的改变也会影响其品质特性，因此，高温处理后淀粉粒结构特性和内部分子精细结构的改变及其机理仍需深入研究。

第五节　高温胁迫下淀粉合成和降解关键酶基因相对表达量变化

一、高温胁迫下淀粉合成关键酶基因表达量变化

高温胁迫对两个参试品种淀粉合成关键酶基因表达的影响最大。两个品种的基因表达水平各有其特点。AGPase 是淀粉合成的限速酶，高温胁迫严重抑制该酶基因表达和籽粒淀粉合成。除新冬 23 号 *agp* II 外，该酶基因峰值时间均出现在花后 7 天，较对照提前。高温胁迫对新冬 20 号 *ss* I 和 *ss* II 基因的影响较大，表达量明显高于对照。高温胁迫下两个小麦品种 *ss* III 基因的表达量均明显高于对照（见图 4.12）。

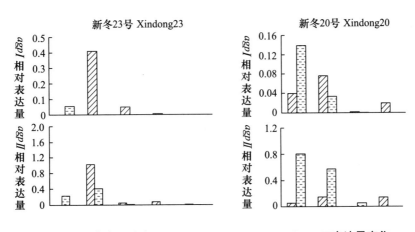

图 4.12　小麦高温胁迫下 *agp* I、*agp* II、*ss* I、*ss* II、*ss* III 表达量变化

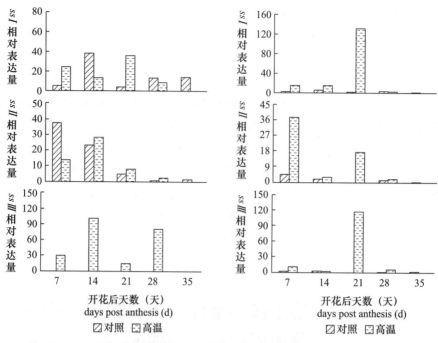

图4.12　小麦高温胁迫下 *agp* I 、*agp* II 、*ss* I 、*ss* II 、*ss* III 表达量变化（续）

　　gbss I 和 *gbss* II 基因的表达模式结果表明（见图4.13），该酶基因对热处理敏感，高温下新冬23号在花后14天、21天、28天的表达量明显高于对照，新冬20号在花后21天出现峰值，且明显高于对照。同样，高温胁迫对 *sbe* I 和 *sbe* II a 基因的表达有重要影响，花后7～28天，高温胁迫下新冬20号 *sbe* I 的表达量均大于对照；高温处理下两个小麦品种 *sbe* II a 的表达量明显高于对照。高温胁迫下 *gbss* 和 *sbe* 基因的表达量均在花后21天出现峰值。

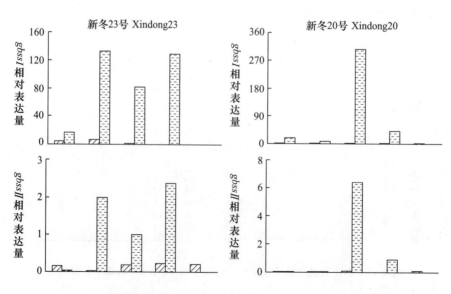

图4.13　小麦高温胁迫下 *gbss* I 、*gbss* II 、*sbe* I 、*sbe* II a 表达量变化

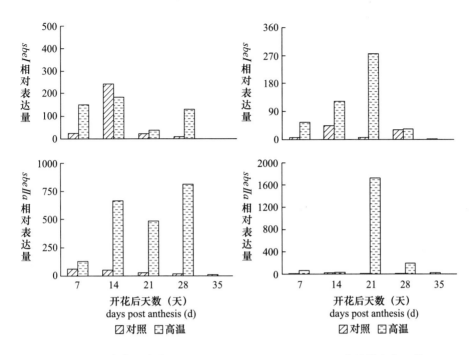

图 4.13　小麦高温胁迫下 gbss I 、gbss II 、sbe I 、sbe II a 表达量变化（续）

二、高温胁迫下淀粉降解酶基因表达量变化

对淀粉降解酶基因相对表达量分析结果表明（见图 4.14），高温对其影响很大。对于新冬 23 号，bam I 表达量最高，其次是 bam V。高温下 amy I 和 amy IV 相对表达量明显高于对照。高温处理下 bam III 的表达量在籽粒灌浆后期非常低；bam VI 为间断性表达，高温下花后 14 天无表达，但花后 28 天表达量出现峰值。对于新冬 20 号，4 个 amy 基因和 7 个 bam 基因受高温影响均很大，除 bam II 和 bam III 外，其余基因的表达量均在花后 21 天出现峰值。高温处理下 bam III 的表达量十分微弱（见图 4.15）。

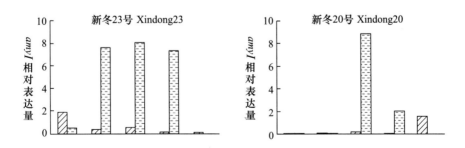

图 4.14　小麦高温胁迫下 amy I 、amy II 、amy III 、amy IV 表达量变化

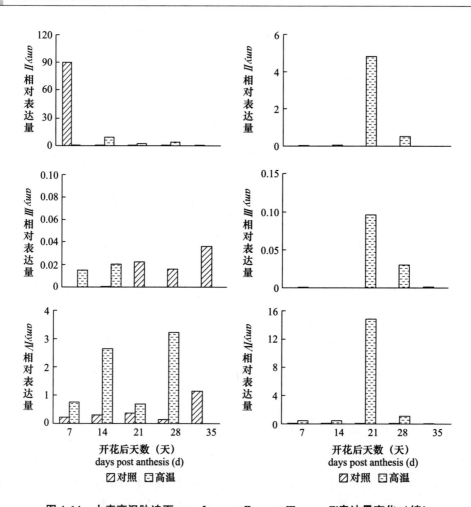

图 4.14　小麦高温胁迫下 *amy* Ⅰ、*amy* Ⅱ、*amy* Ⅲ、*amy* Ⅳ表达量变化（续）

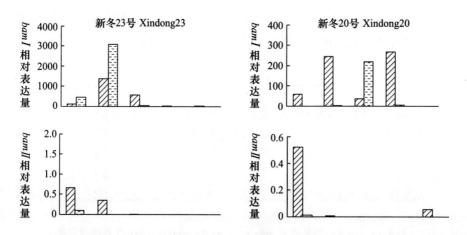

图 4.15　小麦高温胁迫下 *bam* Ⅰ、*bam* Ⅱ、*bam* Ⅲ、*bam* Ⅳ、*bam* Ⅴ、*bam* Ⅵ、*bam* Ⅶ表达量变化

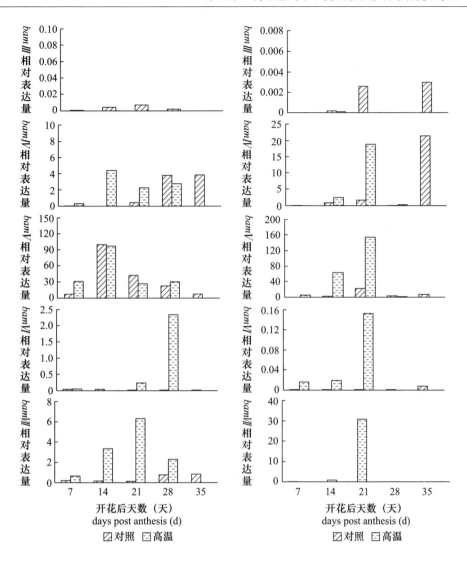

图4.15　小麦高温胁迫下 *bam* Ⅰ、*bam* Ⅱ、*bam* Ⅲ、*bam* Ⅳ、*bam* Ⅴ、*bam* Ⅵ、*bam*Ⅶ表达量变化（续）

第六节　高温胁迫下淀粉降解关键酶基因
表达时空定位研究

　　由实时荧光定量 PCR 结果分析，各淀粉降解酶基因中 *amy* Ⅳ、*bam* Ⅰ 和 *bam* Ⅴ基因的相对表达量最高，因此，选择此四个基因作为原位杂交定位的目标基因。原位杂交的结果表明，入选的降解酶基因在花后 7 天已经在小麦幼嫩的种皮组织中表达。如前所述，花后初期，种皮是临时性淀粉积累的重要场所，随着胚乳的发育，种皮中临时性淀粉逐渐降解，转化成营养物质供给胚乳，因此，灌浆初期籽粒中 α – 淀粉酶和 β – 淀粉酶活性主要来源于种皮，且由于外界环境胁迫，籽粒发育进程加快，可能加速了种皮中临时性淀粉的降解。在高温胁迫下，充满淀粉的胚乳中也检测到这三种酶基因的信号（见图4.16），表明极端的环境胁迫加速了籽粒劣变，增强了淀粉降解酶活性，最终作用于淀粉粒。如上文所述，淀粉粒表面孔洞增加，内部微通道结构发生变化。

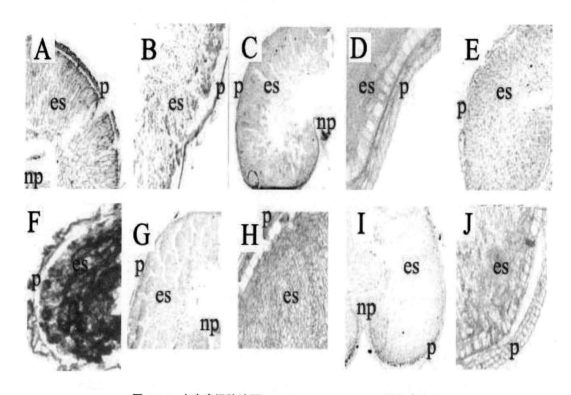

图4.16　小麦高温胁迫下 *amy*Ⅳ、*bam*Ⅰ、*bam*Ⅴ原位杂交图

第五章 磷素对小麦淀粉发育及结构影响机理

　　磷素是小麦生长过程中重要且大量的元素之一，在蛋白质、核酸、酶等物质的合成过程中发挥着不可替代的作用，对呼吸作用、能量贮存、细胞分裂与生长等生理过程有着重要影响（Zhu et al.，2012）。据估计全世界 1300 亿公顷土地中有 43% 存在土壤磷含量不足的问题（沈善敏，1998）。施加磷肥是改善土壤磷胁迫、提高作物产量和品质的有效途径。磷素也是小麦产量的主要限制因素之一（Tilman et al.，1982），但过量施磷会威胁经济发展和生态环境，因此，提高磷肥利用率是增加产量，减少经济损失和环境污染的有效措施之一。

　　小麦的磷肥利用率很低，当季利用率仅为 5% ~ 10%，其余大都被固定在土壤中或由于土壤脱硝作用等原因而流失，即使固定在土壤中的磷能在来年被利用，其磷肥利用率依然不超过 25%（Ma et al.，2005）。

　　不同生育时期的小麦对于磷素营养的吸收与积累有所不同。胡田田等（2000）的研究表明，中筋小麦的吸磷强度呈双峰曲线，前期较小，返青后迅速提高，孕穗—灌浆初期达到峰值，如有加施底肥则会在灌浆中期—成熟出现第二个吸磷高峰，只是吸磷强度低于前一峰值。在小麦的生长发育过程中，其各器官的含磷量均逐渐降低，但降低幅度、速度均因器官而异。营养器官中的磷含量从最高时的 1.49% 可降至最低的 0.69%。孕穗期之前茎杆和叶片的磷含量下降幅度大于孕穗期之后，且孕穗期幼穗的磷含量很高，可达 4.92%，成熟后则较低，仅为 0.83%，药隔期幼穗中较高的磷含量有利于减少小花的退化（张国平，1984）。

　　小麦对磷素反应较为敏感，磷素营养的高低和迟早对于干物质的积累和营养物质向分配中心的转移有重要影响（区沃恒等，1978）。小麦对于磷素营养的吸收和积累与土壤含磷量也有一定关系，植株的磷含量一般随土壤肥力的提高而提高，其中以茎、叶的提高幅度最大，籽粒的提高幅度相对较小。另外，尽管各器官含磷量均有所提升，但其磷素的利用效率以及磷收获指数却存在一定程度的降低（王树亮等，2008）。这表明施磷量并非越多越好，适量施磷才有利于提高植株的磷素利用效率。

　　缺磷条件下小麦体内的一些生理过程会发生变化，产生一些提高土壤磷素吸收率的适应性机制，其中包括根体构型和根系形态特征的变化，如形成根毛，诱导酸性磷酸化酶以及根系特异分泌物的产生和分泌、根际 pH 值的降低等（魏家绵等，1995）。磷高效品种比磷低效品种根系的总吸收面积和活跃吸收面积大，磷高效品种的小麦可使介质 pH 值降低 3.5 个单位（李继云和李振声，1995）。由于根系形态和根体构型的改变，植物根系更容易接触到土壤中各个不同部位的有效磷（严小龙等，2000）；植物根系酸性磷酸化酶分泌量的增加，有利于催化土壤中有机态磷化合物的降解，从而释放可被根吸收的有效磷（Lefebvre and Plaxton，1990）。缺磷会造成叶绿素含量减少（Jacob and Lawlor，1991），进而降低光合速率。如果增加对叶绿体无机磷的供应，则有利于提高 Mg^{2+} – ATPase 的活性和稳定性，促进叶绿体的光合磷酸化，提高其 P/O 比值（魏家绵等，1995）。

第一节　磷素对小麦籽粒淀粉发育及品质研究进展

一、磷素对籽粒淀粉组分影响相关研究

小麦籽粒的直支链淀粉含量因品种不同而有较大的差异，除此之外，环境和营养条件也会对其造成一定影响。如高温可以显著降低总淀粉和支链淀粉含量，提高直链淀粉含量和直/支链淀粉的比例（闫素辉等，2008）。适量增施氮肥有利于提高小麦籽粒中的总淀粉含量，但会降低直链淀粉含量，而过量施氮则会造成淀粉含量的降低（顾锋等，2010）。前人对于磷对小麦淀粉含量的影响亦有研究，如 Ni 等（2011）研究发现施磷显著提高了成熟期小麦籽粒中的总淀粉、直链淀粉和支链淀粉含量。孙慧敏（2006）的研究表明施磷水平在灌浆过程中提高了籽粒总淀粉含量。王兰珍（2003）在土壤速效磷含量分别为 2.4 毫克/千克、6.6 毫克/千克和 17.4 毫克/千克的条件下研究，发现成熟小麦籽粒中各处理下的总淀粉含量相差较小，因而认为种子中淀粉的积累过程受磷素影响较小。磷素对淀粉粒的粒度分布也有一定影响，本课题组的前期研究表明，磷水平不会影响淀粉粒的基本形态，但可以提高新冬 20 号淀粉粒中 B 型淀粉粒的比例（Li et al.，2013）。

二、淀粉合成关键酶活性及其基因表达量对磷素的响应

小麦胚乳发育过程中淀粉的生物合成是一个复杂的生物学过程，涉及众多酶的共同作用。腺苷二磷酸葡萄糖焦磷酸化酶（AGPase）是淀粉合成过程中的限速酶。由于 AGPase 受变构调节的特性（Macdonald and Strobel，1970），其活性必然与植株的磷素营养有关。关于磷素影响小麦淀粉合成相关酶活性已有研究报道，王旭东（2003）研究表明，施磷条件下小麦花后 0～28 天籽粒的 SS、GBSS 和 SSS 酶活性显著增强，同时，花后 14～21 天籽粒 AGPase 活性也高于对照。与此类似，姜宗庆等（2006a，2006c）在缺磷土壤（速效磷含量 4.1 毫克/千克）上进行的施磷试验表明，在（P_2O_5）0～108 千克/公顷的范围内随着施磷量的增加，籽粒 SS、AGPase、SSS、GBSS 和 SBE 活性均有提高；施磷量超过 108 千克/公顷后，籽粒 SS、AGPase、SSS、GBSS 和 SBE 酶活性均呈下降趋势，表明施磷可以提高小麦籽粒淀粉合成相关酶活性，促进淀粉合成。陈静（2010）的研究表明，在低磷土壤（速效磷含量 9.37～10.73 毫克/千克）上，随着施磷量的增加，AGPase、SSS、GBSS 和 SBE 酶活性均呈上升趋势；在中磷（速效磷含量 19.54～20.71 毫克/千克）、高

磷（速效磷含量37.46～38.77毫克/千克）土壤上，四种酶活性均随施磷量的增加呈先上升后下降的趋势，且都在施磷量（P_2O_5）达108千克/公顷达到最大值。

目前，关于磷素影响小麦籽粒淀粉合成关键酶基因表达的研究较少。陈静（2010）研究表明，低磷（速效磷含量9.37～10.73毫克/千克）土壤上随着施磷量的增加，*agp I*、*gbss I*、*ss III*、*sbe I*基因相对表达量升高，中磷（速效磷含量19.54～20.71毫克/千克）、高磷（速效磷含量37.46～38.77毫克/千克）土壤上施磷对*ss III*、*agp I*、*gbss I*和*sbe I*酶基因表达量的影响不显著。低磷（速效磷含量9.37～10.73毫克/千克）土壤上最有利于淀粉合成关键酶基因表达的施磷量为（P_2O_5）144千克/公顷，中磷（速效磷含量19.54～20.71毫克/千克）、高磷（速效磷含量37.46～38.77毫克/千克）土壤上则为（P_2O_5）108千克/公顷。

三、淀粉生物合成过程中淀粉降解酶活性及其基因表达

小麦籽粒的发育过程伴随淀粉的积累，此过程除了淀粉合成酶基因的表达外，部分淀粉降解酶（主要是α-淀粉酶和β-淀粉酶）基因也有表达。探究籽粒发育过程中的淀粉降解酶有助于更好地了解淀粉的积累过程。目前，关于籽粒灌浆过程中淀粉降解酶的研究较少，关于磷素影响籽粒发育过程中淀粉降解酶活性及其基因表达的研究更是未见报道。

（一）籽粒发育过程中的α-淀粉酶及其基因表达

α-淀粉酶是一种淀粉内切酶，其作用方式是在淀粉分子内部随机切断α-1，4糖苷键，一般在种子萌发时大量合成（郭蔼光，2009）。前人研究表明，*amy II*在籽粒发育的初期表达量最高，而*amy I*的表达量则是随籽粒的发育不断提高（Laethauwer et al.，2013）。在一些小麦和黑麦品种中，α-淀粉酶活性一直保持较低的水平，直到成熟。但在某些小黑麦和小麦品种中，α-淀粉酶活性会在成熟时上升到极高的水平（Lindblom et al.，1989；Mares and Oettler，1991）。有研究认为这一现象主要受位于小麦第6组染色体长臂上的*amy I*基因的调控（Gale et al.，1983；Mrva and Mares，1999）。Whan等（2014）对小麦籽粒发育过程中的α-淀粉酶进行研究，发现α-淀粉酶3是籽粒中含量最丰富的一种α-淀粉酶。胚乳中*amy III*基因的过表达造成了成熟期籽粒中α-淀粉酶活性的增强，但α-淀粉酶活性的增强对籽粒中淀粉的含量及组成并未造成显著影响，仅提高了干籽粒中的可溶性糖（主要是蔗糖）含量。在大麦籽粒中，4个α-淀粉酶基因有两个在发育过程中表达，分别是*amy I*和*amy IV*。同时，大麦籽粒发育过程中的α-淀粉酶活性远低于β-淀粉酶。

（二）籽粒发育过程中的β-淀粉酶及其基因表达

β-淀粉酶是一种淀粉外切酶，水解α-1，4糖苷键，它作用于多糖的非还原端生成麦芽糖（郭蔼光，2009）。前人研究表明，β-淀粉酶活性在小麦种子发育的乳熟前期和乳熟期较高，但在多半仁期和面团期较低，在种子完全成熟时极低（Jain and Goswami，1981）。在大麦籽粒中，7个β-淀粉酶基因中有5个（*bam I*，II，V，VI，VII）在发育过程中表达。同时，大麦籽粒发育过程中的β-淀粉酶活性远高于α-淀粉酶。果种皮中

β–淀粉酶的活性在籽粒各个发育时期都很高，而在胚乳中则是在发育早期和中期相对较低，晚期急剧升高（Radchuk et al.，2009）。

四、磷素对小麦淀粉品质形成的影响

关于磷影响小麦淀粉品质的研究报道较少。磷水平对淀粉的糊化特性有显著影响，可以显著提高淀粉的峰值黏度（马宏亮等，2015）、低谷黏度、崩解值、最终黏度和反弹值（Li et al.，2013），对淀粉的直支链淀粉比例和破损淀粉率也有一定影响。周忠新（2006）的研究表明，适量施磷可以显著改善中强筋小麦的淀粉品质，但过量施磷会降低支直链淀粉比例，降低淀粉的品质。朱薇（2009）研究认为，在不同速效磷含量的土壤条件下，施磷量对破损淀粉率和面粉的糊化特性都有一定的影响。在低磷土壤上对糊化特性的影响最大，在中磷和高磷土壤上则不甚明显；在三种速效磷含量土壤条件下，不同磷肥处理的峰值时间均随施磷量的增加而有所提高。在不同速效磷含量的土壤条件下，施加磷肥对破损淀粉率的影响也不尽相同。从不同土壤磷水平来看，各处理的破损淀粉含量表现为高磷土壤＜中磷土壤＜低磷土壤，以上结果表明土壤中速效磷含量与施磷量对淀粉的破损程度均有影响。

第二节　磷素对小麦籽粒及淀粉粒发育的影响

为了研究磷素对小麦淀粉生物合成与调控机理，张润琪等以新疆主栽冬小麦品种新冬20号和新冬23号为材料，在3个磷素供应水平下（CK为P_2O_5 0千克/公顷；LP为P_2O_5 105千克/公顷；HP为P_2O_5 210千克/公顷），对小麦籽粒发育关键时期的灌浆特性、淀粉积累动态、淀粉粒微观特性变化以及淀粉合成/降解酶活性和基因的表达进行了系统研究，对理解磷素调控小麦淀粉生物合成及品质变化提供了理论基础。

试验地前茬作物为向日葵，土质为灰漠土，0~20厘米土层内含碱解氮63毫克/千克、速效磷15毫克/千克、速效钾208毫克/千克。播种时按75千克/公顷施加尿素，灌溉方式为滴灌，冬前浇水3次，返青至成熟每隔10~12天浇水1次，共浇6次。在拔节期、抽穗期和扬花期分别按45千克/公顷、75千克/公顷和120千克/公顷将尿素随水施入。试验为随机区组设计，每个处理3次重复，小区面积2.4米×3米，小区之间隔离带宽度为50厘米。设置3个磷素供应水平，施磷量（以P_2O_5计）分别为0千克/公顷、105千克/公顷和210千克/公顷，分别用P0、LP和HP表示，所用肥料为重过磷酸钙，施肥方式为条施，在播种后160天（约5%的植株已返青）施入。

一、小麦籽粒形态与粒重

如图5.1和图5.2所示，两个小麦品种花后7天各处理下的籽粒体积很小并呈绿色，之后随着灌浆的进行，籽粒体积逐渐增大并在花后28天逐渐变黄，至花后35天成熟并失水干燥。灌浆前期和中期各处理间籽粒形态无差异，而花后28天磷水平特别是HP处理

下的籽粒颜色相比对照更加偏黄，新冬 23 号甚至已开始失水干燥。灌浆末期（花后 35
天），新冬 20 号对照条件下仅有部分籽粒失水干燥，而 LP 处理下已干燥的籽粒数量较
多，HP 处理下的籽粒已基本全部失水干燥。花后 35 天新冬 23 号的籽粒已全部失水干燥，
相比对照和 HP 处理，LP 处理下的籽粒稍大一些。

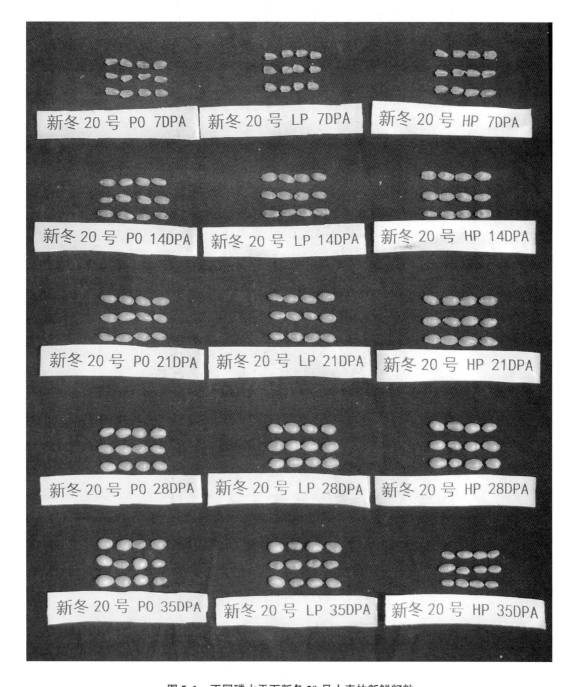

图 5.1　不同磷水平下新冬 20 号小麦的新鲜籽粒

注：图中 P0 为 P_2O_5 0 千克/公顷；LP 为 P_2O_5 105 千克/公顷；HP 为 P_2O_5 210 千克/公顷。

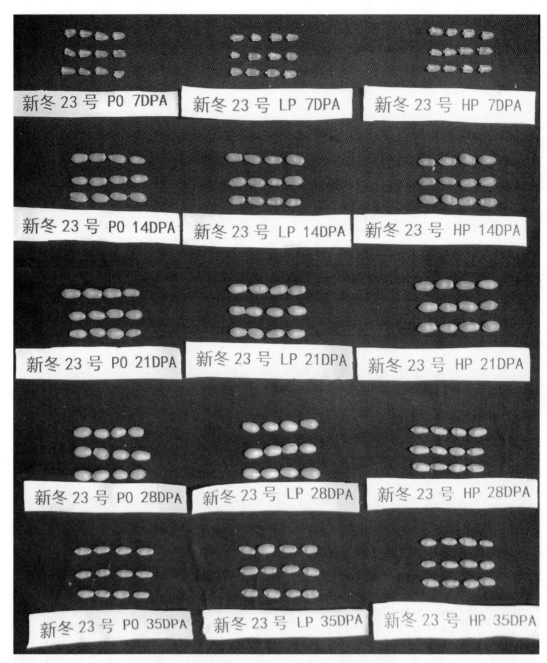

图 5.2　不同磷水平下新冬 23 号小麦的新鲜籽粒

注：图中 P0 为 P_2O_5 0 千克/公顷；LP 为 P_2O_5 105 千克/公顷；HP 为 P_2O_5 210 千克/公顷。

将新鲜籽粒烘干（见图 5.3 和图 5.4）后可以发现籽粒的体积随灌浆不断增大，且除花后 7 天外，磷水平下的籽粒体积都比对照条件下稍大。另外，由于品种本身的差异，新冬 20 号籽粒的形状比新冬 23 号更加圆润。灌浆过程中随着籽粒体积的增大，其粒重也逐渐提高（见图 5.5），并在花后 35 天达最大值，且成熟期（花后 35 天）新冬 23 号的粒重高于新冬 20 号。与籽粒体积大小相对应，各处理间对比可以发现，磷水平也显著提高了

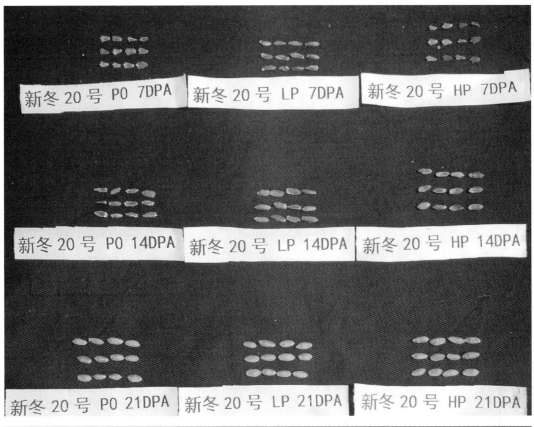

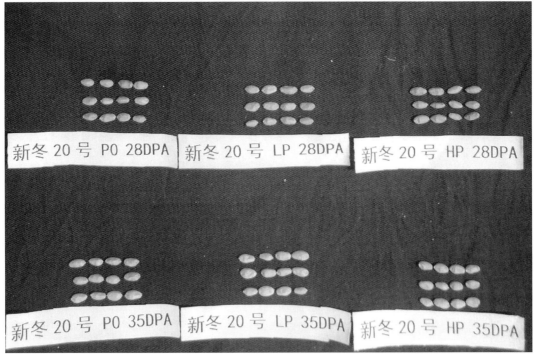

图5.3　不同磷水平下新冬20号小麦的烘干籽粒

注：图中P0为P_2O_5 0千克/公顷；LP为P_2O_5 105千克/公顷；HP为P_2O_5 210千克/公顷。

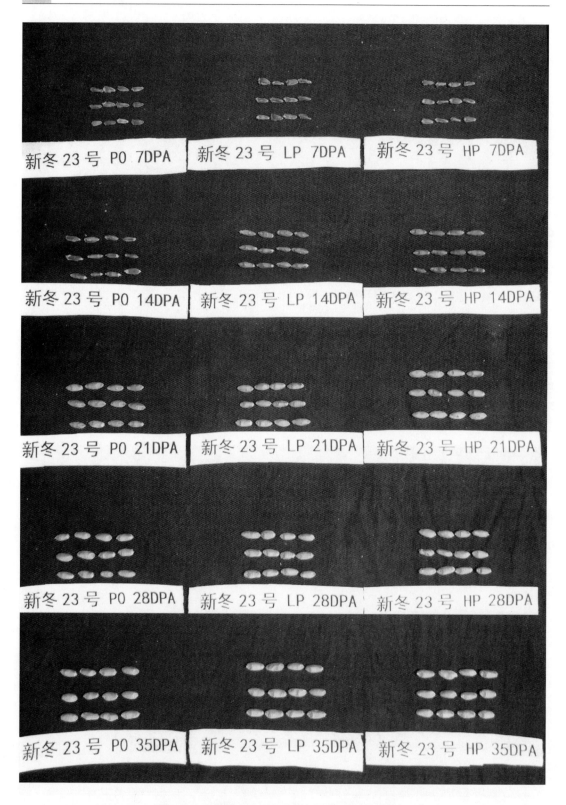

图5.4　不同磷水平下新冬23号小麦的烘干籽粒

注：图中P0为P_2O_5 0千克/公顷；LP为P_2O_5 105千克/公顷；HP为P_2O_5 210千克/公顷。

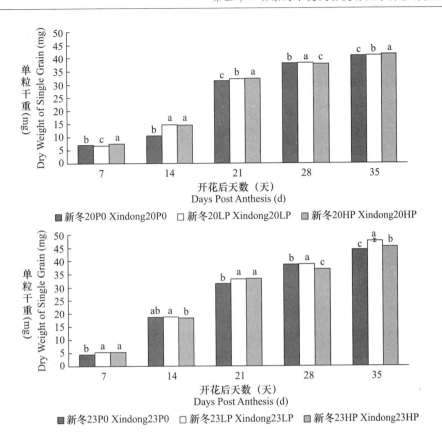

图 5.5　不同磷水平下的小麦单粒干重

注：图中 P0 为 P_2O_5 0 千克/公顷；LP 为 P_2O_5 105 千克/公顷；HP 为 P_2O_5 210 千克/公顷。数据为 3 次重复的平均值 ± 标准误差，图上的字母代表 5% 显著水平下的显著性。

两品种各时期的单粒重。综合以上结果，表明磷水平促进了籽粒的灌浆和成熟。

二、小麦籽粒灌浆速率

表 5.1 的结果表明，新冬 23 号籽粒灌浆速率最大值出现在约花后 14 天，3 种磷素处理相比，低磷（LP）处理的籽粒灌浆速率最大值（V_{max}）出现较早，其次是高磷和对照处理，且不同处理 V_{max} 排序为：CK > LP > HP。新冬 20 号籽粒灌浆速率最大值出现在约花后 16 天，CK 处理的 V_{max} 出现较早，不同处理 V_{max} 排序为：LP > HP > CK。总体而言，3 种磷水平处理下新冬 23 号籽粒灌浆速率最大值高于新冬 20 号，且出现时间早于新冬 20 号。

三、小麦籽粒淀粉含量与直支链淀粉含量之比

如表 5.2 所示，两品种各处理下籽粒总淀粉、直链淀粉和支链淀粉含量在灌浆早期都很低，随着籽粒的发育，其含量都在逐步提高，并在花后 35 天（即成熟期）达到最高。在花后 7 天时，两品种不同磷水平间的籽粒总淀粉、直链淀粉和支链淀粉含量没有显著差

异，而在此之后磷水平显著提高了籽粒中的总淀粉、直链淀粉和支链淀粉含量。种子成熟后，LP 处理下新冬 20 号的籽粒总淀粉、直链淀粉和支链淀粉含量显著高于对照和 HP 处理，而对照和 HP 处理之间则没有显著差异。与此类似，新冬 23 号成熟期的籽粒总淀粉、直链淀粉和支链淀粉含量也以 LP 处理下最高，但同时 HP 处理也显著高于对照。

表 5.1　不同磷素处理下小麦籽粒灌浆速率特征参数

品种	处理	回归方程	R^2	V_{max}	T_{max}
新冬 23 号	P0	$y = 39.247/(1 + 71.974e^{-0.310x})$	0.997	3.037	13.817
	LP	$y = 39.285/(1 + 52.389e^{-0.291x})$	0.998	2.858	13.604
	HP	$y = 38.440/(1 + 55.936e^{-0.291x})$	0.954	2.800	13.810
新冬 20 号	P0	$y = 41.673/(1 + 21.604e^{-0.196x})$	0.998	2.042	15.678
	LP	$y = 41.730/(1 + 25.313e^{-0.205x})$	0.994	2.137	15.778
	HP	$y = 42.248/(1 + 21.151e^{-0.194x})$	0.991	2.048	15.739

注：y 为籽粒重量，x 为开花后的天数，R^2 为决定系数，V_{max} 为最大积累速率，T_{max} 表示最大积累速率出现的时间。

表 5.2　不同磷水平下的小麦籽粒淀粉含量

品种	淀粉含量（%）	处理	花后天数（天）				
			7	14	21	28	35
新冬 20 号	总淀粉	P0	4.25 ± 0.18a	22.17 ± 3.51b	42.44 ± 2.63b	54.15 ± 0.28b	55.36 ± 2.45b
		LP	4.66 ± 0.07a	37.69 ± 0.18a	50.05 ± 2.37ab	59.86 ± 1.06a	75.05 ± 1.82a
		HP	4.67 ± 0.28a	32.41 ± 2.71a	51.61 ± 1.95a	61.58 ± 1.20a	62.53 ± 4.00b
	直链淀粉	P0	1.67 ± 0.05a	6.93 ± 1.03b	12.88 ± 0.77b	16.32 ± 0.08b	16.67 ± 0.72b
		LP	1.79 ± 0.02a	11.49 ± 0.05a	15.12 ± 0.70ab	17.99 ± 0.31a	22.45 ± 0.53a
		HP	1.79 ± 0.08a	9.94 ± 0.80a	15.57 ± 0.57a	18.50 ± 0.35a	18.78 ± 1.17b
	支链淀粉	P0	2.58 ± 0.13a	15.24 ± 2.48b	29.51 ± 1.81b	37.83 ± 0.19b	38.69 ± 1.73b
		LP	2.87 ± 0.05a	26.20 ± 0.13a	32.97 ± 0.07ab	41.86 ± 0.75a	52.59 ± 1.29a
		HP	2.87 ± 0.19a	22.47 ± 1.92a	36.04 ± 1.38a	43.08 ± 0.85a	43.18 ± 3.39b
新冬 23 号	总淀粉	P0	5.76 ± 0.19a	19.01 ± 0.66b	41.61 ± 3.43b	42.27 ± 1.17c	44.20 ± 1.95c
		LP	5.92 ± 0.65a	22.44 ± 0.99a	47.65 ± 1.65ab	72.84 ± 4.38a	77.06 ± 1.56a
		HP	5.92 ± 0.23a	25.01 ± 1.05a	54.25 ± 2.06a	56.85 ± 0.33b	62.10 ± 1.55b
	直链淀粉	P0	2.11 ± 0.06a	6.00 ± 0.19b	12.64 ± 1.01b	12.83 ± 0.34c	13.37 ± 0.57c
		LP	2.16 ± 0.19a	7.01 ± 0.29a	14.41 ± 0.48ab	21.81 ± 1.29a	23.05 ± 0.46a
		HP	2.16 ± 0.07a	7.77 ± 0.31a	16.35 ± 0.60a	17.11 ± 0.10b	18.65 ± 0.46b
	支链淀粉	P0	3.76 ± 0.16a	13.00 ± 0.47b	28.97 ± 2.42b	29.44 ± 0.83c	31.21 ± 1.20c
		LP	3.76 ± 0.46a	15.43 ± 0.70a	33.24 ± 1.17ab	51.04 ± 3.10a	54.02 ± 1.10a
		HP	5.20 ± 1.02a	17.25 ± 0.74a	37.90 ± 1.45a	39.74 ± 0.24b	43.44 ± 1.10b

注：表中数据为 3 次重复的平均值 ± 标准误差，数据后的字母代表 5% 显著水平下的显著性。P0 为 P_2O_5 0 千克/公顷；LP 为 P_2O_5 105 千克/公顷；HP 为 P_2O_5 210 千克/公顷。

如表 5.3 所示，两品种不同处理下的直支链淀粉含量之比仅在花后 7 天较高，此后各时期相对较低且各时期之间变化不大。对于新冬 20 号，除花后 14 天和 28 天磷素处理显著降低了直支比以外，各时期不同处理下的直支比并没有显著差异；而新冬 23 号花后 7天各处理间的直支比没有显著差异，之后磷水平显著降低了直支比，至成熟时以对照条件下最高，HP 处理下次之，LP 处理下最低。

表 5.3　不同磷水平下的小麦籽粒直链淀粉和支链淀粉含量之比

| 品种 | 处理 | 花后天数（天） | | | | |
		7	14	21	28	35
新冬 20	P0	0.648 ±0.012a	0.457 ±0.006a	0.437 ±0.001a	0.431 ±0.000a	0.431 ±0.001a
	LP	0.624 ±0.004a	0.438 ±0.000b	0.458 ±0.021a	0.430 ±0.000b	0.427 ±0.000a
	HP	0.625 ±0.014a	0.443 ±0.002b	0.432 ±0.001a	0.429 ±0.000b	0.436 ±0.007a
新冬 23	P0	0.563 ±0.012a	0.462 ±0.002a	0.436 ±0.002a	0.434 ±0.001a	0.436 ±0.001a
	LP	0.579 ±0.019a	0.454 ±0.002b	0.434 ±0.001ab	0.427 ±0.001c	0.427 ±0.000c
	HP	0.441 ±0.068a	0.450 ±0.001b	0.431 ±0.001b	0.431 ±0.000b	0.429 ±0.000b

注：表中数据为 3 次重复的平均值 ± 标准误差，数据后的字母代表 5% 显著水平下的显著性。P0 为 P_2O_5 0 千克/公顷；LP 为 P_2O_5 105 千克/公顷；HP 为 P_2O_5 210 千克/公顷。

四、小麦籽粒胚乳中淀粉的分布

籽粒发育各时期淀粉粒在籽粒中的分布情况如图 5.6 和图 5.7 所示。淀粉主要存在于胚乳中，胚和糊粉层中没有淀粉。糊粉层完整地包围在胚乳周围，腹沟处的糊粉层与果种皮之间存在一处空腔，该部位也没有淀粉积累。花后 14 天（见图 5.6 和图 5.7 中的 A、E、I）时果种皮中也残留有一些淀粉，新冬 20 号对照条件下（见图 5.6A）的果种皮中残留的淀粉明显多于 HP（见图 5.6I）和 LP 处理（见图 5.6E），而在新冬 23 号中该现象并不明显。花后 14 天整个胚乳的边缘和内部都充满了淀粉，之后随着籽粒的发育，胚乳边缘靠近糊粉层的部位逐渐出现了一些小空腔（见图 5.6、图 5.7 中白色箭头）。对照条件下该现象都在花后 28 天开始出现，而磷素处理下该现象都是在花后 21 天即开始出现，这表明磷水平可能促进了籽粒的发育。通过局部放大图可以发现胚乳边缘的细胞结构是完整的，表明这些空腔并不是切片时造成的机械损伤。目前这一现象的成因仍不清楚，还有待深入探究。

五、小麦籽粒的全磷含量

如图 5.8 所示，两品种的籽粒全磷含量在花后各时期变化不大，LP 处理下，新冬 20号花后 7 天、21 天和 28 天以及新冬 23 号花后 21 天籽粒中全磷含量显著高于对照，其他时期及 HP 处理与对照相比并无显著差异，表明 LP 处理有提高籽粒全磷含量的趋势，但并不明显；花后 35 天，随着种子的成熟，两个参试品种各处理下籽粒中的全磷含量已无显著差异。

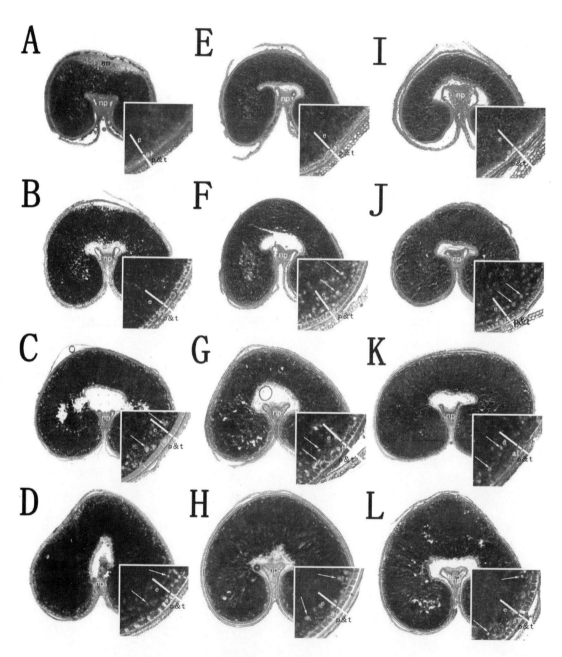

图 5.6　新冬 20 号小麦籽粒中积累的淀粉（25×，局部放大图 120×）

注：P0（A～D）、LP（E～H）和 HP（I～L）处理下花后 14 天（A、E、I）、21 天（B、F、J），28 天（C、G、K）和 35 天（D、H、L）的籽粒石蜡切片脱蜡后使用 I_2-KI 染色。白色箭头指的是胚乳边缘的小空腔。al 为糊粉层；e 为胚乳；em 为胚；np 为珠心突起；p&t 为果皮和种皮。P0 为 P_2O_5 0 千克/公顷；LP 为 P_2O_5 105 千克/公顷；HP 为 P_2O_5 210 千克/公顷。

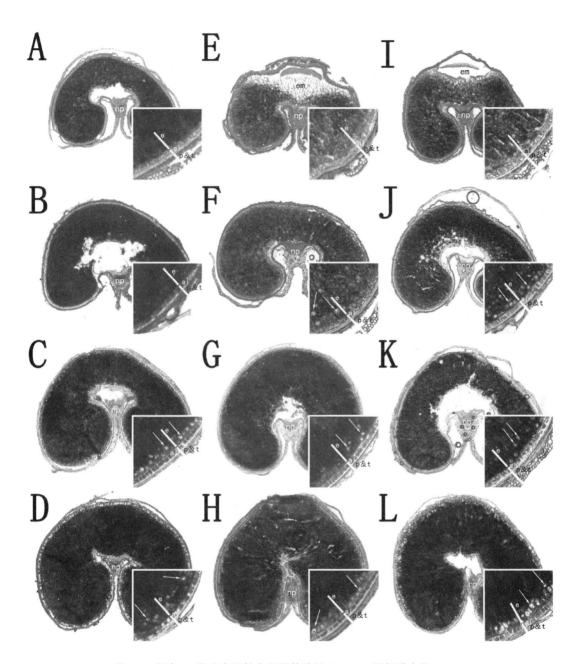

图 5.7　新冬 23 号小麦籽粒中积累的淀粉（25×，局部放大图 120×）

注：P0（A～D）、LP（E～H）和 HP（I～L）处理下花后 14 天（A、E、I）、21 天（B、F、J）、28 天（C、G、K）和 35 天（D、H、L）的籽粒石蜡切片脱蜡后使用 I_2 – KI 染色。白色箭头指的是胚乳边缘的小空腔。al 为糊粉层；e 为胚乳；em 为胚；np 为珠心突起；p&t 为果皮和种皮。P0 为 P_2O_5 0 千克/公顷；LP 为 P_2O_5 105 千克/公顷；HP 为 P_2O_5 210 千克/公顷。

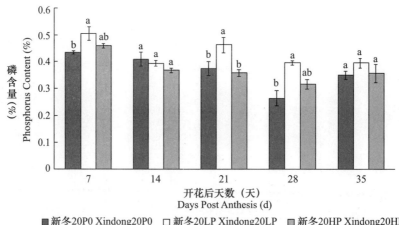

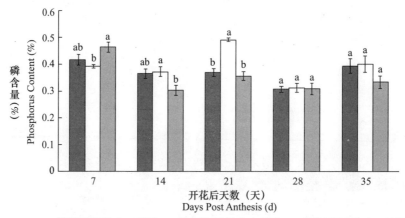

图 5.8　不同磷水平下的小麦籽粒全磷含量

注：图中数据为 3 次重复的平均值 ± 标准误差，图上的字母代表 5% 显著水平下的显著性。P0 为 P_2O_5 0 千克/公顷；LP 为 P_2O_5 105 千克/公顷；HP 为 P_2O_5 210 千克/公顷。

六、不同磷素水平对小麦淀粉粒形态和粒径的影响

小麦淀粉粒根据直径大小一般分为 A 型淀粉粒和 B 型淀粉粒。A 型淀粉粒较大，直径一般在 10~38 微米，呈透镜状；B 型淀粉粒直径小于 10 微米，呈多面体（见图 5.9 和图 5.10）。新冬 23 号和新冬 20 号小麦的淀粉粒形状在不同施磷水平下未明显改变，但与品种本身特性有关。在低磷（LP）和高磷（HP）处理下，两个品种花后 7 天淀粉粒直径明显小于对照，淀粉粒的多面体形状更加明显。花后 14 天的平均直径与对照相当。这可能与施磷水平后小麦植株营养生长旺盛有关。

相对于新冬 23 号，成熟期的新冬 20 号小麦淀粉粒在高磷条件下更容易观察到表面的小孔结构（见图 5.9E）。这些小孔结构类似淀粉粒酶解后的形态特征，将对淀粉的吸水膨胀、糊化、持水力等品质特性产生重要影响。

图 5.9　新冬 20 号籽粒不同发育时期淀粉粒的扫描电镜图片

注：A ~ E 分别代表高磷（P_2O_5 210 千克/公顷）处理下的花后 7 天、14 天、21 天、28 天和 35 天的；F ~ J 分别代表低磷水平（P_2O_5 105 千克/公顷）条件下的花后 7 天、14 天、21 天、28 天和 35 天的；K ~ O 分别代表对照（P_2O_5 0 千克/公顷）处理条件下的花后 7 天、14 天、21 天、28 天和 35 天的。E 中小图显示淀粉粒表面微孔。

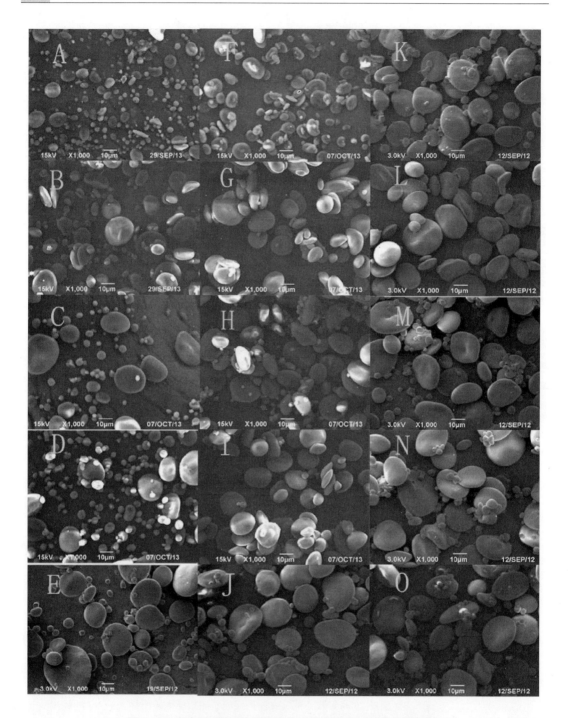

图5.10　新冬23号籽粒不同发育时期淀粉粒的扫描电镜图片

注：A～E分别代表高磷（P_2O_5 210千克/公顷）处理下的花后7天、14天、21天、28天和35天的；F～J分别代表低磷水平（P_2O_5 105千克/公顷）条件下的花后7天、14天、21天、28天和35天的；K～O分别代表对照（P_2O_5 0千克/公顷）处理条件下的花后7天、14天、21天、28天和35天的。

　　如表5.4所示，新冬23号在花后7天、14天和21天随着施磷量的增加，粒径逐渐减小；花后28天先增大后减小；花后35天逐渐减小。新冬20号在花后7天、14天粒径随着施磷量的增加呈现先增大后减小的趋势；在花后21天、35天先减小后增加；花后28天逐渐增大。由于小麦在花后21天和28天有两个直径为0～5微米小淀粉粒合成的高峰，因此，总体而言，两个参试品种在不同磷素处理下从花后7～35天淀粉粒的平均直径为先增加后逐渐减少的趋势，综合上述各时期扫描电镜图片也可以直接观察到这两个时期B型淀粉粒比例的明显增加。

表5.4　不同磷水平下的小麦淀粉粒粒径分布

品种	粒径（微米）	处理	花后天数（天）			
			14	21	28	35
新冬20	0～5	P0	9.58±0.08a	9.72±0.09b	32.67±0.03a	20.65±0.03b
		LP	4.74±0.18c	17.44±0.01a	29.45±0.03b	24.17±0.02a
		HP	5.56±0.02b	8.93±0.01c	21.59±0.01c	18.99±0.00c
	5～10	P0	15.25±0.02a	11.60±0.02b	17.07±0.01b	17.09±0.01a
		LP	10.74±0.10b	15.92±0.01a	17.97±0.01a	15.83±0.02b
		HP	9.34±0.02c	11.38±0.01c	16.13±0.01c	14.17±0.01c
	≤10	P0	24.83±0.10a	21.33±0.09b	49.74±0.04a	37.73±0.04b
		LP	15.48±0.11b	33.27±0.02a	47.42±0.04b	39.99±0.04a
		HP	14.90±0.04c	20.31±0.01c	37.73±0.01c	33.16±0.01c
	≥10	P0	75.17±0.10c	78.67±0.09b	50.27±0.04c	62.27±0.04b
		LP	84.19±0.42b	66.63±0.02c	52.58±0.04b	60.01±0.04c
		HP	85.10±0.04a	79.69±0.01a	62.29±0.01a	66.84±0.01a
新冬23	0～5	P0	8.16±0.05b	7.32±0.00c	16.79±0.02a	38.32±0.01a
		LP	7.73±0.07c	10.78±0.00b	11.55±0.01c	33.03±0.02b
		HP	11.09±0.01a	19.32±0.00a	14.23±0.03b	28.29±0.01c
	5～10	P0	12.86±0.01b	8.37±0.00c	15.99±0.01a	16.60±0.01b
		LP	12.02±0.02c	10.62±0.01b	12.88±0.00c	18.20±0.01a
		HP	13.53±0.00a	14.39±0.00a	13.31±0.01b	14.84±0.01c
	≤10	P0	21.02±0.06b	15.69±0.01c	32.77±0.02a	54.92±0.02a
		LP	19.75±0.09c	21.04±0.01b	24.43±0.01c	51.23±0.02b
		HP	24.62±0.02a	33.71±0.01a	27.54±0.04b	43.13±0.01c
	≥10	P0	78.98±0.06b	84.31±0.01a	67.23±0.02c	45.08±0.02c
		LP	80.25±0.09a	78.96±0.01b	75.57±0.01a	48.77±0.02b
		HP	75.38±0.02c	66.29±0.01c	72.46±0.04b	56.87±0.01a

　　注：表中数据为3次重复的平均值±标准误差，数据后的字母代表5%显著水平下的显著性。P0为P_2O_5 0千克/公顷；LP为P_2O_5 105千克/公顷；HP为P_2O_5 210千克/公顷。

籽粒发育过程中的淀粉粒粒径分布存在品种差异（见表5.4）。新冬20号对照条件下B型淀粉粒的比例随籽粒发育呈降—升—降的趋势，磷水平下则呈先升后降的趋势；新冬23号P0条件下B型淀粉粒的比例随籽粒的发育呈先降后升的趋势，HP处理下则呈升—降—升的趋势，而LP处理下则是不断上升。二者A型淀粉粒比例随籽粒发育的变化趋势分别与其B型淀粉粒相反。各时期不同磷水平下淀粉粒的粒径分布存在显著差异，且不同时期磷水平对淀粉粒粒径分布的影响也有所不同，表明磷水平对淀粉的发育进程存在一定影响。分析成熟期（花后35天）淀粉的粒径分布情况，可以发现磷水平对淀粉粒粒径分布的影响也存在品种差异：LP处理显著提高了新冬20号B型淀粉粒的比例，但HP处理下则是显著降低，磷水平对其A型淀粉粒比例的影响与B型淀粉粒相反；与此不同，磷水平显著降低了新冬23号B型淀粉粒的比例，且HP处理下更显著，同时对其A型淀粉粒比例的影响则与B型淀粉粒相反。

第三节 磷素对小麦淀粉结构及特性的影响

一、小麦淀粉粒的表面微孔和微通道

为了更加深入研究磷引起的淀粉粒微观结构的变化，将成熟期淀粉粒使用蛋白酶XIV和蛋白酶K酶解，然后使用汞溴红或CBQCA染色，通过激光共聚焦显微镜观察。汞溴红是一种荧光染料，可以吸附于淀粉粒表面，包括淀粉粒上的微通道以及通过这些微通道与淀粉粒外表面相连的空腔（Huber and Bemiller，1997）。CBQCA是一种蛋白特异性探针，可与蛋白质反应后产生荧光，因此可以特异性地标记淀粉粒微通道中的蛋白质（Kim and Huber，2008）。经汞溴红染色后，对照条件下的淀粉粒荧光较弱，主要出现在淀粉粒的外部边缘，大部分淀粉粒只显示出椭圆形的轮廓（见图5.11和图5.12中的A、D），而LP处理下的一些淀粉粒上则有着大面积强烈而清晰的荧光（见图5.11和图5.12中的B、E中箭头），表明汞溴红渗透进入了其微通道及其连接的空腔，HP处理下的淀粉粒荧光则介于对照和LP之间（见图5.11和图5.12中的C、F）。两品种的淀粉粒对比可以发现这一现象在新冬20号上更加明显。CBQCA染色的结果与此类似，磷水平下的淀粉粒上有更多被特异性标记的通道状结构（见图5.11和图5.12中的H、I、K、L），且LP处理下更明显（见图5.11和图5.12中的H、K）。以上结果表明磷水平引起了淀粉粒内部微通道结构的变化，对淀粉粒的组织化学特性产生了影响。

二、小麦支链淀粉链长分布

通过高效阴离子交换色谱——脉冲安培法测定了支链淀粉的链长分布。表5.5的结果表明，LP处理提高了两个小麦品种各时期支链淀粉糖中B链段所占的比例，且对B2链提高的幅度更大；除新冬20号花后14天外，LP处理还降低了两品种各时期A链段所占的比例，且对新冬23号的降低幅度更大。花后14天，HP处理降低了两品种支链淀粉糖中B

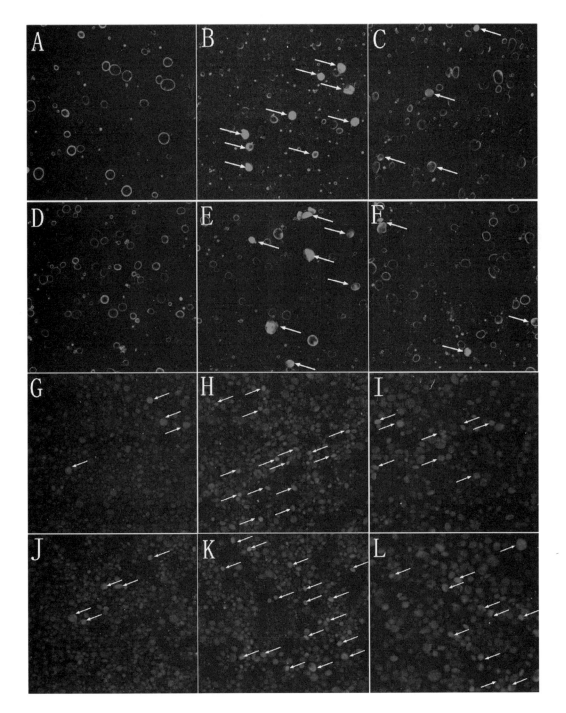

图 5.11　新冬 20 号成熟籽粒淀粉粒激光共聚焦显微镜照片

注：图中 P0（A、D、G、J）、LP（B、E、H、K）和 HP（C、F、I、L）处理下的淀粉粒分别经过蛋白酶 XIV（A～C、G～I）和蛋白酶 K（D～F、J～L）酶解后使用汞溴红（A～F）和 CBQCA（G～L）染色。B、C、E、F 中箭头指的是淀粉粒中的短通道或空腔（通过微孔连接到外表面）；G～L 中箭头指的是淀粉粒中的放射状蛋白网络。

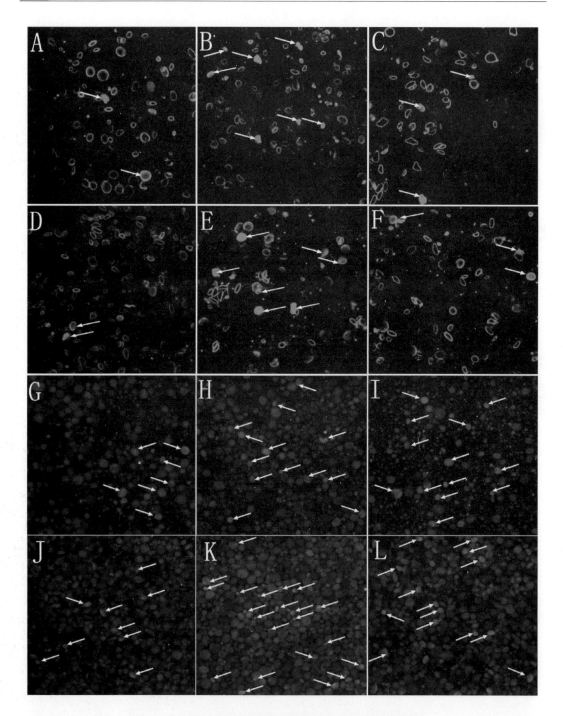

图 5.12 新冬 23 号成熟籽粒淀粉粒激光共聚焦显微镜照片

注：图中 P0（A、D、G、J）、LP（B、E、H、K）和 HP（C、F、I、L）处理下的淀粉粒分别经过蛋白酶 XIV（A～C、G～I）和蛋白酶 K（D～F、J～L）酶解后使用汞溴红（A～F）和 CBQCA（G～L）染色。B、C、E、F 中箭头指的是淀粉粒中的短通道或空腔（通过微孔连接到外表面）；G～L 中箭头指的是淀粉粒中的放射状蛋白网络。

链段的比例，而其他时期则提高了 B 链段的比例，且对新冬 23 号提高幅度更大；HP 处理在花后 14 天也降低了新冬 20 号支链淀粉糖中 A 链段的比例，其他时期 HP 处理则对其影响不大，而对于新冬 23 号，HP 处理则降低了其各时期支链淀粉糖中 A 链段的比例。

新冬 20 号各处理下支链淀粉糖中 B 链段所占比例随籽粒的发育不断上升，且 B2 链上升幅度更大，而新冬 23 号对照的支链淀粉糖中 B 链段所占比例呈先下降后上升的趋势，HP 处理下呈先上升后下降的趋势，LP 处理下则在花后各时期变化不大。对照条件下新冬 20 号 A 链段比例呈降—升—降的趋势，LP 处理下先升后降，HP 处理下则是不断上升，而新冬 23 号各处理下 A 链段所占比例都呈先上升后下降的趋势。

表 5.5　不同磷水平下的小麦支链淀粉链长分布

| 品种 | 处理 | 花后天数（天） | 相对峰面积（%） | | | A 链 | B1 链 | B2 链 |
			A/B1	A/B2	B1/B2			
新冬 20 号	P0	14	2.98	11.11	3.73	58.88	19.79	5.30
		21	2.76	9.26	3.36	53.98	19.59	5.83
		28	2.81	8.88	3.16	57.57	20.49	6.48
		35	2.64	7.28	2.76	56.88	21.56	7.81
	LP	14	2.62	7.82	2.99	52.41	20.02	6.70
		21	2.77	7.33	2.64	54.75	19.73	7.47
		28	2.68	7.43	2.77	56.86	21.19	7.65
		35	2.33	5.73	2.46	55.60	23.87	9.70
	HP	14	2.93	8.78	2.99	42.32	14.42	4.82
		21	2.92	7.69	2.64	55.77	19.13	7.25
		28	2.75	6.87	2.50	56.51	20.53	8.22
		35	2.63	8.02	3.05	57.84	22.01	7.21
新冬 23 号	CK	14	2.46	7.00	2.85	54.87	22.34	7.84
		21	2.61	8.59	3.29	57.58	22.05	6.70
		28	3.11	9.72	3.12	57.72	18.53	5.94
		35	2.64	7.28	2.76	56.76	22.37	8.19
	LP	14	2.20	5.21	2.38	52.25	23.80	10.02
		21	2.32	5.31	2.29	55.21	23.80	10.40
		28	2.37	5.33	2.25	55.53	23.46	10.41
		35	2.50	5.53	2.26	55.04	22.47	9.96
	HP	14	2.91	7.28	2.50	52.80	18.16	7.25
		21	2.40	5.47	2.28	56.36	23.49	10.30
		28	2.47	6.34	2.56	57.10	23.09	9.01
		35	2.55	5.84	2.29	56.76	22.23	9.72

注：表中 P0 为 P_2O_5 0 千克/公顷；LP 为 P_2O_5 105 千克/公顷；HP 为 P_2O_5 210 千克/公顷。

三、小麦淀粉粒的热特性

不同磷水平下两个小麦品种淀粉粒热特性的变化有所不同（见表5.6）。磷水平下新冬20号淀粉粒的起始糊化温度和峰值糊化温度有所降低，但其终止糊化温度和热熔值则有所提高。相对于新冬20号，磷水平提高了新冬23号淀粉粒的起始糊化温度、峰值糊化温度、终止糊化温度和热熔值。

表5.6　不同磷水平下小麦成熟期淀粉粒的热力学参数

品种	处理	T_0（℃）	T_P（℃）	T_e（℃）	ΔH（J/g）
新冬20	P0	59.89	63.55	67.48	9.43
	LP	59.13	62.95	67.55	9.64
	HP	59.40	63.49	67.59	9.15
新冬23	P0	59.80	63.59	67.47	9.78
	LP	60.04	64.00	68.10	9.84
	HP	60.19	64.07	67.80	9.83

注：表中数据为3次重复的平均值。T_0为起始糊化温度；T_P为峰值糊化温度；T_e为终止糊化温度；ΔH为热熔值；P0为P_2O_5 0千克/公顷；LP为P_2O_5 105千克/公顷；HP为P_2O_5 210千克/公顷。

四、小麦淀粉粒的酶解特性

淀粉粒上的微孔和微通道可以促进酶、水等物质进入淀粉粒内部，该效应可以提高淀粉粒酶解效率。为确定磷水平下淀粉粒微孔和微通道的变化是否存在同样的效应，将不同磷素条件下的淀粉粒经α-淀粉酶或淀粉葡萄糖苷酶水解，测定产生的还原糖量，结果如图5.13所示。与对照相比，两品种LP处理下的淀粉粒经淀粉葡萄糖苷酶水解后产生的还原糖浓度显著提高，但新冬20号HP处理与对照之间并无显著差异，而新冬23号HP处理下的还原糖浓度显著高于LP处理。与此相似，磷水平也显著提高了两品种淀粉粒经α-淀粉酶水解后产生的还原糖浓度，但LP和HP处理之间没有显著差异。这种酶水解效率的改变印证了淀粉粒微孔和微通道的变化。

通过电镜照片（见图5.14）发现，酶处理使淀粉粒表面出现很多孔洞，赤道凹槽重新出现，并使部分淀粉粒分成两部分，尤其是A型淀粉粒酶处理后生长环清晰可见（见图5.14A），而小淀粉粒被降解程度相对较低。相比较而言，新冬20号高磷水平下淀粉的酶解程度较强，很容易观察到被水解成两半的A型淀粉粒。

五、小麦淀粉持水力、膨胀势、溶解度和破损淀粉含量

膨润力是反映淀粉在糊化过程中的吸水特性与持水能力，与最终产品的食用品质有

关。小麦淀粉粒在冷水中是不溶的，但由于生长过程中的外界因素会影响淀粉粒的表观结构，造成颗粒表面微孔数量增加、孔径增大，将对常温下淀粉粒的吸水性和持水力产生影响。表 5.7 的结果表明，高磷水平下新冬 20 号小麦淀粉的持水力、膨胀势和溶解度均显著高于对照；高磷和低磷水平下破损淀粉含量差异显著，但与对照差异不显著。高磷和低磷水平可显著增加新冬 23 号小麦淀粉的持水力，但对膨胀势、溶解性和破损淀粉含量均无显著影响。

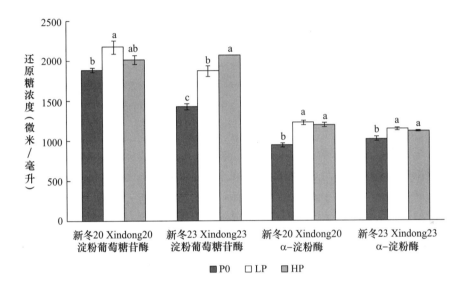

图 5.13　不同磷水平下小麦成熟期淀粉粒经酶水解后产生的还原糖浓度

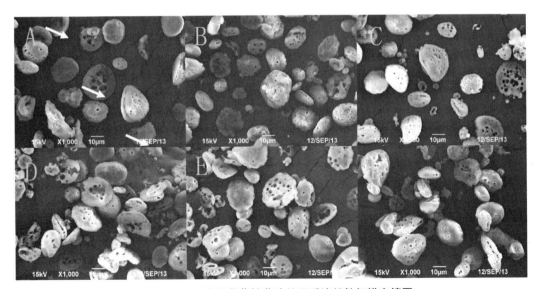

图 5.14　50U 淀粉葡萄糖苷酶处理后淀粉粒扫描电镜图

注：A～C 分别代表新冬 20 号小麦在 HP、LP 和 P0 处理条件下；E～F 分别代表新冬 23 号小麦在 HP、LP 和 P0 处理条件下；酶解处理为 50U 淀粉葡萄糖苷酶于 37℃处理 25 毫克淀粉粒 72 小时。白色箭头所示为淀粉粒被水解成两部分及内部的生长环。

**表 5.7　不同磷水平对淀粉持水力（WBC），膨胀势（SP），溶解度（SC）和
破损淀粉含量（Ai）的影响**

品种	处理	WBC（%）	SP（克/克）	SC（%）	Ai（%）
	P0 – CK	1.77b	5.62c	0.12c	92.51ab
新冬20号	LP	1.60ab	6.03a	0.43b	92.00b
	HP	1.84a	5.85b	0.82a	92.84a
	P0 – CK	1.67b	5.43a	0.67a	93.43a
新冬23号	LP	1.76a	5.58a	0.52a	92.87a
	HP	1.76a	5.54a	1.10a	93.46a

注：表中 P0 为 P_2O_5 0 千克/公顷；LP 为 P_2O_5 105 千克/公顷；HP 为 P_2O_5 210 千克/公顷。

小麦淀粉的润胀糊化通常伴随有淀粉颗粒的吸水、体积的膨胀、支链淀粉微晶束的溶解、直链淀粉晶体双螺旋结构的打开及溶解、直链淀粉从颗粒中溶出、胶体的形成等过程。持水力和膨润力较大的淀粉粒更易于进行糊化，淀粉粒表面的微孔结构，使得水分子更容易进入淀粉粒的内部，对淀粉粒糊化过程中的吸水膨胀、崩解、淀粉微晶束的析出以及淀粉胶体的形成均有重要影响。同时，淀粉粒的大小、形状、分布和微观结构对淀粉的组分、糊化特性、吸水性、延伸性等均有重要影响。B 型淀粉粒体积小，表面积/体积相对增加，从而可以结合更多的水，同时淀粉粒表面微孔数量增加更利于水分子进入淀粉粒内部，从而增加了淀粉的持水力、膨胀势和溶解度，最终对淀粉的品质产生影响。

小麦淀粉粒中含有的少量磷主要以无机磷、磷脂、磷酸单酯等形式存在，磷脂、脂质共同与直链淀粉和支链淀粉的长链形成稳定的复合体；磷酸基团通过占据部分淀粉分子与酶的结合位点，干扰淀粉酶催化反应的发生，因此，淀粉粒中磷含量虽然少却对淀粉的酶解、结晶度、黏度等理化特性有重要影响。另外，不同磷水平下淀粉品质特性的差异也可能归因于脂质含量、支链淀粉的结构以及直链淀粉在颗粒中的位置等因素，有待于进一步研究。

第四节　磷素对小麦淀粉合成和分解酶基因表达及时空定位研究

一、小麦淀粉合成相关酶基因表达与酶活性

（一）淀粉合成相关酶基因的转录

不同磷水平下淀粉合成相关酶基因的相对表达量如图 5.15 和图 5.16 所示。小麦籽粒发育过程中 12 个淀粉合成相关酶基因均有表达，但在不同磷水平下的表达模式不同。相比于对照，LP 处理在花后各时期显著提高了淀粉合成酶基因的表达量，而 HP 处理对淀粉合成酶基因表达量的影响主要表现为显著提高或无差异，少数情况下表现为显著降低。

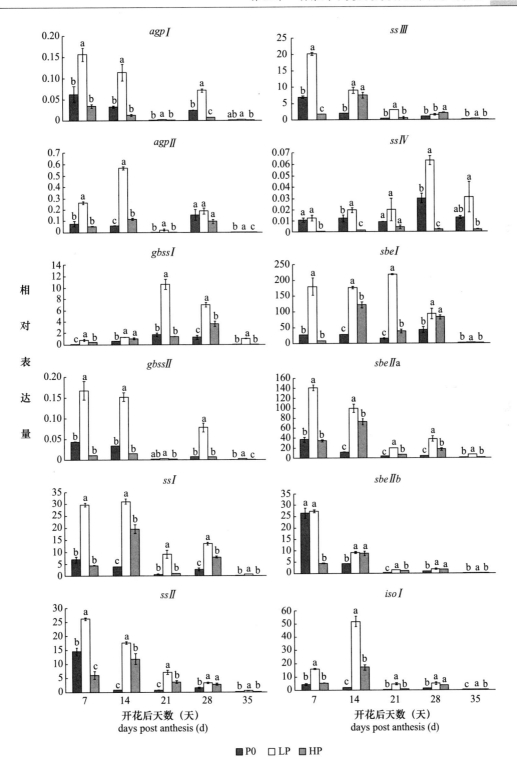

图 5.15　不同施磷水平对新冬 20 号籽粒发育过程中淀粉合成相关酶基因表达

注：图中数据为 3 次重复的平均值 ± 标准误差，图上的字母代表 5% 显著水平下的显著性。以小麦 *actin* 基因（NCBI DN551593）作为内参基因。

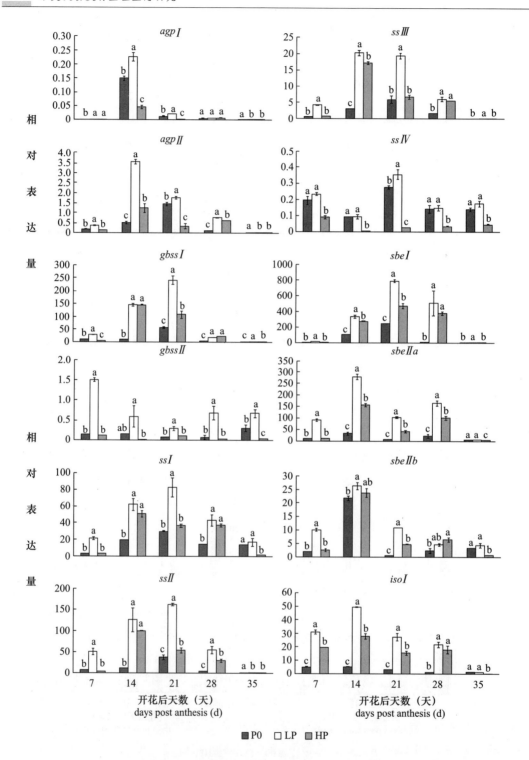

图 5.16　不同施磷水平对新冬 23 号小麦籽粒发育过程中淀粉合成相关酶基因表达

注：图中数据为 3 次重复的平均值 ± 标准误差，图上的字母代表 5% 显著水平下的显著性。以小麦 *actin* 基因（NCBI DN551593）作为内参基因。

此外，淀粉合成相关酶基因的表达峰值主要出现在籽粒灌浆的前期和中期。

新冬 20 号的淀粉合成相关酶基因在不同磷水平下表达模式有所差异（见图 5.15）。*agp* I 和 *agp* II 的表达模式相似，LP 处理下分别在花后 7 天和 14 天表达量最高。*gbss* I 与 *gbss* II 的表达模式不同，*gbss* I 在花后 21 天和 28 天表达量较高，LP 处理下花后 21 天有表达峰值；而 *gbss* II 则在花后 7 天和 14 天表达量较高，LP 处理下花后 7 天表达量最高。LP 处理下 *ss* I、*ss* II 和 *ss* III 的表达模式相似，分别在花后 14 天、7 天和 7 天有表达峰值，但 *ss* IV 则是在花后 28 天表达量最高。另外，HP 处理下 *ss* I，*ss* II 和 *ss* III 在灌浆早期（花后 7 天和 14 天）表达量较高，之后逐渐下降，而 *ss* IV 在花后各时期表达量都很低。三个淀粉分支酶（SBE）基因（*sbe* I，*sbe* IIa 和 *sbe* IIb）中，*sbe* I 表达量最高，LP 处理下在花后 21 天有表达峰值，*sbe* IIa 和 *sbe* IIb 在 LP 处理下表达模式相似，都在花后 7 天表达量最高。HP 处理下这三个基因的表达模式也相似，基本都呈先升后降的趋势，且在花后 14 天达到峰值。另外，低磷水平在花后 14 天极大地提高了 *iso* I 的表达量，但在其他时期磷水平与对照之间差异较小或不显著。

新冬 23 号的淀粉合成相关酶基因在不同磷水平下表达模式也有所不同（见图 5.16）。3 种磷素处理下，*agp* I 和 *agp* II 的表达模式相似，花后 7～28 天，LP 处理下的表达量显著高于对照和 HP。*gbss* I 与 *gbss* II 的表达模式不同，*gbss* I 在花后 14 天和 21 天表达量较高，LP 处理下花后 21 天达到峰值，且显著高于对照和 HP；*gbss* II 的表达量明显低于 *gbss* I，LP 处理下 *gbss* II 基因表达量在各时期都显著高于对照和 HP，花后 7 天达到峰值。3 种磷水平下 *ss* I、*ss* II、*ss* III 和 *ss* IV 基因的表达模式相似，均在籽粒发育中期表达量较高，LP 处理下分别在花后 21 天、21 天、14 天和 21 天达到表达量峰值。3 个淀粉分支酶（SBE）基因（*sbe* I、*sbe* IIa 和 *sbe* IIb）和一个淀粉去分支酶（DBE）基因（*iso* I）中，*sbe* I 表达量最高，不同处理下都呈先升后降的趋势并在花后 21 天达到峰值；*sbe* IIa、*sbe* IIb 和 *iso* I 在不同处理下表达模式也相似，基本都呈先升后降的趋势，且不同处理下都在花后 14 天表达量最高。

（二）淀粉合成相关酶的活性

磷处理对小麦胚乳中 SS 酶活性的影响存在品种间差异（见图 5.17），LP 处理显著提高了新冬 20 号胚乳中的 SS 酶活性，促进了淀粉合成原料蔗糖向籽粒的供应；除花后 14 天外，HP 处理下新冬 20 号籽粒发育各时期胚乳 SS 酶活性均高于同期对照，花后 35 天达到峰值；对照条件下胚乳中的 SS 酶活性呈升—降—升之势，在花后 14 天达到最大值。LP 处理下新冬 23 号的胚乳 SS 酶活性呈现升—降—升的趋势，在花后 35 天达到峰值且显著高于同期 HP 和对照处理；HP 处理下新冬 23 号的胚乳 SS 酶活性呈先升后降之势，在花后 21 天达到最大值且显著高于同期对照和 LP 处理；对照条件下的胚乳 SS 酶活性呈降—升—降的趋势，在花后 28 天达到峰值。

如图 5.18 所示，LP 处理下新冬 20 号胚乳中的 SBE 酶活性呈先上升后下降的趋势，在花后 14 天达到最大值且显著高于同期 HP 和对照处理；HP 处理下新冬 20 号胚乳中的 SBE 酶活性呈双峰分布，分别在花后 14 天和 35 天有最高峰和次高峰，且显著高于同期对照处理；对照条件下胚乳 SBE 酶活性在籽粒灌浆期逐渐下降。对照和 LP 处理下新冬 23

号胚乳中的 SBE 酶活性均呈降—升—降之势，花后 7 天酶活性最高；HP 处理下胚乳中的 SBE 酶活性也在花后 7 天最高，之后随籽粒灌浆不断降低。

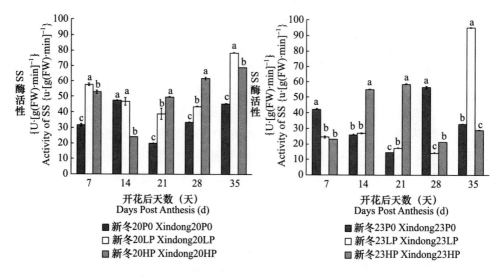

图 5.17　不同磷水平下的小麦胚乳 SS 酶活性

注：图中 P0 为 P_2O_5 0 千克/公顷；LP 为 P_2O_5 105 千克/公顷；HP 为 P_2O_5 210 千克/公顷。

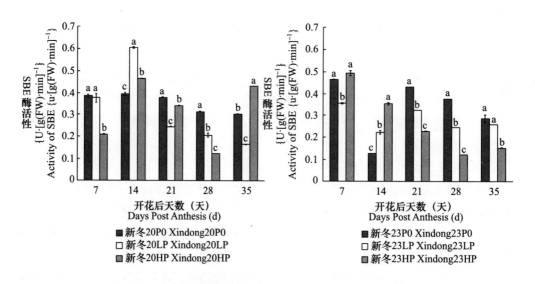

图 5.18　不同磷水平下的小麦胚乳 SBE 酶活性

注：图中 P0 为 P_2O_5 0 千克/公顷；LP 为 P_2O_5 105 千克/公顷；HP 为 P_2O_5 210 千克/公顷。

　　如图 5.19 所示，对照条件下新冬 20 号胚乳中的 DBE 酶活性呈降—升—降之势，花后 28 天达到最大值；LP 和 HP 处理下新冬 20 号胚乳中的 DBE 酶活性均在花后 7 天最高，且 HP 处理下显著高于对照，之后则呈先下降后略有上升的趋势。相比于对照，磷处理提前了新冬 20 号胚乳中 DBE 酶活性峰值的出现时间。对照和 HP 处理下新冬 23

号胚乳中的 DBE 酶活性均在花后 7 天最高，之后则呈降—升—降的趋势；LP 处理下胚乳中的 DBE 酶活性呈升—降—升之势，花后 14 天达到最大值且显著高于同期对照和 HP 处理。

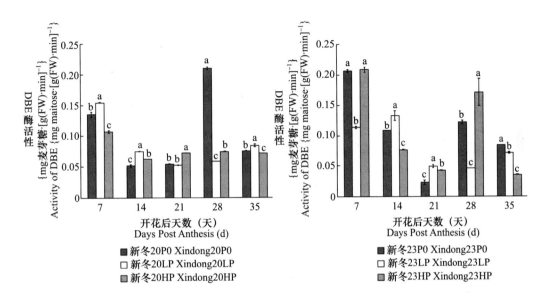

图 5.19 不同磷水平下的小麦胚乳 DBE 酶活性

注：图中 P0 为 P_2O_5 0 千克/公顷；LP 为 P_2O_5 105 千克/公顷；HP 为 P_2O_5 210 千克/公顷。

二、小麦淀粉降解相关酶基因表达与酶活性

（一）淀粉降解相关酶基因的转录

不同磷水平处理下淀粉降解相关酶基因的相对表达量如图 5.20 和图 5.21 所示。小麦籽粒发育过程中 11 个淀粉降解相关酶基因均有表达，其中包括 4 个 α - 淀粉酶基因和 7 个 β - 淀粉酶基因，但在不同磷水平下的表达模式不同。与合成酶基因相似，LP 处理在花后各时期显著提高了淀粉降解酶基因的表达量，而 HP 处理对淀粉降解酶基因表达量的影响主要表现为显著提高或无差异，少数情况下表现为显著降低。此外，淀粉降解相关酶基因的表达峰值主要出现在籽粒灌浆的中后期。

新冬 20 号的淀粉降解相关酶基因在不同磷水平下表达模式有所差异（见图 5.20）。*amy* I 基因的表达量在 LP 处理下显著提高，且花后 21 天出现表达高峰，但在 HP 处理下则显著降低。LP 处理下各时期 *amy* II 的表达水平显著高于对照和 HP 处理，但对照与 HP 处理之间无显著差异。*amy* III 在对照和 LP 处理下的各时期表达量都较高，但在 HP 处理下表达量很低，且显著低于对照和 LP 处理。各处理下 *amy* IV 的表达模式相似，基本都呈双峰分布，且 LP 处理在花后 28 天极大地提高了其表达量。不同磷水平下 7 个 *bam* 基因的表达模式不尽相同，但都在 LP 处理下表达量最高。磷处理下 *bam* I 和 *bam* II 的表达量分别在花后 28 天和 7 天远高于其他时期。*bam* III 与 *bam* V 在磷处理下的表达模式很相似，但

在对照条件下二者的表达量都很低。各处理下不同时期的 *bam*Ⅳ表达量差别很大，在花后
7 天和 14 天表达量很低，之后有所提高。*bam*Ⅵ和 *bam*Ⅶ的表达模式很相似，各处理下基
本都呈先升后降的趋势，LP 处理下都在花后 21 天达到峰值。HP 处理显著降低了 *bam*Ⅵ
的表达量，但却显著提高了 *bam*Ⅶ的表达量。

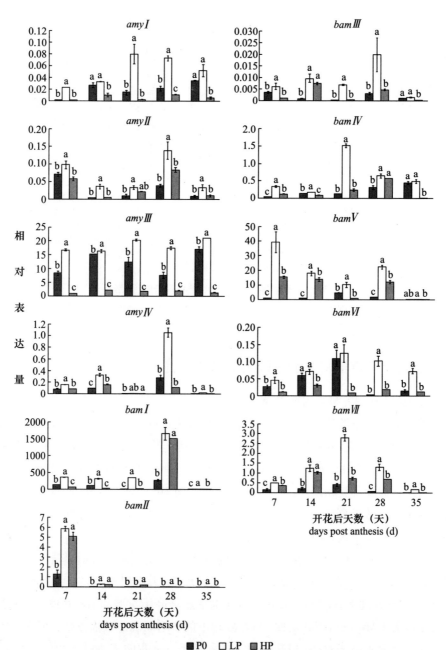

图 5.20　不同施磷水平对新冬 20 号籽粒发育过程中淀粉降解相关酶基因表达

注：图中数据为 3 次重复的平均值 ± 标准误，图上的字母代表 5% 显著水平下的显著性。以小麦 *actin* 基因（NCBI
DN551593）作为内参基因。P0 为 P_2O_5 0 千克/公顷；LP 为 P_2O_5 105 千克/公顷；HP 为 P_2O_5 210 千克/公顷。

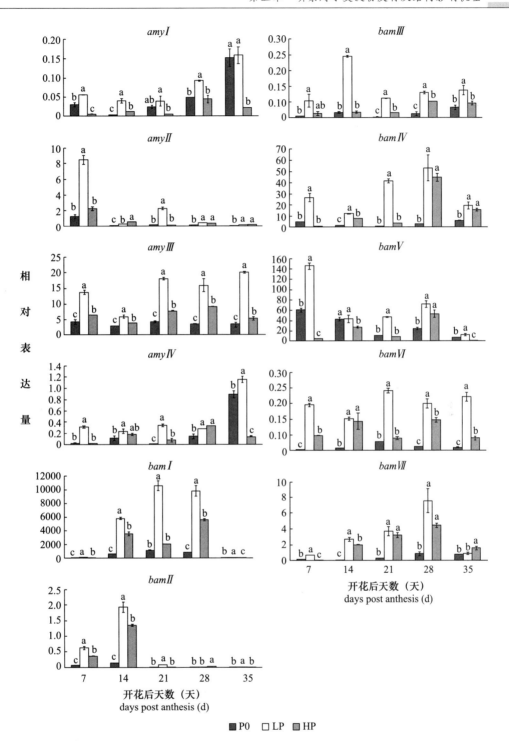

图 5.21 不同施磷水平对新冬 23 号籽粒发育过程中淀粉降解相关酶基因表达

注：图中数据为 3 次重复的平均值 ± 标准误差，图上的字母代表 5% 显著水平下的显著性。以小麦 *actin* 基因（NCBI DN551593）作为内参基因。P0 为 P_2O_5 0 千克/公顷；LP 为 P_2O_5 105 千克/公顷；HP 为 P_2O_5 210 千克/公顷。

新冬 23 号的淀粉降解相关酶基因在不同磷水平下表达模式也有所不同（见图 5.21）。在 4 个 α - 淀粉酶基因中，amy I 和 amy IV 在不同磷水平下的表达模式相似，都在籽粒发育前期和中期表达量较低，在灌浆末期表达量急剧升高。amy II 的表达模式则相反，3 个磷水平下都在花后 7 天表达量最高。在 4 个 α - 淀粉酶基因中 amy III 表达量最高，HP 和 LP 处理下的表达模式基本都呈先下降后上升的趋势，LP 处理下花后 35 天达到表达峰值，而对照条件下的表达量在各时期变化不大。HP 和 LP 处理下 bam I、bam II、bam IV 和 bam VII 的表达模式相似，基本都呈先上升后下降的趋势，LP 处理下 bam I 和 bam II 分别在花后 21 天和 14 天表达量最高，bam IV 和 bam VII 都在花后 28 天表达量最高，而对照条件下这 4 个基因的表达量都很低。LP 处理下 bam III 的表达峰值出现在花后 14 天，而对照和 HP 条件下其表达量都比较低。bam V 在对照和 LP 处理下的表达模式相同，都在花后 7 天表达量最高，而 HP 处理下则是花后 28 天表达量最高。对照条件下 bam VI 的表达量很低，而 HP 和 LP 处理下表达较为丰富，且 LP 处理下花后 21 天表达量最高。

（二）淀粉降解相关酶的活性

籽粒胚乳发育过程中的淀粉降解酶主要是 α - 淀粉酶和 β - 淀粉酶，这两种酶的活性与施磷量和籽粒发育时期有关，且 β - 淀粉酶活性远高于 α - 淀粉酶（见图 5.22 和图 5.23）。

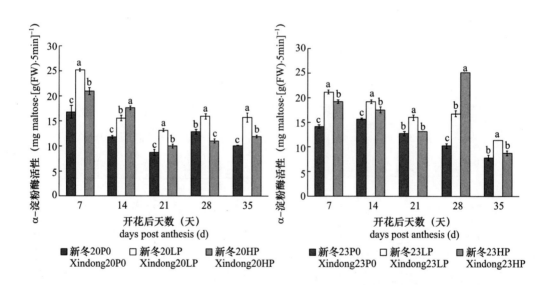

图 5.22　不同磷水平下的小麦胚乳 α - 淀粉酶活性

注：图中 P0 为 P_2O_5 0 千克/公顷；LP 为 P_2O_5 105 千克/公顷；HP 为 P_2O_5 210 千克/公顷。

新冬 20 号小麦胚乳 α - 淀粉酶活性在花后 7~14 天有所下降，之后则变化不大，而新冬 23 号的 α - 淀粉酶活性则随籽粒发育逐渐下降，仅在磷水平下的花后 28 天突然升高（见图 5.22）。LP 处理在花后各时期显著提高了两品种胚乳中的 α - 淀粉酶活性，而 HP 处理在花后 7 天、14 天、21 天和 35 天显著提高了新冬 20 号籽粒胚乳中的 α - 淀粉酶活性，在花后 7 天、14 天和 28 天时也显著提高了新冬 23 号籽粒胚乳中的 α - 淀粉酶活性。

　　两品种籽粒胚乳中 β - 淀粉酶的活性随籽粒发育均呈先升后降的趋势，在花后 28 天活性最高（见图 5.23）。花后 7 天各处理下的籽粒胚乳 β - 淀粉酶活性差异很小，之后随着籽粒的发育，LP 处理显著提高了胚乳中 β - 淀粉酶的活性，且 HP 处理在花后 21 天和28 天显著提高了新冬 20 号胚乳中 β - 淀粉酶的活性，在花后 14 天和 21 天也显著提高了新冬 23 号胚乳中 β - 淀粉酶的活性。

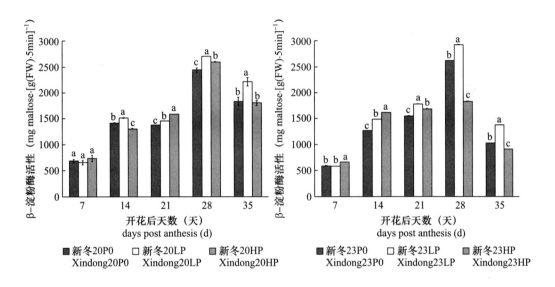

图 5.23　不同磷水平下的小麦胚乳 β - 淀粉酶活性

　　注：图中 P0 为 P_2O_5 0 千克/公顷；LP 为 P_2O_5 105 千克/公顷；HP 为 P_2O_5 210 千克/公顷。

三、小麦淀粉分解酶基因 *amy*Ⅳ、*bam*Ⅰ和 *bam*Ⅴ时空定位

　　为探究不同施磷水平下小麦淀粉粒微通道结构变化和淀粉降解酶基因的表达部位之间的关系，本书利用显色原位杂交技术对降解酶基因 *amy*Ⅳ、*bam*Ⅰ和 *bam*Ⅴ进行了空间定位（见图 5.24 到图 5.29）。籽粒横切面的 I_2 - KI 染色结果（见图 5.6 和图 5.7）表明小麦籽粒腹沟处的空腔是其固有特征，不是切片时的机械破损。花后 7 天时 *amy*Ⅳ、*bam*Ⅰ和 *bam*Ⅴ基因的杂交信号同时出现在果种皮和早期胚乳中，表明这 3 个基因在早期籽粒的果种皮和胚乳中都有表达（见图 5.24 到图 5.29 中的 A、F、K）。之后随着籽粒的发育，果种皮已变得很薄并贴合在糊粉层外，杂交信号则出现在整个胚乳中，表明这 3 个基因主要在胚乳中表达。到了籽粒发育的后期（花后 28 天和 35 天，见图 5.24 到图 5.29 中的 D、I、N、E、J、O），出现了胚乳边缘杂交信号强于胚乳中部的现象，表明籽粒发育后期 *amy*Ⅳ、*bam*Ⅰ和 *bam*Ⅴ基因主要在胚乳边缘表达。对比两品种各处理下的原位杂交结果，可以发现这一现象在磷水平特别是在新冬 20 号的 LP 处理下（见图 5.24 到图 5.26 中的 I、J）表现得远比对照条件下（见图 5.24 到图 5.26 中的 D、E）明显：胚乳边缘杂交信号极强，胚乳中部杂交信号极弱或几乎没有。在新冬 23 号 *bam*Ⅴ的杂交结果（见图 5.29）中，这一现象也有出现，但对照与磷水平之间差别不大。该结果表明，磷处理可以促进淀

粉酶基因在籽粒胚乳的边缘表达，且这一现象在 LP 处理下更明显。品种间比较则表明磷处理的这一效应存在品种差异，在新冬 20 号上表现更加明显。

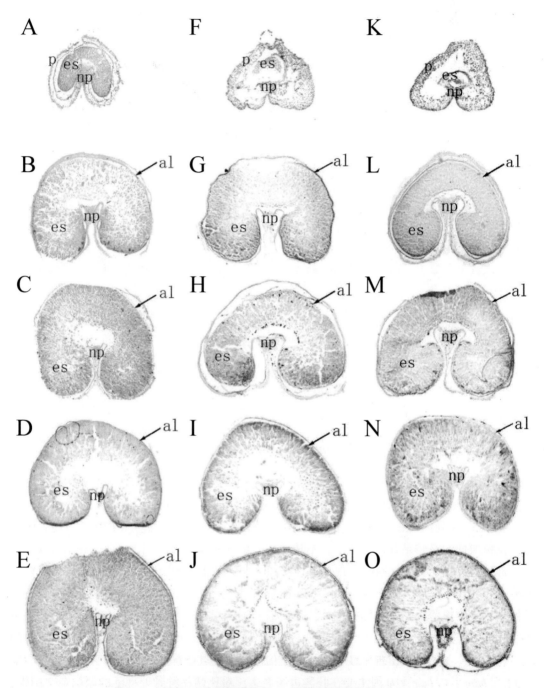

图 5.24　新冬 20 号籽粒横切面 *amy* Ⅳ 基因的原位杂交（25×）

注：P0（A～E）、LP（F～J）和 HP（K～O）处理下 7 天（A、F、K）、14 天（B、G、L）、21 天（C、H、M）、28 天（D、I、N）和 35 天（E、J、O）籽粒横截面石蜡切片的杂交部位呈现红棕色的杂交信号。al 为糊粉层；es 为胚乳；np 为珠心突起；p 为果种皮。P0 为 P_2O_5 0 千克/公顷；LP 为 P_2O_5 105 千克/公顷；HP 为 P_2O_5 210 千克/公顷。切片厚度≤20 微米。

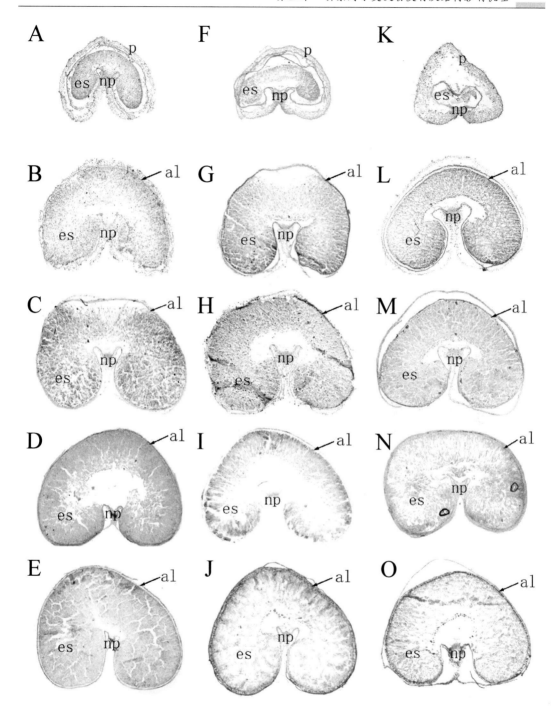

图 5.25　新冬 20 号籽粒横切面 *bam I* 基因的原位杂交（25×）

注：P0（A～E）、LP（F～J）和 HP（K～O）处理下 7 天（A、F、K）、14 天（B、G、L）、21 天（C、H、M）、28 天（D、I、N）和 35 天（E、J、O）籽粒横截面石蜡切片的杂交部位呈现红棕色的杂交信号。al 为糊粉层；es 为胚乳；np 为珠心突起；p 为果种皮。P0 为 P_2O_5 0 千克/公顷；LP 为 P_2O_5 105 千克/公顷；HP 为 P_2O_5 210 千克/公顷。切片厚度≤20 微米。

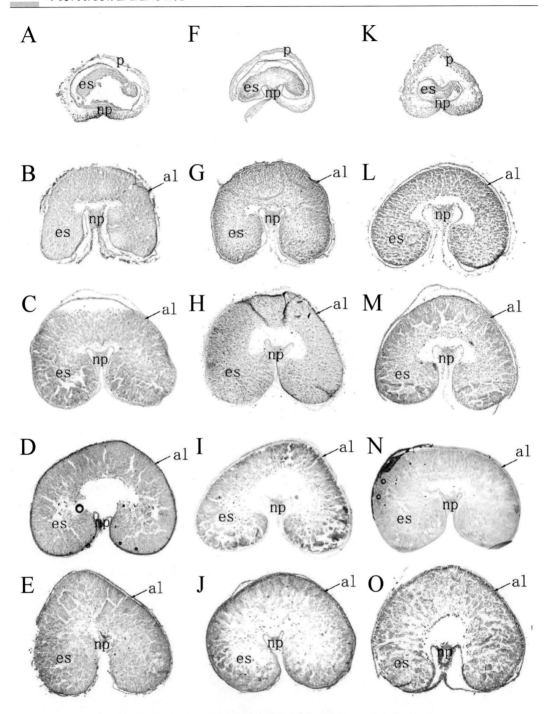

图 5.26　新冬 20 号籽粒横切面 *bam V* 基因的原位杂交（25×）

注：P0（A～E）、LP（F～J）和 HP（K～O）处理下 7 天（A、F、K）、14 天（B、G、L）、21 天（C、H、M）、28 天（D、I、N）和 35 天（E、J、O）籽粒横截面石蜡切片的杂交部位呈现红棕色的杂交信号。al 为糊粉层；es 为胚乳；np 为珠心突起；p 为果种皮。P0 为 P₂O₅ 0 千克/公顷；LP 为 P₂O₅ 105 千克/公顷；HP 为 P₂O₅ 210 千克/公顷。切片厚度≤20 微米。

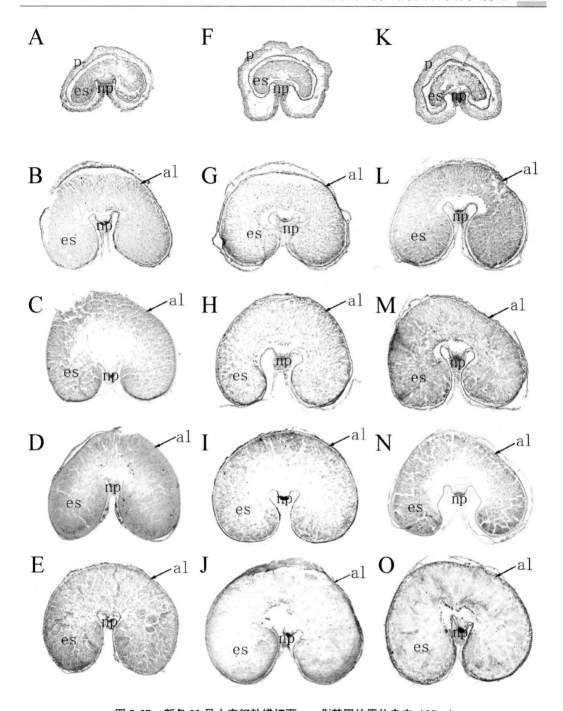

图 5.27　新冬 23 号小麦籽粒横切面 *amy* Ⅳ 基因的原位杂交（25×）

注：P0（A~E）、LP（F~J）和 HP（K~O）处理下 7 天（A、F、K）、14 天（B、G、L）、21 天（C、H、M）、28 天（D、I、N）和 35 天（E、J、O）籽粒横截面石蜡切片的杂交部位呈现红棕色的杂交信号。al 为糊粉层；es 为胚乳；np 为珠心突起；p 为果种皮。P0 为 P_2O_5 0 千克/公顷；LP 为 P_2O_5 105 千克/公顷；HP 为 P_2O_5 210 千克/公顷。切片厚度 ≤20 微米。

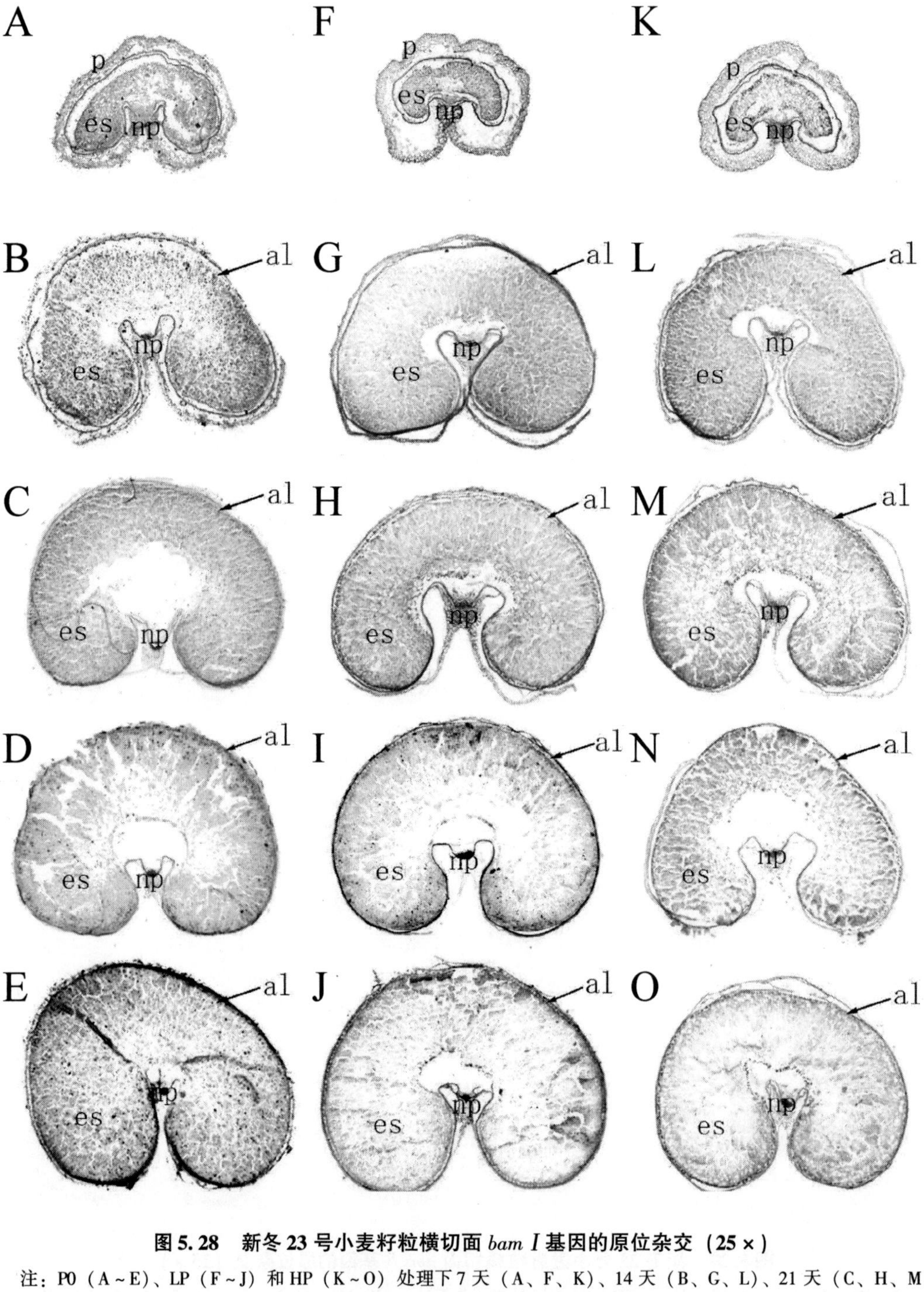

图 5.28　新冬 23 号小麦籽粒横切面 *bam I* 基因的原位杂交（25×）

注：P0（A~E）、LP（F~J）和 HP（K~O）处理下 7 天（A、F、K）、14 天（B、G、L）、21 天（C、H、M）、28 天（D、I、N）和 35 天（E、J、O）籽粒横截面石蜡切片的杂交部位呈现红棕色的杂交信号。al 为糊粉层；es 为胚乳；np 为珠心突起；p 果种皮。P0 为 P₂O₅ 0 千克/公顷；LP 为 P₂O₅ 105 千克/公顷；HP 为 P₂O₅ 210 千克/公顷。切片厚度≤20 微米。

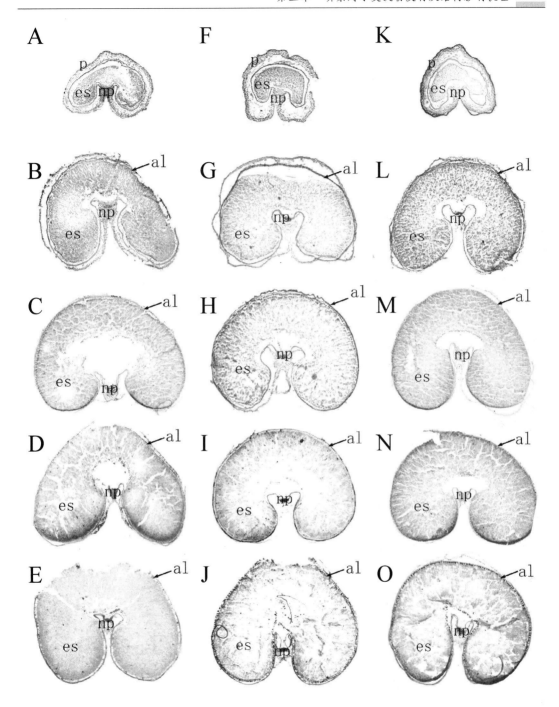

图 5.29　新冬 23 号小麦籽粒横切面 *bam V* 基因的原位杂交（25×）

注：P0（A～E）、LP（F～J）和 HP（K～O）处理下 7 天（A、F、K）、14 天（B、G、L）、21 天（C、H、M）、28 天（D、I、N）和 35 天（E、J、O）籽粒横截面石蜡切片的杂交部位呈现红棕色的杂交信号。al 为糊粉层；es 为胚乳；np 为珠心突起；p 为果种皮。P0 为 P_2O_5 0 千克/公顷；LP 为 P_2O_5 105 千克/公顷；HP 为 P_2O_5 210 千克/公顷。切片厚度≤20 微米。

第五节　磷素对小麦淀粉发育及结构影响机制

一、不同施磷水平下小麦胚乳微观特性变化

如图 5.30 所示，花后 21 天，甲苯胺蓝染色显示对照和高磷水平下胚乳中被染色的细胞核（见图 5.30 中箭头）数量多于低磷水平。低磷和高磷水平下甲苯胺蓝着色较深。低磷水平下小麦胚乳中可以观察到很明显的颗粒状淀粉粒，而相同放大倍数下，对照和高磷水平下的淀粉粒则较不明显。对照籽粒断面细胞排列紧密，胚乳外层栅栏状细胞与内层胚乳细胞结合紧密，二者分层不明显（见图 5.30A）；低磷和高磷水平下胚乳外部栅栏状细胞形态明显，细胞排列较松散，与内胚乳细胞结合不紧密，二者分层明显（见图 5.30 中的 B 和 C），而低磷比高磷水平下此现象更明显。

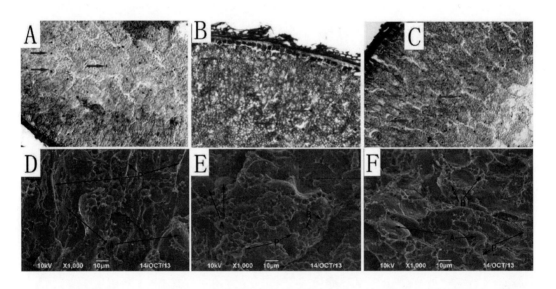

图 5.30　不同磷水平下小麦花后 21 天籽粒横切面甲苯胺蓝染色（130×）和扫描电镜图（1000×）

扫描电镜图片显示，不同磷水平下胚乳淀粉粒形态未发生明显变化，淀粉粒均镶嵌在蛋白基质当中。低磷水平下蛋白基质较少，主要存在于淀粉粒之间，部分附着在淀粉粒表面，淀粉粒与蛋白质结合较疏松（见图 5.30E）；而对照和高磷水平的蛋白质基质很多，形成完整的蛋白质包被鞘，淀粉粒深陷在包被中，淀粉粒和蛋白质结合较紧密（见图 5.30 中的 D 和 F），其中高磷水平下的此现象更明显。

二、不同施磷水平下小麦淀粉结合和可溶蛋白变化

本研究采用煮沸法提取了小麦淀粉粒结合蛋白，通过 SDS - PAGE 检测，不同磷水平下各时期蛋白谱无明显差异（图片未显示），均呈 5 条主要的谱带，且分子量都大于

60KD，分别对应 SGP – A1、SGP – B1、SGP – D1、SGP – 2、SGP – 3 和 Waxy 蛋白（Yamamori and Endo，1996）。然而花后 35 天时淀粉粒结合蛋白的含量以高磷水平下最高，胚乳可溶性蛋白也以高磷水平下花后 28～35 天的表达量最高，此结果与扫描电镜观察籽粒横切面的蛋白基质状态一致。表明施磷水平对小麦籽粒淀粉和蛋白质的合成均有重要影响，而与淀粉合成相关的酶类 AGPase、GBSS 等又可促进淀粉的合成，其中可能包括淀粉粒通道蛋白。

前人研究表明，甲苯胺蓝染色小麦淀粉粒结果的深浅与支链淀粉的精细结构和淀粉粒的晶体结构有关。支链淀粉分支链较短（Yoo and Jane，2002），分支化程度高（Yoo and Jane，2002；李春燕等，2007），淀粉粒结构片层密度较低（Jane et al.，1999），可能使得甲苯胺蓝分子容易进入淀粉粒内部结合蛋白质（Svihus et al.，2005）和带负电荷的磷酸酯（Baldwin，2015）将小麦淀粉染成蓝色。本书中，相对低磷和高磷水平对照处理下甲苯胺蓝染色较浅。花后 21 天，不同磷水平下新冬 20 号支链淀粉结构中 A 链的比例为 HP > LP > CK，淀粉粒的结晶度为 CK > HP > LP（付凯勇等，2015），表明施磷处理导致淀粉粒结构松散。此外，石河子大学农学院冬小麦课题组通过激光共聚焦显微镜发现，低磷和高磷处理下的淀粉粒内部的微通道结构发生了变化（Zhang et al.，2017）；HP 和 LP 处理下淀粉粒直径显著小于对照，小淀粉粒的比表面积大于大淀粉粒，可以结合更多的蛋白，基于此 HP 和 LP 处理下甲苯胺蓝染色较 CK 颜色深。因此，通过甲苯胺蓝染色淀粉粒可以在一定程度上推测淀粉粒内部的结构。

表 5.8 表明，花后 14 天高磷水平下淀粉粒结合蛋白含量显著高于对照和低磷水平；花后 21 天低磷水平下结合蛋白含量显著高于对照和高磷水平；花后 28 天对照的含量显著高于施磷水平；花后 35 天高磷水平的含量最高。SDS 凝胶电泳显示淀粉粒结合蛋白的谱带类型并未发生变化（图片未显示）。

表 5.8　小麦颗粒型淀粉结合蛋白含量　　　单位：$\times 10^{-3}$ 微克/毫克

处理	开花后天数（天）			
	14	21	28	35
CK	14.03 ± 0.28b	11.76 ± 0.24b	16.38 ± 0.04a	16.55 ± 0.53b
LP	11.87 ± 0.73c	16.84 ± 0.37a	13.51 ± 0.69b	16.72 ± 0.69b
HP	17.38 ± 0.01a	12.39 ± 1.14b	12.51 ± 0.41b	17.18 ± 0.28a

注：表中 P0 为 P_2O_5 0 千克/公顷；LP 为 P_2O_5 105 千克/公顷；HP 为 P_2O_5 210 千克/公顷。表中数值为平均值 ± 标准误差。

小麦中 AGPase 酶主要存在于胚乳可溶性部分中，该酶是由两个大亚基和两个小亚基组成的异源四聚体。两个大亚基分子量在 55～60KD，两个小亚基分子量在 50～55KD，大亚基是酶活性的调节中心，而小亚基是酶活性的催化中心（Johnson et al.，2003）。将已提取的胚乳可溶性蛋白用于聚丙烯酰氨凝胶电泳分析，经过浓缩分离出的条带其分子量均小于 72KDA，其中两条分子质量在 60KDA 左右，另外 3 条清晰的条带分别出现在 26～

43KDA、34～26KDA、17KDA 左右。推测分子量在 72～55KDA 的蛋白可能和 AGPase 酶有关（见图 5.31）。施磷水平下，花后 7 天胚乳可溶性蛋白条带的表达量均明显弱于对照。花后 35 天，3 种处理中分子量在 26～34KDA 之间的条带（箭头）均较其他时期明显。

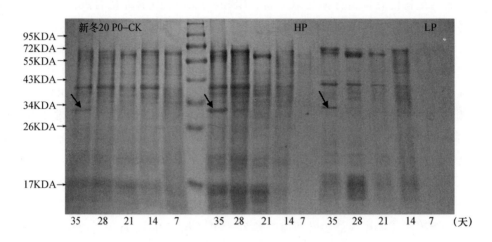

图 5.31　不同施磷水平下小麦胚乳可溶性蛋白

注：图中 P0 为 P_2O_5 0 千克/公顷；LP 为 P_2O_5 105 千克/公顷；HP 为 P_2O_5 210 千克/公顷。

三、磷素对小麦淀粉形态和性质的影响

磷元素存在于磷脂与核蛋白中，而磷脂与核蛋白是细胞原生质和细胞核的重要组成部分。碳水化合物的降解、合成与转运都需要磷酸的直接参与，因此，磷素对植物种子的形成与发育、种子的饱满度、块茎和块根中淀粉的合成与积累等都起着重要的促进作用（周德超，1983）。作物成熟时，存在于茎、叶中的磷可以向种子中运输，提供丰富的磷素营养以促进作物的开花和成熟，因此施加磷肥可以促进作物的早熟（鲁如坤，1980）。施磷提高小麦产量的效应已得到广泛验证，如岳寿松（1994）和李建民（2000）等。他们研究得出，在缺磷土壤上施用磷酸二铵，结果显著提高了小麦的产量，并且产量随着施磷量的增加而增加，另外，土壤速效磷含量越低，施磷的增产效果也就越显著。姜宗庆等（2006b）的研究则表明，磷肥的施用量对小麦的增产并不是越多越好，过量施磷会使籽粒产量呈下降趋势。Zhu 等（2012）的研究也表明，施磷水平较低时，籽粒产量会随着施磷量的增加而迅速提高，但过量施磷时籽粒产量不仅不再增加，甚至还会有所下降。施磷通过影响产量构成三要素即穗数、穗粒数和千粒重来提高小麦的产量。前人研究认为，在一定范围内增施磷肥能够显著增加每公顷小麦的穗数、穗粒数和千粒重，特别是在土壤磷含量较低的条件下施磷，能促进小麦的分蘖进而提高成穗率，但过量施磷则有使千粒重降低的趋势（王旭东和于振文，2003；宋勤璟等，2017）。本研究中磷处理下籽粒的成熟和干燥早于对照，且体积和粒重也大于对照，同时结合石蜡切片的 I_2 - KI 染色结果表明，磷处理促进了籽粒的发育、成熟和干物质的积累，这与前人研究结果是一致的。

　　施磷有利于淀粉的合成与积累，适量施磷可以显著提高籽粒直链淀粉、支链淀粉和总淀粉的积累量以及积累速率，但由于磷水平同时提高了粒重，也促进了蛋白质的合成与积累，因此反而相对降低了籽粒中的淀粉含量（王旭东，2003；姜宗庆等，2006c）。与此不同，Ni 等（2011）的研究表明，磷处理可以显著提高成熟籽粒中总淀粉、支链淀粉和直链淀粉的含量，同时降低直支比。然而，与籽粒产量方面的研究类似，前人研究亦表明，过量施磷会抑制淀粉的积累（王旭东，2003；姜宗庆等，2006c；朱薇，2009；陈静，2010）。本研究中，磷处理显著提高了籽粒的直链淀粉、支链淀粉和总淀粉含量，这与 Ni 等（2011）的研究结果一致，但两品种成熟期的籽粒淀粉含量均以 LP 处理下最高，这表明过量施磷不利于淀粉含量的增加。结合前人研究结果，表明磷处理对淀粉的合成与积累有着显著的促进作用，淀粉本身的物质量会随施磷量的增加而增加，但施磷量超过一定范围，淀粉本身的积累量虽会继续提高，但积累速率会明显降低，因此，超过一定范围后继续施磷会造成磷素利用率的降低，所带来的产量收益会低于磷肥成本的投入，所以农业生产中不应一味地增加磷肥施用量，适量施磷不仅可以提高磷肥利用率和作物产量，同时还能减少环境问题与经济损失。

　　向土壤中施加的磷肥只有一小部分被植物吸收利用，对于小麦来说，当年施用的磷肥利用率只有 5% ~ 10%，其余大多数被固定在土壤中或通过各种方式流失掉了（Ma et al.，2005）。Zhu 等（2012）的研究表明，适宜的磷肥施用量不仅可以获得最高的籽粒产量，同时也能达到最高的磷素农业利用率。土壤磷含量的提高也会造成小麦植株内磷含量的提高，但对籽粒中的磷含量影响较小（王树亮等，2008），这与本研究的结果是一致的。植株内磷含量的提高在一定程度上会造成磷素利用效率的下降（王树亮等，2008），综上，适量施磷是提高磷素利用效率的有效措施。除此之外，为了解决磷素利用效率低下的问题，前人提出还可以通过育种手段培育磷高效利用品种。通过数量性状位点（QTL）分析和全基因组关联分析，现有不少与磷高效利用或低磷耐受性有关的基因已被定位，包括有关信号传导、激素代谢等方面的基因。此外，某些微生物对植物的磷素利用效率也有一定的促进作用（Van et al.，2016）。

　　胚乳是小麦淀粉合成和贮藏的主要部位，成熟胚乳中 A 型淀粉粒和 B 型淀粉粒呈双峰分布（Evers，1971）。Parker（1985）研究表明，小麦胚乳中 A 型淀粉粒在花后 4 ~ 14 天形成，B 型淀粉粒是从 A 型淀粉粒的造粉体的突起物上以出芽方式发育而来，其形成时间是花后 14 天直到籽粒成熟。本书中，通过扫描电镜和光学显微镜下观察淀粉粒，发现不同磷水平下的淀粉粒形态并没有显著差异，但分析各时期淀粉粒的粒径分布可以发现不同磷水平对小麦 A 型、B 型淀粉粒的比例（以数量计）产生了显著影响，且在各时期有所不同，表明磷处理影响了小麦 A 型淀粉粒和 B 型淀粉粒发育的进程。前人在此方面的研究结果表明，磷处理可以显著提高成熟籽粒中 B 型淀粉粒的比例（以体积和表面积计），同时降低 A 型淀粉粒的比例（Ni et al.，2011）。本书中，磷处理对成熟期淀粉粒径分布的影响存在品种差异，显著提高了新冬 20 号成熟期的 B 型淀粉粒比例，同时降低了 A 型淀粉粒的比例，但对新冬 23 号成熟期淀粉粒径分布的影响则与新冬 20 号相反。磷处理影响淀粉粒的发育进程，由此对淀粉分子的合成也有一定影响，造成淀粉分子结构特征的变化。本书研究结果表明，除粒径分布外，磷处理对支链淀粉的链长分布也产生了影响，增加了支链淀粉 B 链段的比例，同时降低了 A 链段的比例，这表明磷处理下籽粒支链淀粉糖的外侧链较短，对长链的空间影响作用力较小，长链的运动性较强，有利于相互靠拢形成双螺旋结构。

淀粉粒发育进程的变化可能会影响其微观结构。淀粉粒表面的微孔和微通道是其固有的微观结构特征，前人通过激光共聚焦显微镜和扫描电镜观察发现 A 型淀粉粒、B 型淀粉粒上的微孔和微通道有所差异，并且认为微孔通过微通道连通淀粉粒内部的空腔（Fannon et al.，1993；Huber and Bemiller，1997）。外界因素（高温、干旱）也会改变小麦淀粉粒微通道的大小和数量。本书研究中扫描电镜的观察结果表明，与对照和 HP 相比，在 LP 处理下的成熟淀粉粒表面和赤道凹槽部位更容易观察到微孔。为进一步验证磷处理对淀粉粒微通道的影响，将淀粉粒分别使用蛋白酶 XIV 和蛋白酶 K 处理，然后使用汞溴红或 CBQCA 染色，通过激光共聚焦显微镜观察，结果发现磷处理下的淀粉粒经汞溴红染色后出现了更多的荧光，表明汞溴红渗透进入了淀粉粒的微通道及其连接的空腔；CBQCA 染色的结果与此类似，磷处理下的淀粉粒上有更多被特异性标记的通道状结构，表明淀粉粒的微通道结构有所增加。以上结果表明磷处理引起了淀粉粒内部微通道结构的变化。

淀粉粒上的微孔和微通道可以促进酶、水等物质进入淀粉粒内部（Benmoussa et al.，2006），而这种效应可以通过淀粉粒酶解效率的提高而体现出来（Li et al.，2015）。本研究中，磷水平下的淀粉粒经 α – 淀粉酶和淀粉葡萄糖苷酶酶解后产生了更多的还原糖，进一步表明磷处理增加了淀粉的微通道结构，从而促进了染料和探针进入淀粉粒内部与淀粉粒结合，并且这种微观结构的变化增加了淀粉粒可供酶解反应的面积，从而有利于酶对淀粉粒的水解。除了酶解特性的改变外，磷处理也对淀粉的热特性产生了影响，提高了新冬 23 号淀粉粒的起始糊化温度、峰值糊化温度、终止糊化温度和热熔值。

支链淀粉的链长分布以及 A 型淀粉粒、B 型淀粉粒的比例和直支链淀粉比例都对淀粉的品质特性特别是糊化特性有显著的影响。DP6 – 11 的支链与相对结晶度呈极显著负相关，而 DP28 – 34 的支链与糊化温度呈极显著负相关（贺晓鹏等，2010）；除崩解值外，长 B 链（DP≥65.8）与黏度各特征值（峰值黏度、低谷黏度、最终黏度、反弹值、峰值时间）均呈极显著正相关（李春燕等，2007）。B 型淀粉粒数目、体积和表面积比例与峰值黏度和稀懈值显著正相关（顾锋等，2010）。姚素梅等（2015）的研究表明，喷灌降低了直支链淀粉比例，进而引起了高峰黏度、低谷黏度、稀懈值和最终黏度的升高。本研究中磷水平显著提高了新冬 20 号成熟期的 B 型淀粉粒比例，降低了直支链淀粉之比，也提高了支链淀粉 B1 链和 B2 链的比例。结合以上这些前人研究，这一结果对应了前人关于施磷对淀粉品质影响的研究结果：磷处理可以显著提高淀粉的峰值黏度、低谷黏度、崩解值、最终黏度和反弹值（Li et al.，2013）。这在一定程度上也表明了磷处理下淀粉品质的变化与其支链淀粉的链长分布、A/B 型淀粉粒比例、直支链淀粉之比的变化有关。另外，DSC 法测定的淀粉热力学参数也能在一定程度上反映淀粉的糊化特性，本书研究中磷处理下新冬 23 号淀粉热力学参数的提高在一定程度上也对应了其糊化特征值的提高（Li et al.，2013）。

四、磷素影响小麦淀粉形态和性质的生理机制

磷素处理影响小麦淀粉表观特征和反应特性的具体生理机制目前尚不清楚，本书对此进行了进一步的探讨。淀粉合成酶基因控制淀粉的生物合成是通过编码淀粉合成酶进行的，三者之间存在密切的对应关系。如某基因发生突变或缺失，由其编码合成的淀粉合成酶活性就会相应降低或丧失，控制合成的淀粉量也会相应减少（Shannon et al.，1998）。前人研究表明，*gbss I* 可能在转录水平和转录后水平上调节淀粉的合成（Mccue et al.，2002）。在小麦胚乳中，AGPase 的 mRNA 与其酶自身的积累相一致（Reeves et al.，1986），由于其在作物胚乳中对无机磷酸和 3 - PGA 并不敏感（Gómez - Casati and Iglesias，2002），表明它可能受转录水平的调节。Wang 等（2011）的研究表明，直链淀粉、支链淀粉和总淀粉的积累速率与 SBE、SSS 和 GBSS 酶活性显著正相关，该研究同时对基因表达量进行了测定，认为 *ss*、*sbe* 和 *dbe* 可能在转录水平上调节淀粉的合成，而 *gbss* 则可能是在转录后水平上对淀粉的合成进行调控。与他们的研究类似，谭彩霞等（2010）的研究也表明，AGPase、SSS、SBE 和 GBSS 的活性与直链淀粉、支链淀粉和总淀粉积累速率均呈极显著的正相关关系。SSS、AGPase 和 SBE 基因对应的酶活性在花后 15 天与其基因表达量之间也呈极显著正相关，而 GBSS 酶活性与 GBSS 基因的相对表达量间未检测到相关关系。这表明 SSS、AGPase 和 SBE 在淀粉的生物合成过程中可能属于转录水平调控，而 GBSS 可能属于转录后调控。本书中，LP 水平显著提高了淀粉合成相关酶基因的表达量，而 HP 水平下则主要表现为显著提高或与对照无差异，这表明适量施磷有利于淀粉合成相关酶基因的表达，而过量施磷则会抑制该效应，这与本研究中淀粉含量的增加是一致的，同时 HP 和 LP 水平下成熟籽粒中淀粉含量的差异也对应了不同磷水平下淀粉合成相关酶基因表达量的不同。此外，本书研究还发现，不同磷水平下淀粉合成相关酶基因的表达模式有所差异，可能因此影响了淀粉粒的发育进程，造成了各时期磷处理下淀粉粒粒径分布的变化。

淀粉在多种酶的协同作用下进行合成。光合器官中合成的蔗糖转运到籽粒中，先由 SS 将其降解为尿苷二磷酸葡萄糖（UDPG）和果糖，然后由尿苷二磷酸葡萄糖焦磷酸化酶（UGPase）将 UDPG 转化为 G - 1 - P，为淀粉合成提供底物（Keeling et al.，1988）。因此，SS 活性的高低直接制约着蔗糖转化为淀粉的效率（潘庆民等，2002），其活性反映了籽粒中淀粉合成底物供应能力的强弱。G - 1 - P 在 AGPase 的作用下转化为腺苷二磷酸葡萄糖（ADPG），进而在颗粒淀粉合成酶（GBSS）和可溶性淀粉合成酶（SSS）的作用下延长淀粉链，同时由 SBE 裂解 α - 1，4 糖苷键，转移断裂的链，然后通过其还原末端将其连接到 C6 羟基上，从而产生 α - 1，6 糖苷键，形成支链淀粉的分支结构，产生分支的同时还要用 DBE 去除多余的 α - 1，6 糖苷键，使支链淀粉的结构变得规整（Kalinga et al.，2014），最终在这些酶的作用下形成直链淀粉和支链淀粉（Rahman et al.，2000）。前人研究表明，施磷有利于提高籽粒 SS 和 SBE 的活性。本书中施磷提高了新冬 20 号胚乳 SS 活性和酶活高峰期的 SBE 活性，提前了 DBE 活性峰值的出现时间；对于新冬 23 号则是显著提高了灌浆中期的 SS 和 DBE 活性，降低了灌浆中后期的 SBE 活性，表明磷处理

促进了淀粉合成原料蔗糖的降解，为淀粉合成提供了充足的原料，从而有利于淀粉的合成与积累。由于 SBE 和 DBE 都与支链淀粉分支结构的形成密切相关，因此磷处理下其活性的变化必然引起支链淀粉精细结构的变化，对应了本书研究结果中支链淀粉 B 链段的增加和 A 链段的减少。

淀粉合成与降解酶活性的变化不仅影响淀粉含量和淀粉分子结构，对于淀粉粒的微观结构可能也有一定影响。微孔和微通道是小麦淀粉粒的固有特征，且 A 型淀粉粒和 B 型淀粉粒微通道结构不同，其中 A 型淀粉粒通道较多，B 型淀粉粒的微通道大部分被蛋白阻塞（Kim and Huber, 2008）。Gray 等（2003）研究发现在玉米微通道中存在蛋白、磷脂、微管物质和微纤维等。Fannon 等（2004）提出假设，在玉米和高粱胚乳的造粉体中存在微管，这些微管以淀粉发生中心（淀粉粒脐点）呈放射状向外与质体被膜相连，淀粉分子逐渐以微管为中心发育形成淀粉粒，最终淀粉粒微通道成为造粉体微管的残体。因此，可以从淀粉粒形态建成的角度解释淀粉粒微通道结构形成变化的原因。Peng 等（2000）提取了小麦淀粉粒的结合蛋白，并通过蛋白质 N 端测序技术和抗体免疫杂交证实小麦中分子量为 150KD 的淀粉粒结合蛋白是淀粉分支酶 SBE 的同工型 SBEIc，该酶与 A 型淀粉粒和 B 型淀粉粒的双向分布有关，主要和 A 型淀粉粒结合。与小麦淀粉粒类似，玉米淀粉粒中也存在微孔和微通道，Benmoussa 等（2010）提取了玉米的通道蛋白，通过 2D 电泳发现多种蛋白组分，包含结构蛋白（类肌动蛋白和类微管蛋白）和一种膜蛋白（腺苷酸转运体，Bt1），以及淀粉合成相关酶类（GBSS 和 AGPase 的两个亚基，Sh1 和 Bt2），结合 Fannon 等（2004）的假设，推断造粉体和淀粉粒的微通道可能有以下作用：①促进淀粉的聚合和淀粉粒的生物合成；②在种子萌发过程中为淀粉的降解提供反应位点（Fannon et al., 1992）。但目前为止，小麦上关于淀粉粒微通道的起源及生物学意义的研究未见报道。本书中，LP 处理下的淀粉粒有更多的荧光，表明淀粉粒微通道的结构可能发生了变化。基于以上推断（Benmoussa et al., 2010），LP 处理下淀粉粒增加的微通道结构可能促进了淀粉分子的聚合和淀粉粒的形成，这与本书研究结果中淀粉含量的增加以及淀粉合成相关酶基因表达量的增强是一致的。

小麦胚乳细胞是由胚乳外缘的分生组织分化而来，因此，较成熟的细胞分布在胚乳的中心部位，而较幼嫩的细胞分布在胚乳的边缘（Bradbury et al., 1956）。本书中，灌浆后期籽粒的 *amy* IV、*bam* I 和 *bam* V 基因的原位杂交结果表明，磷素处理下淀粉酶基因在胚乳外缘的表达量增加，与此相对应的是，本书中通过扫描电镜更容易在 LP 处理下的淀粉粒表面和赤道凹槽部位观察到微孔。通过使用激光共聚焦显微镜观察汞溴红或 CBQCA 染色的淀粉粒，发现 LP 处理下的淀粉粒有更多的荧光，表明淀粉粒内部的微通道结构可能发生了变化。此外，α - 淀粉酶和淀粉葡萄糖苷酶的酶解试验也表明，磷处理下淀粉粒酶解程度较高，也验证了磷处理条件下淀粉粒内部通道结构的变化（可能是数量增多，孔径变大），为酶解处理的淀粉粒提供了更多的降解作用位点（Fannon et al., 1992）。本课题组对高温下小麦淀粉粒进行研究，也发现了淀粉粒表面微孔增多的现象，通过对籽粒发育过程中的 α - 淀粉酶活性进行测定，认为是高温处理下较高的 α - 淀粉酶活性导致了该现象（Li et al., 2017）。本书研究中磷水平不仅提高了 α - 淀粉酶和 β - 淀粉酶基因的表达量，也造成了 α - 淀粉酶和 β - 淀粉酶活性的增强，因此，这两种酶可能在一定程度上也受转录水平的调控。前人研究还证明 α - 淀粉酶活性的增强对籽粒中淀粉的含量及组成并不会造成显著影响（Whan et al.，2014），因此这与本结果中淀粉含量的增加并不矛盾。据此我们推断，磷处理下灌浆后期淀粉降解酶基因表达量的增加和降解酶活性的提高可能造成了淀粉粒微通道结构的变化。

小麦籽粒发育经历了胚乳细胞程序性死亡的过程，最终成熟的种子中所有的胚乳细胞都是死细胞，仅剩糊粉层细胞是活细胞（Young and Gallie，2000）。PCD 的标志之一是细胞基因组 DNA 被降解为小片段。LP 处理下胚乳边缘酶基因表达量较高，表明胚乳外缘的分生组织细胞依然保持着较旺盛的代谢活性，此部位淀粉合成与降解关键酶基因的转录水平更高，因此对 LP 处理下淀粉的合成有促进作用。另外，本结果中磷水平下的种子提前成熟，可能也是造成不同磷水平间淀粉粒微观结构和淀粉酶基因表达差异的原因。因此，要进一步探索磷处理下淀粉粒微观结构的变化及其与淀粉合成的关系，需观察淀粉粒微孔和微通道结构的动态变化。

第六章 磷素对小麦籽粒萌发特性的影响及耐低磷种质筛选

第一节 磷素对小麦籽粒萌发特性的影响

种子收获前的生长条件、发育程度、收获时的气候状况以及收获后的储存环境等因素都会影响种子的萌发特性（王芳等，2007；舒英杰等，2014；任利沙等，2016）。生产中施肥是提高种子产量的重要措施之一。磷是小麦生长发育的必需营养元素之一，为了提高小麦种子产量，磷肥施用量持续增加（鲁如坤，2004），但是，农业生产中过量施用磷肥也带来不容忽视的环境和经济问题。在适宜范围内施用磷肥能增加小麦的产量，同时可改变籽粒中淀粉、蛋白质、脂质等化学组分的含量（姜宗庆等，2006；Li et al.，2013；付凯勇等，2015；Zhan et al.，2015；Altenbach et al.，2016）。在种子萌发过程中，胚乳中的淀粉粒在 α – 淀粉酶和 β – 淀粉酶以及淀粉磷酸化酶的作用下转变成单糖，被胚根和胚芽利用。另外，小麦淀粉中含有的少量磷及其不同的存在形式可能影响淀粉的水解（Absar et al.，2009；Lu et al.，2011），进而影响胚根和胚芽的生长。因此，小麦栽培过程中不同施磷量可能对种子萌发过程中胚的生长潜力和胚乳营养物质的转化有重要影响，但目前关于此方面的研究鲜见报道。本书研究通过观察不同施磷量下收获的小麦种子在萌发过程中胚乳淀粉粒形态变化，比较淀粉酶活力、酸性磷酸酶活性以及胚根、胚芽发育状况，可为制种小麦栽培过程中合理施用磷肥以及小麦种子活力研究提供理论基础。

祖赛超等将不同施磷量下（P0 为 P_2O_5 0 千克/公顷；LP 为 P_2O_5 105 千克/公顷；HP 为 P_2O_5 210 千克/公顷）收获的新冬 20 号和新冬 23 号小麦成熟籽粒进行了发芽试验。发芽条件为 25°C 暗培养。每天用蒸馏水浇灌，保持湿润。两天后于人工气候室光照下培养，光照时间为 16 小时，平均温度 28°C（白天）/16°C（夜间）。

一、不同萌发时期籽粒淀粉粒形态变化

为研究不同磷水平下小麦籽粒成熟后萌发过程中胚乳淀粉粒的变化，本书分别提取了发芽 2 天和 6 天的淀粉粒，通过扫描电镜观察其形态变化。结果表明，3 个处理下新冬 20 号籽粒胚乳中淀粉粒均为大的 A 型淀粉粒和小的 B 型淀粉粒的双向分布（见图 6.1）。发芽 2 天，淀粉粒表面的赤道凹槽部分已经开始出现孔洞，3 个处理间差异不明显（见图

6.1 中的 A、B、C）。发芽 6 天淀粉粒表面已经出现数量众多的明显孔洞，LP 处理下淀粉粒表面孔洞数量明显多于 CK 和 HP（见图 6.1 中的 D、E、F），表明 LP 处理下淀粉降解程度较高，而 CK 和 HP 处理间差异不明显。

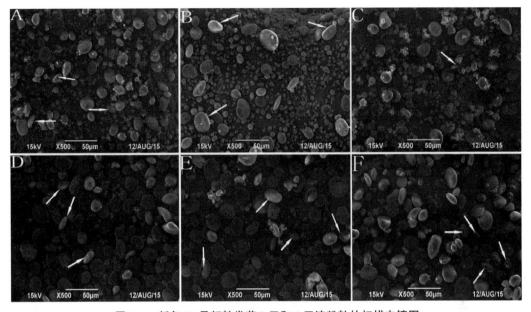

图 6.1　新冬 20 号籽粒发芽 2 天和 6 天淀粉粒的扫描电镜图

注：A、B、C 分别为 CK、LP 和 HP 籽粒发芽后 2 天的淀粉粒照片；D、E、F 分别是 CK、LP 和 HP 籽粒发芽后 6 天的淀粉粒照片。白色箭头指示淀粉粒表面被酶降解的小孔。

与新冬 20 号相似，3 个处理下新冬 23 号籽粒胚乳中淀粉粒也为 A 型淀粉粒和 B 型淀粉粒的双向分布（见图 6.2）。发芽 2 天，淀粉粒表面开始出现孔洞，3 个处理间差异不明显（见图 6.2 中的 G、H、I）。发芽 6 天，淀粉粒表面的孔洞数量明显增多，其中 LP 淀粉粒的降解程度最高，HP 处理次之，CK 的降解程度最低（图 6.2 中的 J、K、L）。

二、不同萌发时期籽粒 α - 淀粉酶和 β - 淀粉酶活性变化

小麦萌发过程中，胚乳淀粉粒主要被糊粉层分泌的 α - 淀粉酶和 β - 淀粉酶降解，转变成单糖，作为胚根和胚芽生长的营养物质。如图 6.3 所示，两个品种不同处理之间萌发过程中籽粒 α - 淀粉酶活性变化趋势有明显差异。新冬 20 号 CK、LP 和 HP 籽粒 α - 淀粉酶活性的峰值分别出现在发芽后 8 天、4 天和 2 天；新冬 23 号 CK、LP 和 HP 籽粒 α - 淀粉酶活性的峰值则分别出现在发芽后 8 天、6 天和 2 天。发芽 2 天和 4 天，新冬 20 号 HP 处理下籽粒 α - 淀粉酶活性均显著高于 CK 和 LP；发芽 6 天，LP 处理下籽粒 α - 淀粉酶活性显著高于 CK 和 HP；发芽 8 天时 CK 的 α - 酶活性最高。对于新冬 23 号，发芽 2 天和 8 天时 CK 处理的籽粒 α - 淀粉酶活性均显著高于 LP 和 HP；发芽 4 天和 6 天时 LP 处理的籽粒 α - 淀粉酶活性均显著高于 CK 和 HP。此结果和图 6.1 中显示的发芽 6 天，淀粉粒表面的降解程度一致。

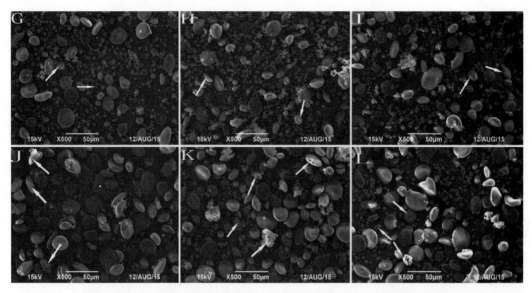

图 6.2   新冬 23 号籽粒发芽 2 天和 6 天淀粉粒的扫描电镜图

注：G、H、I 分别为 CK、LP 和 HP 籽粒发芽后 2 天的淀粉粒照片；J、K、L 分别是 CK、LP 和 HP 籽粒发芽后 6 天的淀粉粒照片。白色箭头指示淀粉粒表面被酶降解的小孔。

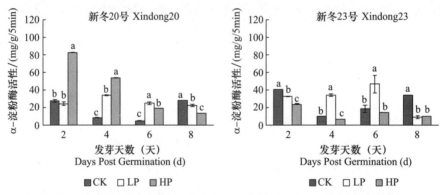

图 6.3   新冬 20 号和新冬 23 号小麦籽粒萌发过程中 α-淀粉酶活性变化

注：图中 a、b、c 表示处理间差异达显著水平（$p < 0.05$，Duncan 法检验）。

如图 6.4 所示，两个品种不同处理之间萌发过程中籽粒 β-淀粉酶活性变化趋势有明显差异。新冬 20 号 CK、LP 和 HP 籽粒 β-淀粉酶活性的峰值分别出现在发芽 6 天、2 天和 8 天；新冬 23 号 CK、LP 和 HP 籽粒 β-淀粉酶活性的峰值则分别出现在发芽 6 天、2 天和 2 天。发芽 2 天，新冬 20 号 LP 处理下籽粒 β-淀粉酶活性显著高于 CK 和 HP；发芽 4 天、6 天和 8 天，CK 的 β-淀粉酶活性均显著高于 LP 和 HP。对于新冬 23 号，发芽 2 天和 4 天，HP 的 β-淀粉酶活性均显著高于 CK 和 LP，发芽 6 天时 CK 的 β-淀粉酶活性最高；发芽 8 天时 LP 的 β-淀粉酶活性最高。

三、不同萌发时期籽粒酸性磷酸酶活性变化

如图 6.5 所示，新冬 20 号籽粒不同处理之间发芽 2～6 天籽粒酸性磷酸酶活性变化趋

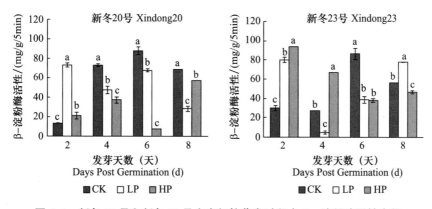

图 6.4 新冬 20 号和新冬 23 号小麦籽粒萌发过程中 β - 淀粉酶活性变化

注：图中 a、b、c 表示处理间差异达显著水平（p＜0.05，Duncan 法检验）。

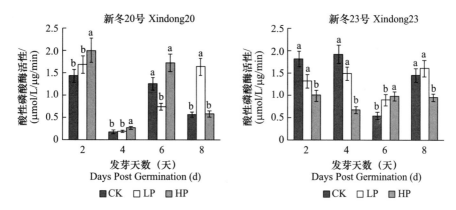

图 6.5 新冬 20 号和新冬 23 号籽粒萌发过程中酸性磷酸酶活性变化

注：图中 a、b 表示处理间差异达显著水平（p＜0.05，Duncan 法检验）。

势大致相同，呈现先下降再上升的趋势；新冬 23 号籽粒的 CK 和 LP 在发芽 2～8 天籽粒酸性磷酸酶活性变化趋势大致相同，呈现发芽 2～4 天平稳增加，之后下降，再升高的趋势。HP 处理下，新冬 20 号发芽 2 天、4 天和 6 天籽粒酸性磷酸酶活性均显著高于 LP，而 8 天时，LP 最高。新冬 23 号发芽 2 天、4 天和 8 天时 CK 的籽粒酸性磷酸酶活性均显著高于 HP，与 LP 差异不显著，6 天时 HP 最高。表明增施磷肥在一定程度上可以提高种子萌发过程中的活力，在不施磷肥的条件下，也可以增强酸性磷酸酶活性，以此提高萌发过程中的种子活力。

四、籽粒不同萌发时期胚根、胚芽长度和干物质重量的变化

图 6.6 表明，不同处理下发芽 2～8 天两个品种的胚芽长度逐渐增加，但增加的趋势存在处理间和品种间的差异。新冬 20 号籽粒在发芽 4～8 天时 LP 处理下胚芽长度显著高于 CK，8 天时与 HP 处理差异不显著。新冬 23 号在发芽 2～4 天时 LP 处理下胚芽长度显著高于 CK 和 HP，发芽 6～8 天三个处理间差异不显著。表明小麦生长过程中适量增施磷肥可以提高种子发芽过程中胚芽的生长。

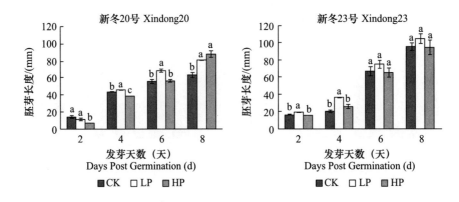

图 6.6　新冬 20 号和新冬 23 号小麦籽粒萌发过程中胚芽长度变化

注：图中 a、b、c 表示处理间差异达显著水平（p < 0.05，Duncan 法检验）。

　　图 6.7 表明，新冬 20 号籽粒发芽 2 天时 HP 处理下胚根长度显著低于 CK 和 LP；发芽 4 天三个处理间差异不显著；发芽 6 ~ 8 天，LP 胚根长度显著高于 CK 和 HP，而 CK 和 HP 处理间差异不显著。新冬 23 号发芽 2 ~ 8 天时 CK 和 LP 处理的胚根长度差异不显著，发芽 6 ~ 8 天时 CK 和 LP 处理的胚根长度显著高于 HP 处理。表明小麦生长过程中适量增施磷肥可以提高种子萌发过程中胚根的生长，此作用在新冬 20 号更为明显；过量施用磷肥不利于胚根的生长。

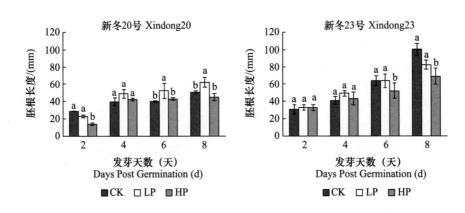

图 6.7　新冬 20 号和新冬 23 号小麦籽粒萌发过程中胚根长度变化

注：图中 a、b 表示处理间差异达显著水平（p < 0.05，Duncan 法检验）。

　　图 6.8 表明，发芽 8 天，LP 处理下新冬 20 号单株干重显著高于 CK 和 HP，CK 的单株重显著高于 HP 处理。新冬 23 号发芽 8 天，单重干重依次为 CK 最高，其次为 LP 和 HP 处理。表明小麦生长过程不同施磷量对种子萌发过程中的干物质积累量有显著影响，过量施用磷肥可抑制干物质的积累。

　　本书中，上季不同施磷量下收获的小麦籽粒以低磷条件下的总淀粉含量最高，意味着能为种子萌发提供较多的母体营养物质。小麦萌发过程中，胚乳中的淀粉粒主要被种子中的 α – 淀粉酶和 β – 淀粉酶降解，转变成单糖，此外还可在淀粉磷酸化酶的作用下进行。

小麦淀粉粒中含有的少量磷主要以无机磷、磷脂、磷酸单酯等形式存在，其中磷脂、脂质共同与直链淀粉和支链淀粉的长链形成稳定的复合体，由于外切淀粉酶 β - 淀粉酶不能跨过磷酸酯键，因此，磷的存在可能影响淀粉酶对淀粉的水解。小麦栽培过程中不同施磷量对籽粒中磷素的存在形式以及淀粉磷酸化水平的影响可能引发种子萌发过程相关代谢过程的变化，进而影响胚根和胚芽的生长。

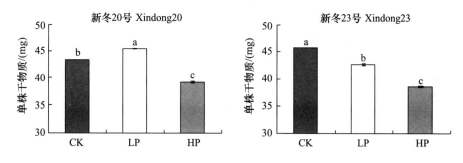

图 6.8　新冬 20 号和新冬 23 号小麦籽粒发芽 8 天单株干物质

注：图中 a、b、c 表示处理间差异达显著水平（p < 0.05，Duncan 法检验）。

本课题研究表明，增施磷肥增加了新冬 20 号小麦胚乳 B 型淀粉粒的比例（Li et al.，2013），低磷下淀粉粒表面微通道数量增多，更利于淀粉酶进入淀粉粒内部瓦解淀粉粒的晶体结构，这一系列变化都会影响种子萌发过程中淀粉粒的水解。相对于新冬 23 号，新冬 20 号小麦对磷素较为敏感，萌发 6 天时低磷水平下淀粉粒降解水平最高，同时，胚根、胚芽长度以及发芽 8 天的单株干重均显著高于对照和高磷，但高磷水平下，发芽 6 天时胚根和胚芽长度与对照差异不显著，8 天时干物质甚至显著低于对照，表明上季小麦过量施用磷肥在一定程度上会抑制种子萌发过程中幼苗干物质的积累。对于磷素相对不敏感的新冬 23 号，高磷水平下的抑制作用同样存在。在新疆，小麦在幼苗期往往会遭遇干旱、盐碱、土壤贫瘠等逆境，幼苗的生长状况对于抵御外界逆境有重要意义。因此，在小麦制种过程中，磷肥的合理施用对提高种子质量有重要作用。

第二节　小麦耐低磷种质资源筛选

在小麦生产中一般依靠施用大量磷肥来维持产量，但磷肥当季利用率低，增施磷肥的直接后果是资源浪费和环境问题。因此，发掘小麦磷高效利用的遗传潜力，选育耐低磷小麦品种，是解决磷素障碍最经济有效的途径之一（熊又升等，2008）。通过大田试验可以全面地评价不同小麦基因型的磷素利用效率，但是重复性较差、周期长；苗期是小麦的缺磷敏感期之一，也是早期鉴定其磷利用效率的关键时期。李春艳等以产量较高的 15 个冬小麦品种为材料，设置两个磷素处理水平，低磷水平（0.05mmol/L）、正常磷水平（1.0mmol/L），采用室内水培试验，测定苗期相关形态生理指标，进行了通径分析和主成分分析，为苗期快速评价小麦磷效率提供了依据。

一、两种磷水平下小麦苗期生长的基因型差异

在 6 个耐低磷指数中植株磷积累量、根长、根干重、茎干重的基因型间变异较大（$CV > 15\%$）（见表 6.1）。15 个参试品种中有 9 个基因型的株高耐低磷指数大于 1；7 个基因型的根数耐低磷指数大于 1；5 个基因型的植株磷积累量的耐低磷指数大于 1，相应地，这几个品种的其他指标的耐低磷指数均表现较好，表明株高对不同磷素水平反应较为敏感，同时也表明植株磷素积累量是各项生理指标的综合反应，不能用此单一指标的耐低磷指数来评价小麦的磷素利用效率。

表 6.1　小麦不同基因型的耐低磷指数

基因型	株高	根数	根长	根干重	茎干重	植株磷积累量
新冬 3 号	0.923	1.000	1.109	1.255	0.854	0.824
新冬 7 号	0.881	0.909	0.892	0.788	0.706	0.640
新冬 15 号	0.958	1.160	0.667	0.655	0.741	0.646
新冬 18 号	0.888	0.849	1.138	0.619	0.952	0.744
新冬 23 号	0.862	1.091	0.749	0.806	0.709	0.625
新冬 28 号	1.035	0.923	0.991	0.894	0.916	0.767
邯 5316	1.041	1.088	0.802	0.902	0.987	0.905
河农 9901	1.067	0.861	1.064	0.636	0.896	0.682
石审 6185	1.148	1.118	0.930	1.342	1.150	1.205
石家庄 8 号	1.063	0.968	1.370	1.063	1.167	1.006
偃展 4110	1.071	1.114	0.880	0.990	1.275	1.089
豫麦 34 号	1.055	1.027	1.140	1.661	1.293	1.357
石 4185	1.066	0.931	0.994	1.203	1.111	1.034
新乡 9408	1.260	0.758	1.134	0.763	0.810	0.696
郑 9023	0.858	0.857	0.710	1.236	0.800	0.677
平均值	1.012	0.977	0.971	0.987	0.958	0.860
变异系数（%）	11.363	12.317	19.955	30.547	20.767	26.689

二、小麦苗期各生长指标的相关分析和通径分析

从相关系数矩阵（见表 6.2）来看，各指标间均存在相关性。其中根干重、茎干重与植株磷积累量之间的简单相关系数和偏相关系数均达到极显著。由于相关分析所提供的信息之间易发生重叠，同时各单项指标在小麦苗期耐低磷性中发挥着不同的作用，因此欲直接利用这些信息则不能准确评价各基因型小麦的磷素利用效率。

表 6.2　各单项指标耐低磷指数的相关系数矩阵

项目	植株磷积累量	株高	根数	根长	根干重	茎干重
植株磷积累量	1.000	0.495	0.599	0.194	0.858**	0.899**
株高	0.457	1.000	-0.397	-0.023	-0.510	-0.286
根数	0.380	-0.093	1.000	-0.605*	-0.522	-0.362
根长	0.347	0.405	-0.440	1.000	-0.202	0.043
根干重	0.779**	0.140	0.225	0.177	1.000	-0.651*
茎干重	0.935**	0.482	0.268	0.442	0.599*	1.000

注：*和**分别代表在 0.05 和 0.01 水平上差异显著。左下角为简单相关系数，右上角为偏相关系数。

　　以植株磷素积累量为依变量进行通径分析结果（见表 6.3）表明，在株高、根数、根长、根干重和茎干重 5 个性状中，根干重和茎干重对植株磷积累量有极显著的直接作用，而根干重的直接作用其实也主要是通过茎干重的间接作用实现的，茎干重的直接作用又大于根干重，因此表明，茎干重是影响植株磷积累量的最重要的性状。其余 3 个性状株高、根数、根长对植株磷素积累量的作用主要为间接作用。

　　根长和根数之间的简单相关和偏相关系数均为负值，根长→根数→植株磷积累量和根数→根长→植株磷积累量的间接通径系数也均为负值，表明根长的增加不能导致根数的增加对植株磷积累量产生影响；根数的增加也不能导致根长的增加来影响植株磷素积累量。

表 6.3　各单项指标耐低磷指数的通径分析

项目	相关系数	直接作用	间接作用					总和
			株高	根数	根长	根干重	茎干重	
株高	0.457	0.115		-0.016	0.020	0.050	0.288	0.342
根数	0.380	0.171	-0.011		-0.022	0.081	0.160	0.209
根长	0.347	0.049	0.047	-0.075		0.063	0.264	0.299
根干重	0.779	0.358	0.016	0.039	0.009		0.358	0.422
茎干重	0.935	0.598	0.055	0.046	0.022	0.231		0.354

三、小麦耐低磷基因型的筛选指标

　　对 6 个筛选指标的耐低磷指数进行主成分分析，前 3 个综合指标的方差贡献率分别为 50.829%、26.378% 和 12.291%，累计贡献率为 89.498%，其余可忽略不计，这样就把原来 6 个单项指标转化为 3 个新的相互独立的综合指标（见表 6.4），分别定义为第 1、第 2、第 3 主成分。

　　在第 1 主成分中植株磷积累量和茎干重的特征向量最大，其次是根干重，表明磷条件下，小麦植株磷积累量的降低导致植株茎叶和根干重下降，此主成分可大致概括为植株整体适应性的变化。

在第 2 主成分中根数的特征向量最大，为 0.684，根长的特征向量最小，为 -0.592，其次为株高（-0.344），表明在低磷条件下小麦通过减少根长和株高来增加根数，以适应低磷环境。此主成分可大致概括为根的适应性变化。

在第 3 主成分中株高的特征向量最大（0.730），其次为根数，根干重的特征向量最小，表明低磷条件下植株磷含量较高的品种株高增加更为明显。此主成分可大致概括为株高的适应性变化。

上述分析表明，小麦苗期在低磷条件下的适应性与植株干物质重量（根干重 + 茎干重）特征最为密切。植株磷积累量、茎干重、根干重、根数可以作为小麦苗期耐低磷基因型快速筛选的指标。

表 6.4　各综合指标的系数及贡献率

项目	Z_1	Z_2	Z_3
株高	0.330	-0.344	0.730
根数	0.146	0.684	0.342
根长	0.282	-0.592	-0.228
根干重	0.433	0.210	-0.543
茎干重	0.539	0.022	0.050
植株磷积累量	0.559	0.139	-0.034
方差贡献率（%）	50.829	26.378	12.291
累计贡献率（%）	50.829	77.206	89.498

注：$Z_1 \sim Z_3$ 分别代表相互独立的综合指标。

研究表明，土壤磷素的有效性在很大程度上取决于作物的根系、根系构型、根系分泌物等形态和生理特征（Gardner and Barber，1983；Aen et al.，1990）。根系的相关特征直接反映了植株对营养元素的吸收能力，而干物质则直接反映植株对光合产物和营养元素的利用能力。低磷胁迫条件下具有相对较多干物质积累是小麦植株苗壮成长的生理基础。本研究认为，小麦苗期植株磷积累量、茎干重、根干重、根数可以作为耐低磷基因型筛选的指标。小麦植株地上部干重随施磷量的增加而增加（陈竹君等，2001），表明随着磷素营养改善，小麦植株体内磷代谢逐渐增强，进一步协调了小麦的生理机制和物质运转。本研究中有 5 个基因型在低磷条件下的地上部干重大于高磷条件下的干重，表明各基因型小麦利用磷素来增加地上部干重的效率不同，当存在磷养分等外界因素胁迫时，因小麦地上部与根系间产生对光合产物的竞争将导致根冠比、根数和根长的变化以便适应低磷逆境（Marschner，1991），在低磷条件下，光合产物分配到地下部比例高，以促使根系发达，从而有可能使其获得的磷素增加（刘国栋等，1998）。

小麦属于对磷素相对不敏感的作物，但不同基因型对磷吸收利用效率仍存在明显的遗传多样性，筛选和利用磷吸收利用效率较高的磷高效基因型，是解决小麦磷素利用率低的一条有效途径。对小麦生长前期进行适当的低磷胁迫有利于磷素的有效利用和磷素营养效率提高，而后期供给充足的磷素则是高产的保障（杨瑞吉等，2005）。迄今，关于磷营养高效小麦基因型的筛选以及评价指标方面已有较多报道，涉及不同生育时期的形态、生理生化、产量指标和耐低磷种质遗传多态性分析（严小龙等，1997；郭程瑾等，2006；孔忠新等，2010；柏栋阴等，2007；曹卫东等，2001）。本书提供了一个初步、快速在苗期鉴评小麦耐低磷性的方法，因此，如果试验条件和时间允许，应在苗期水培试验筛选的基础上和全生育期试验相结合进一步在大田验证苗期水培试验的结果，更加全面地进行磷高效小麦基因型的筛选及鉴评指标的研究。

参考文献

［1］艾志录，张晓宇，郭娟，等．不同品种小麦发芽过程中淀粉酶活力变化规律的研究［J］．中国粮油学报，2006（3）：32 - 35.

［2］柏栋阴，冯国华，张会云，等．低磷胁迫下磷高效基因型小麦的筛选［J］．麦类作物学报，2007，27（3）：407 - 410.

［3］鲍士旦．土壤农化分析［M］．北京：中国农业出版社，2000.

［4］曹卫东，贾继增，金继运．小麦磷素利用效率的基因位点及其交互作用［J］．植物营养与肥料学报，2001，7（3）：285 - 292.

［5］陈建敏，孙德兰．淀粉质体遗传研究的现状与展望［J］．植物遗传资源学报，2008（9）：258 - 262.

［6］陈静．小麦籽粒淀粉合成关键酶表达对磷素的响应［D］．扬州大学论文，2010.

［7］陈淑琴，路香彩，张耀泉，等．适宜两熟制种植的早熟冬小麦新品种冀麦 37 号的选育及应用［J］．河北农业科学，1998，2（2）：1 - 4.

［8］陈竹君，刘春光，周建斌，等．不同水肥条件对小麦生长及养分吸收的影响［J］．干旱地区农业研究，2001，19（3）：30 - 34.

［9］程立宝，李淑艳，李岩，等．莲藕根状茎膨大过程中淀粉合成相关基因的表达［J］．中国农业科学，2012（45）：3330 - 3336.

［10］戴廷波，赵辉，荆奇，等．灌浆期高温和水分逆境对冬小麦籽粒蛋白质和淀粉含量的影响［J］．生态学报，2006，26（11）：3670 - 3676.

［11］戴忠民．小麦籽粒淀粉的粒度分布、积累特征及激素调控研究［D］．山东农业大学论文，2007.

［12］戴忠民，尹燕枰，张敏，等．旱作和灌溉条件下小麦籽粒淀粉粒粒度的分布特征［J］．作物学报，2008，34（5）：795 - 802.

［13］丁一汇，任国玉，石广玉，等．气候变化国家评估报告（Ⅰ）：中国气候变化的历史和未来趋势［J］．气候变化研究进展，2006（2）：3 - 8.

［14］方先文，姜东，戴廷波，等．小麦籽粒总淀粉及支链淀粉含量的遗传分析［J］．作物学报，2003，29（6）：925 - 929.

［15］付凯勇，徐芳芳，史晓艳，等．不同磷素水平对小麦淀粉粒形态及品质特性的影响［J］．石河子大学学报（自然科学版），2015，33（4）：410 - 416.

［16］高信曾．植物学［M］．北京：人民教育出版社，1978．

［17］高正，王晓龙，张晓科，等．小麦 HMW－GS 检测方法的优化及应用［J］．麦类作物学报，2013，33（5）：929－934．

［18］顾锋，蔡瑞国，尹燕枰，等．优质小麦籽粒淀粉组成与糊化特性对氮素水平的响应［J］．植物营养与肥料学报，2010，16（1）：41－50．

［19］郭蔼光．基础生物化学［M］．北京：高等教育出版社，2009．

［20］郭程瑾，李宾兴，王斌，等．小麦高效吸收和利用磷素的生理机制［J］．作物学报，2006，32（6）：827－832．

［21］郭丽，龙素霞，赵芳华，等．小麦不同品种磷效率比较和评价的生化指标研究［J］．植物遗传资源学报，2008，9（4）：506－510．

［22］韩长赋．全面实施新形势下国家粮食安全战略［J］．求是，2014（19）：27－30．

［23］贺伟，丁卉，王婕琛，等．高效阴离子交换色谱—脉冲安培法测定支链淀粉糖链长分布［J］．分析测试学报，2012（31）：1242－1247．

［24］贺晓鹏，朱昌兰，刘玲珑，等．不同水稻品种支链淀粉结构的差异及其与淀粉理化特性的关系［J］．作物学报，2010，36（2）：276－284．

［25］胡田田，李岗，韩思明，等．冬小麦氮磷营养特征及其与土壤养分动态变化的关系［J］．麦类作物学报，2000，20（4）：47－50．

［26］胡适宜．小麦颖果发育过程中淀粉的积累和动态［J］．植物学报，1964（12）：139－147．

［27］黄强，罗发兴，杨连生．淀粉颗粒结构研究进展［J］．高分子材料科学与工程，2004（20）：19－23．

［28］黄宇，张海伟，徐芳森．植物酸性磷酸酶的研究进展［J］．华中农业大学学报，2008，27（1）：148－154．

［29］姜宗庆．磷素对小麦产量和品质的调控效应及其生理机制［D］．扬州大学论文，2006．

［30］姜宗庆，封超年，黄联联，等．施磷量对弱筋小麦扬麦 9 号籽粒淀粉合成和积累特性的调控效应［J］．麦类作物学报，2006，26（6）：81－85．

［31］金银根．植物学［M］．北京：科学出版社，2006．

［32］孔忠新，杨丽丽，张政值，等．小麦耐低磷基因型的筛选［J］．麦类作物学报，2010，30（4）：591－595．

［33］蓝盛银，徐珍秀．水稻胚乳淀粉粒形态发育的亚显微结构［J］．武汉大学学报（自然科学版），1997（2）：73－74．

［34］兰涛，潘洁，等．生态环境和播期对小麦籽粒产量及品质性状间相关性的影响［J］．麦类作物学报，2005，25（4）：72－78．

［35］李诚，张润琪，付凯勇，等．花后干旱对小麦胚乳淀粉粒发育和理化特性的影响［J］．麦类作物学报，2015，35（9）：1284－1290．

［36］李春燕，封超年，王亚雷，等．不同小麦品种支链淀粉链长分配及其与淀粉理化特性的关系［J］．作物学报，2007，33（8）：1240 – 1245．

［37］李春燕，封超年，张影，等．氮肥基追比对弱筋小麦宁麦9号籽粒淀粉合成及相关酶活性的影响［J］．中国农业科学，2005，38（6）：1120 – 1125．

［38］李春艳，陆振翔，李诚，等．小黑麦、小麦和黑麦淀粉粒形态特征及酶解特性的差异［J］．麦类作物学报，2010（30）：520 – 525．

［39］李春艳，马龙，张宏，等．新疆冬小麦苗期耐低磷指标的筛选［J］．麦类作物学报，2013，33（1）：137 – 140．

［40］李春艳，张润琪，付凯勇，等．小麦淀粉合成关键酶基因和相关蛋白表达对不同磷素的响应［J］．麦类作物学报，2018，38（4）：401 – 409．

［41］李海普，李彬，欧阳明，等．直链淀粉和支链淀粉的表征［J］．食品科学，2010，31（11）：273 – 277．

［42］李怀珠．小麦籽粒发育形态建成时期转录组学研究［D］．西北农林科技大学论文，2014．

［43］李继云，李振声．有效利用土壤营养元素的作物育种新技术研究［J］．中国科学：生命科学，1995，25（1）：41 – 48．

［44］李建民．冬小麦水肥高效利用栽培技术原理［M］．北京：中国农业大学出版社，2000．

［45］李睿．稻麦淀粉胚乳细胞程序性死亡和淀粉质体的发生发育［D］．华中农业大学论文，2003．

［46］李世清，邵明安，李紫燕，等．小麦籽粒灌浆特征及影响的研究进展［J］．西北植物学报，2003，23（11）：2031 – 2039．

［47］李太贵，沈波，陈能．Q酶在水稻籽粒垩白形成中作用的研究［J］．作物学报，1997（23）：334 – 338．

［48］李永庚，于振文，张秀杰，等．小麦产量与品质对灌浆不同阶段高温胁迫的响应［J］．植物生态学报，2005，29（3）：461 – 466．

［49］李友军．氮、磷、钾对不同类型专用小麦淀粉品质的调控效应［D］．华中农业大学论文，2005．

［50］梁灵，魏益民，张国权，等．小麦淀粉膨胀体积和直链淀粉含量的研究［J］．麦类作物学报，2003，23（1）：34 – 36．

［51］梁勇，张本山，高大雄，等．淀粉结晶性和非晶性研究进展［J］．化学通报，2002（65）：1 – 6．

［52］刘聪，安家彦．小麦发芽 α – 淀粉酶活力及相应条件下淀粉黏度的研究［J］．食品研究与开发，2008（29）：41 – 44．

［53］刘国栋，李振声，李继云．小麦不同磷效率基因型的子母盆栽试验［J］．作物学报，1998，24（1）：78 – 83．

［54］刘建昌，刘凯，张慎凤，王学明，王志琴，刘立军．水稻减数分裂期颖花中激

素对水分胁迫的响应 [J]. 作物学报, 2008, 34 (1): 111-118.

[55] 刘霞, 谭胜兵, 田纪春, 等. 不同淀粉组分含量小麦品种灌浆过程中淀粉去分支酶的活性及类型 [J]. 中国农业科学, 2010, 43 (4): 850-854.

[56] 刘渊, 李喜焕, 孙星, 等. 磷胁迫下大豆酸性磷酸酶活性变化及磷效率基因型差异分析 [J]. 植物遗传资源学报, 2012, 13 (4): 521-528.

[57] 刘源霞, 王文文, 张保望, 兰进好. 小麦籽粒灌浆特性与千粒重的相关性分析 [J]. 东北农业大学学报, 2014 (4): 12-17.

[58] 刘子凡. 种子学实验指南 [M]. 北京: 化学工业出版社, 2011.

[59] 刘志皋. 食品添加剂手册 [M]. 北京: 中国轻工业出版社, 1996.

[60] 陆大雷, 王德成, 赵久然, 等. 生长季节对糯玉米淀粉晶体结构和糊化特性的影响 [J]. 作物学报, 2009 (35): 499-505.

[61] 鲁如坤. 土壤磷素 (二) [J]. 土壤通报, 1980 (2): 47-49.

[62] 鲁如坤. 我国的磷矿资源和磷肥生产消费 -I. 磷矿资源和磷肥生产 [J]. 土壤, 2004, 36 (1): 1-4.

[63] 雒新萍, 夏军. 气候变化背景下中国小麦需水量的敏感性研究 [J]. 气候变化进展, 2015 (11): 38-43.

[64] 罗玉英. 玉竹花粉中淀粉质体形成及增殖的超微结构研究 [J]. 电子显微学报, 1995 (14): 166-169.

[65] 马宏亮, 郑亭, 胡雯媚, 等. 环境与施磷量对四川小麦淀粉特性的影响 [J]. 麦类作物学报, 2015, 35 (12): 1692-1699.

[66] Marschner H. 高等植物的矿质营养 [M]. 曹一平, 陆景陵, 译. 北京: 北京农业大学出版社, 1991.

[67] 区沃恒, 焦志勇, 傅显华. 小麦的磷素营养 [J]. 中国农业科学, 1978 (3): 49-54.

[68] 潘庆民, 于振文, 王月福, 等. 追氮时期对小麦旗叶中蔗糖合成与籽粒中蔗糖降解的影响 [J]. 中国农业科学, 2002, 35 (7): 771-776.

[69] 彭佶松, 郑志仁, 刘涤, 等. 淀粉的生物合成及其关键酶 [J]. 植物生理学通讯, 1997 (33): 297-303.

[70] 任利沙, 顾日良, 贾光耀, 等. 灌浆期控水和施用控释肥对杂交玉米制种产量和种子质量的影响 [J]. 中国农业科学, 2016, 49 (16): 3108-3118.

[71] 师凤华. 小麦胚乳淀粉理化特性及 Wx 蛋白的研究 [D]. 中国农业大学论文, 2007.

[72] 时岩玲, 田纪春. 颗粒结合型淀粉合成酶研究进展 [J]. 麦类作物学报, 2003 (23): 119-122.

[73] 沈善敏. 中国土壤肥力 [M]. 北京: 中国农业出版社, 1998.

[74] 盛婧, 胡宏, 郭文善, 等. 施氮模式对皖麦 38 淀粉形成与产量的效应 [J]. 作物学报, 2004, 30 (5): 507-511.

［75］舒英杰，王爽，陶源，等．生理成熟期高温高湿胁迫对春大豆种子活力、主要营养成分及种皮结构的影响［J］．应用生态学报，2014，25（5）：1380 - 1386.

［76］孙俊良，梁新红，贾彦杰，等．植物 β - 淀粉酶研究进展［J］．河南科技学院学报，2011（39）：1 - 4.

［77］孙辉，朱之光，姜薇莉，等．不同试验磨对小麦制粉品质和小麦粉品质特性的影响［J］．粮食科技与经济，2012（37）：19 - 22.

［78］孙慧敏，于振文，颜红，等．不同土壤肥力条件下施磷量对小麦产量、品质和磷肥利用率的影响［J］．山东农业科学，2006（3）：45 - 47.

［79］孙小明，陈千良，王文全，等．知母野生资源调查及其种质分析收集［J］．时珍国医国药，2008，19（9）：2091 - 2092.

［80］宋健民，刘爱峰，李豪圣，等．小麦籽粒淀粉理化特性与面条品质关系研究［J］．中国农业科学，2008，41（1）：272 - 279.

［81］宋健民，戴双，李豪圣，等．Wx 蛋白缺失对淀粉理化特性和面条品质的影响［J］．中国农业科学，2007（40）：2888 - 2894.

［82］宋勤璟，贾永红，刘孝成，等．施磷量对春小麦产量及种子活力的影响［J］．中国农学通报，2017，33（4）：8 - 14.

［83］谭彩霞．小麦籽粒淀粉合成酶基因表达与淀粉合成的关系．［D］．扬州大学论文，2009.

［84］谭彩霞，封超年，郭文善，等．不同品种小麦粉黏度特性及破损淀粉含量的差异［J］．中国粮油学报，2011，26（6）：4 - 12.

［85］谭彩霞，封超年，郭文善，等．小麦籽粒淀粉合成酶基因表达、相应酶活性及淀粉积累三者的关系［J］．金陵科技学院学报，2010，26（1）：47 - 53.

［86］田展，梁卓然，史军，等．近50年气候变化对中国小麦生产潜力的影响分析［J］．中国农学通报，2013，29（9）：61 - 69.

［87］王芳，王丽群，田鑫，等．中国南方春大豆收获前后种子劣变的抗性研究［J］．中国农业科学，2007，40（11）：2637 - 2647.

［88］王树亮，田奇卓，李娜娜，等．不同小麦品种对磷素吸收利用的差异［J］．麦类作物学报，2008，28（3）：476 - 483.

［89］王晓慧，张磊，刘双利，等．不同熟期春玉米品种的籽粒灌浆特性［J］．中国农业科学，2014，47（18）：3557 - 3565.

［90］王晓曦，王忠诚，曹维让，等．小麦破损淀粉含量与面团流变学特性及降落数值的关系［J］．郑州工程学院学报，2001，22（3）：53 - 57.

［91］王晓曦，徐瑞，谭晓荣，等．小麦后熟期间碳水化合物特性及 α - 淀粉酶活性变化研究［J］．河南工业大学学报，2014，35（1）：6 - 10.

［92］王旭东．磷对小麦产量和品质的影响及其生理基础研究［D］．山东农业大学论文，2003.

［93］王旭东，于振文，王东．钾对小麦旗叶蔗糖和籽粒淀粉积累的影响［J］．植物

生态学报，2003，27（2）：196-201.

[94] 王钰. 花后高温对小麦淀粉结构和特性的影响［M］. 扬州：扬州大学出版社，2008.

[95] 王月福，于振文，李尚霞，等. 氮素营养水平对小麦开花后碳素同化、运转和产量的影响［J］. 麦类作物学报，2002，22（2）：55-59.

[96] 王子霞，杨克锐，海热古力，等. 优质强筋面包小麦新品种——新冬23号［J］. 麦类作物学报，2006，26（3）：169.

[97] 韦存虚. 水稻胚乳发育中细胞核与细胞器的结构消长与功能研究［D］. 华中农业大学论文，2002.

[98] 韦存虚，张军，周卫东，等. 水稻胚乳淀粉体被膜的降解和复粒淀粉粒概念的探讨［J］. 中国水稻科学，2008，22（4）：377-384.

[99] 魏家绵，李德耀，任汇森. 内源无机磷酸盐对叶绿体 Mg（2+）-ATP 酶功能的调节［J］. 植物生理学报，1995，33（2）：105-110.

[100] 文迪. 玉米淀粉分解酶活性动态以及其相关基因时空表达分析［M］. 成都：四川农业大学出版社，2010.

[101] 邬显章. 酶的工业生产技术［M］. 吉林：吉林科学技术出版社，1973.

[102] 熊善柏，赵思明，姚霓，等. 稻米淀粉糊化进程研究［J］. 粮食与饲料工业，2001（5）：14-16.

[103] 熊瑛，李友军. 氮、磷、钾对不同筋型小麦产量和品质的影响［J］. 河南科技大学学报（自然科学版），2005，26（3）：58-61.

[104] 熊又升，袁家富，郝福新，等. 小麦营养高效基因型筛选的研究进展［J］. 湖北农业科学，2008，47（9）：1084-1087.

[105] 许振柱，于振文，亓新华，余松烈. 土壤干旱对冬小麦旗叶乙烯释放、多胺积累和细胞质膜的影响［J］. 植物生理学报，1995，21（3）：295-301.

[106] 阎俊，张勇，何中虎. 小麦品种糊化特性研究［J］. 中国农业科学，2001，34（1）：9-13.

[107] 闫素辉，尹燕枰，李文阳，等. 灌浆期高温对小麦籽粒淀粉的积累、粒度分布及相关酶活性的影响［J］. 作物学报，2008，34（6）：1092-1096.

[108] 严小龙，廖红，戈振扬，等. 植物根构型特性与磷吸收效率［J］. 植物学通报，2000，17（6）：511-519.

[109] 严小龙，张福锁. 植物营养遗传学［M］. 北京：中国农业出版社，1997.

[110] 杨光，杨波，丁霄霖. 直链淀粉和支链淀粉对抗性淀粉形成的影响［J］. 食品工业科技，2008，29（6）：165-171.

[111] 杨景峰，罗志刚，罗发兴. 淀粉晶体结构研究进展［J］. 食品工业科技，2007，28（7）：240-243.

[112] 杨瑞吉，张小红，王鹤龄，等. 不同基因型春小麦对磷胁迫适应性研究［J］. 西北植物学报，2005，25（11）：2314-2318.

[113] 阳显斌,张锡洲,李廷轩,等.小麦磷素利用效率的品种差异[J].应用生态学报,2012,23 (1):60-66.

[114] 杨绚,汤绪,陈葆德,等.气候变暖背景下高温胁迫对中国小麦产量的影响[J].地理科学进展,2013,32 (12):1771-1779.

[115] 杨世杰.植物生物学[M].北京:科学出版社,2000.

[116] 姚翠琴,苏敬国,李新杰,等.优质面包小麦新冬23号品质分析及应用前景[J].种子,2010,29 (5):92-94.

[117] 姚大年,李保云,朱金宝,等.小麦品种主要淀粉性状及面条品质预测指标的研究[J].中国农业科学,1999,32 (6):84-88.

[118] 姚大年,李保云,梁荣奇,等.基因型和环境对小麦品种淀粉性状及面条品质的影响[J].中国农业大学学报,2000,5 (2):63-68.

[119] 姚大年,刘广田,朱金宝,等.小麦品种面粉粘度性状及其与面条品质的相关性研究[J].中国农业大学学报,1997,2 (3):52-68.

[120] 姚遥,罗勇,黄建斌.8个CMIP5模式对中国极端气温的模拟和预估[J].气候变化研究进展,2012,8 (4):250-256.

[121] 姚素梅,吴大付,杨文平,等.喷灌促进小麦籽粒淀粉积累提高其品质[J].农业工程学报,2015,31 (19):97-102.

[122] 叶庆华.植物生物学[M].厦门:厦门大学出版社,2002.

[123] 余静,冉从福,李学军,等.陕糯1号与非糯小麦西农1330胚乳发育及淀粉形态、粒径分析[J].中国农业科学,2014,47 (22):4405-4416.

[124] 原亚萍,陈孝,肖世和.小麦穗发芽的研究进展[J].麦类作物学报,2003,23 (3):136-139.

[125] 张国平.小麦干物质积累和氮磷钾吸收分配的研究[J].浙江农业科学,1984 (5):222-225.

[126] 张海艳.玉米胚乳细胞淀粉质体的发育和增殖方式[J].玉米科学,2009,17 (4):58-60.

[127] 张润琪.不同磷素水平对小麦淀粉生物合成及淀粉粒结构特性的影响[M].石河子:石河子大学出版社,2017.

[128] 张润琪,付凯勇,李超,等.磷素对小麦(Triticum Aestivum L.)淀粉粒微观特性的影响[J].中国农业科学,2017,50 (22):4235-4246.

[129] 张润琪,李诚,付凯勇,等.磷素对小麦籽粒支链淀粉合成及其链长分布的影响[J].麦类作物学报,2018,38 (3):306-314.

[130] 张新忠,汪军妹,黄祖六,等.大麦 α-淀粉酶的研究进展[J].大麦与谷类科学,2009,25 (3):6-8.

[131] 张伟,买买提依明,黄天荣.冬小麦新品种新冬20号及其关键栽培技术[J].新疆农业科技,1996 (4):16-16.

[132] 张勇,何中虎.我国春播小麦淀粉糊化特性研究[J].中国农业科学,2002,

35（5）：471 –475.

［133］赵超．干旱胁迫下木薯茎秆中糖类物质的代谢变化［D］．海南大学论文，2013.

［134］赵法茂，齐霞，肖军，等．测定淀粉分支酶活性方法的改进［J］．植物生理学报，2007，43（6）：1167 –1169.

［135］赵永亮．一种同时测定小麦种子中直链淀粉、总淀粉含量的新方法——微量分光光度法［J］．食品与发酵工业，2005，31（8）：23 –26.

［136］郑志松，王晨阳，张美微，等．水、氮磷肥及其互作对小麦淀粉糊化特性的影响［J］．中国生态农业学报，2012，20（3）：310 –314.

［137］周德超．氮、磷、钾在植物体中的主要生理作用及植物对养分的吸收［J］．生物学通报，1983（5）：7 –8.

［138］周忠新．不同氮素水平下施磷对小麦产量和品质的影响及其生理基础［D］．山东农业大学论文，2006.

［139］朱薇．土壤磷水平和施磷量对扬麦 15 产量和品质的影响［D］．扬州大学论文，2009.

［140］祖赛超，陈淼，钟玲，等．不同施磷量对小麦（Triticum Aestivum L.）种子成熟后萌发特性的影响［J］．石河子大学学报（自然科学版），2017，35（2）：187 –194.

［141］Abberton M，Batley J，Bentley A，et al. Global agricultural intensification during climate change：A role for genomics［J］. Plant Biotechnol J，2015，13：1 –4.

［142］Abdellatif B，Li J，Ángela M S L，et al. Starch biosynthesis，its regulation and bio-technological approaches to improve crop yields［J］. Biotechnol Adv，2014，32：87 –106.

［143］Abe N，Asai H，Yago H，et al. Relationships between starch synthase I and branch-ing enzyme isozymes determined using double mutant rice lines［J］. BMC Plant Biol，2014，14：1 –12.

［144］Absar N，Zaidul I S M，Takigawa S，et al. Enzymatic hydrolysis of potato starches containing different amounts of phosphorus［J］. Food Chemistry，2009，112（1）：57 –62.

［145］Aen，J Arihara K，Okada T. Phosphorus uptake by pigeon and its in cropping sys-tems of India subcontinent［J］. Science，1990，248：477 –480.

［146］Ahmadi A，Baker D A. The effect of water stress on the activities of key regulatory enzymes of the sucrose to starch pathway in wheat［J］. Plant Growth Regul，2001，35：81 –91.

［147］Ahmed N，Maekawa M，Tetlow I J. Effects of low temperature on grain filling，amy-lose content，and activity of starch biosynthesis enzymes in endosperm of basmati rice［J］. Aust J Agr Res，2008，59：599 –604.

［148］Ainsworth E A，Long S P. What have we learned from 15 years of free – air CO_2 en-richment（FACE）? A meta – analytic review of the responses of photosynthesis，canopy properties and plant production to rising CO_2［J］. New Phytol，2004，165：351 –371.

［149］Ainsworth E A, Rogers A, Leakey A D B. Targets for crop biotechnology in a future high – CO₂ and high – O₃ world ［J］. Plant Physiol, 2008, 147: 13 – 19.

［150］Altenbach S B, Tanaka C K, Whitehand L C, et al. Effects of post – anthesis fertilizer on the protein composition of the gluten polymer in a US bread wheat ［J］. J Cereal Sci, 2016, 68 (56): 66 – 73.

［151］Amthor J S. Effects of atmospheric CO₂ concentration on wheat yield: Review of results from experiments using various approaches to control CO₂ concentration ［J］. Field Crop Res, 2003, 84: 395.

［152］Anker N K, Færgestad E M, Sahlstrøm S, et al. Interaction between barley cultivars and growth temperature on starch degradation properties measured in vitro ［J］. Animal Feed Sci Tech, 2006, 130: 3 – 22.

［153］Anne I, Alain B, Vinh T, et al. Recent advances in knowledge of starch structure ［J］. Starch/Stärke, 1991, 43: 375 – 384.

［154］Ausubel F M, Brent R, Kingston R E, et al. Short protocols in molecular biology ［M］. Beijing: Science Press, 2008.

［155］Asaoka M, Okuno K, Sugimoto Y, et al. Effect of environmental temperature during development of rice plants on some properties of endosperm starch ［J］. Starch/Stärke, 1984, 36: 189 – 193.

［156］Baba T, Nishihara M, Mizuno K, et al. Identification, cDNA cloning, and gene expression of soluble starch synthase in rice (Oryza Sativa L.) immature seeds ［J］. Plant Physiol, 1993, 103: 565 – 573.

［157］Badenhuizen N P. The biogenesis of starch granules in higher plants ［M］. New York: Appleton – Century – Crofts, 1969: 38 – 45.

［158］Baldwin P M. Starch granule – associated proteins and polypeptides: A review ［J］. Starch/Stärke, 2015 , 53 (10) : 475 – 503.

［159］Ball S, Guan H P, James M, et al. From glycogen to amylopectin: A model for the bio – genesis of the plant starch granule ［J］. Cell, 1996, 86 (3): 349 – 352.

［160］Ball S, Morell M. From bacterial glycogen to starch: Understanding the biogenesis of the plant starch granule ［J］. Annu Rev Plant Biol, 2003, 54: 207 – 233.

［161］Barrero J M, Mrva K, Talbot M J, et al. Genetic, hormonal, and physiological analysis of late maturity α – amylase in wheat ［J］. Plant Physiol, 2013, 161: 1265 – 1277.

［162］Bechtel D B, Wilson J D. Amyloplast formation and starch granule development in hard red winter wheat ［J］. Cereal Chem, 2003, 80 (2): 175 – 183.

［163］Bechtel D B, Zayas I, Kaleikau L, et al. Size – distribution of wheatstarch granules during endosperm development ［J］. Cereal Chem, 1990, 67: 59 – 63.

［164］Beck A E, Ziegler P. Biosynthesis and degradation of starch in higher plants ［J］. Annu Rev Plant Biol, 1981, 128: 1758 – 1762.

［165］ Beltrano J, Carbone A, Montaldi E R, et al. Ethylene as promoter of wheat grain maturation and ear senescence ［J］. Plant Growth Regulation, 1994, 15: 107 – 112.

［166］ Benmoussa M, Hamaker B R, Huang C P, et al. Elucidation of maize endosperm starch granule channel proteins and evidence for plastoskeletal structures in maize endosperm amyloplasts ［J］. J Cereal Sci, 2010, 52 (1): 22 – 29.

［167］ Bernard S M, Habash D Z. The importance of cytosolic glutamine synthetase in nitrogen assimilation and recycling ［J］. New Phytol, 2009, 182: 608 – 620.

［168］ Bernfield P. Enzymes of starch degradation and synthesis ［J］//Nord F F. (Ed.), Advances in enzymology and related subjects of biochemistry. New York, 1951, 12: 379 – 398.

［169］ Blumenthal C, Rawson H M, McKenzie E, et al. Changes in wheat grain quality due to doubling the level of atmospheric CO_2 ［J］. Cereal Chem, 1996, 73: 762 – 766.

［170］ Blumenthal C, Bekes F, Gras P W, et al. Identification of wheat genotypes tolerant to the effects of heat stress on grain quality ［J］. Cereal Chemisity, 1995, 72: 539 – 544.

［171］ Boehlein S K, Shaw J R, Stewart J D, et al. Heat stability and allosteric properties of the maize endosperm ADP – glucose pyrophosphorylase are intimately intertwined ［J］. Plant Physiol, 2008, 146: 289 – 299.

［172］ Boriboonkaset T, Theerawitaya C, Yamada N, et al. Regulation of some carbohydrate metabolism – related genes, starch and soluble sugar contents, photosynthetic activities and yield attributes of two contrasting rice genotypes subjected to salt stress ［J］. Protoplasma, 2013, 250: 1157 – 1167.

［173］ Boyer, C D, Preiss J. Multiple forms of starch branching enzyme of maize: Evidence of independent genetic control ［J］. Biochemistry and Biophysics Research Communications, 1978, 80: 169 – 175.

［174］ Boyer J S. Plant productivity and environment ［J］. Science, 1982, 218: 443 – 448.

［175］ Bradbury D, Macmasters M M, Cull I M. Structure of the mature wheat kernel III. Microscopic structure of the endosperm of hard red winter wheat ［J］. Cereal Chemistry, 1956, 33: 361 – 373.

［176］ Buresova I, Sedlackova I, Famera O, et al. Effect of growing conditions on starch and protein content in triticale grain and amylose content in starch ［J］. Plant Soil Environ, 2010, 56: 99 – 104.

［177］ Buleon A, Colonna P, Planchot V, et al. Starch granules: Structure and biosynthesis ［J］. Int J Biol Macromol, 1998, 23: 85 – 112.

［178］ Buttrose M S. Submicroscopic development and structure of starch granules in cereal endosperm ［J］. J Ultra Res, 1960, 4: 231 – 257.

［179］ Burrell M M. Starch: The need for improved quality or quantity – an overview ［J］.

J Exp Bot, 2003, 54: 451 −456.

[180] Caley C Y, Duffus C M, Jeffcoat B. Effects of elevated temperature and reduced water uptake on enzymes of starch synthesis in developing wheat grains [J]. Aust J Plant Physiol, 1990, 17: 431 −439.

[181] Cao H, James M G, Myers A M. Purification and characterization of soluble starch synthases from maize endosperm [J]. Arch Biochem Biophys, 2000, 373: 135 − 146.

[182] Cao H, Yan X, Chen G X, et al. Comparative proteome analysis of A − and B − type starch granule − associated proteins in bread wheat (Triticum Aestivum L.) and Aegilops crassa [J]. J Proteomics, 2015, 112: 95 −112.

[183] Chaitanya K V, Sundar D, Reddy A R. Mulberry leaf metabolism under high temperature stress [J]. Biol Plant, 2001, 44: 379 −384.

[184] Champagne E T, Bett G K L, Thomson J L, et al. Unravelingthe impact of nitrogen nutrition on cooked rice flavor and texture [J]. Cereal Chem, 2009, 86: 274 −280.

[185] Chen H J, Chen J Y, Wang S J. Molecular regulation of starch accumulation in rice seedling leaves in response to salt stress [J]. Acta Physiol Plant, 2008, 30: 135 −142.

[186] Chen P, Yu L, Simon G P, et al. Internal structures and phase − transitions of starch granules during gelatinization [J]. Carbohydr Polym, 2011, 83: 1975 −1983.

[187] Cheng F M, Zhong L J, Zhao N C, et al. Temperature induced changes in the starch components and biosynthetic enzymes of two rice varieties [J]. Plant Growth Regul, 2005, 46: 87 −95.

[188] Christopher G O. Towards an undersanding of starch granule structure and hydrolysis [J]. Trends Food Sci Tech, 1997, 8: 375 −382.

[189] Cock P J A, Fields C J, Goto N, et al. The Sanger FASTQ file format for sequences with quality scores, and the Solexa/Illumina FASTQ variants [J]. Nucl Acids Res, 2010, 38: 1767 −1771.

[190] Commuri P D, Jones R J. Ultrastructural characterization of maize (Zea Mays L.) kernels exposed to high temperature during endosperm cell division [J]. Plant Cell Environ, 1999, 22: 375 −385.

[191] Coventry D R, Poswal R S, Yadav A, et al. Effect of tillage and nutrient management on wheat productivity and quality in Haryana, India [J]. Field Crops Research, 2011, 123 (3): 234 −240.

[192] Crosbie G B. The relationship between starch swelling properties, paste viscosity and boiled noodle quality in wheat flours [J]. J Cereal Sci, 1991, 13: 145 −150.

[193] Crumpton − Taylor M, Pike M, Lu K J, et al. Starch synthase 4 is essential for coordination of starch granule formation with chloroplast division during arabidopsis leaf expansion [J]. New Phytologist, 2013, 200 (4): 1064 −1075.

[194] Damatta F M, Grandis A, Arenque B C, Bukeridge M S. Impacts of climate changes

on crop physiology and food quality [J]. Food Res Int, 2010, 43: 1814 – 1823.

[195] Dang J M C, Copeland L. Genotype and environmental influences on pasting properties of rice flour [J]. Cereal Chem, 2004, 81: 486 – 489.

[196] Denyer K, Hylton C M, Smith A M. Effect of high – temperature on starch synthesis and the activity of starch synthase [J]. Aust J Agr Res, 1994, 21: 783 – 789.

[197] Dian, W, Jiang H, Chen Q, et al. Cloning and characterization of the granule – bound starch synthase Ⅱ gene in rice: Gene expression is regulated by the nitrogen level, sugar and circadian rhythm [J]. Planta, 2003, 218: 261 – 268.

[198] Dicko M H, Searle – van L M J F, Beldman G, et al. Purification and characterization of β – amylase from Curculigo pilosa [J]. Appl Microbiol Biot, 1999, 52: 802 – 805.

[199] Dolferus R, Ji X, Richards R A. Abiotic stress and control of grain number in cereals [J]. Plant Sci, 2011, 181: 331 – 341.

[200] Douglas C, Kuo T M, Felker F C. Enzymes of sucrose and hexose metabolism in developing kernels of two inbreds of maize [J]. Plant Physiol, 1988, 86: 1013 – 1019.

[201] Duffus C M. Control of starch biosynthesis in developing cereal grains [J]. Biochem Soc Tran, 1992, 20: 13 – 18.

[202] Duke E R, Doelhert D C. Effects of heat stress on enzyme activities and transcript levels in developing maize kernels grown in culture [J]. Environ Exp Bot, 1996, 36: 199 – 208.

[203] Evers A D. Scanning electron microscopy of wheat starch Ⅲ. Granule development in the endosperm [J]. Starch/Stärke, 1971, 23: 157 – 162.

[204] Evers A D. The size distribution among starch granules in wheat endosperm [J]. Starch/Stärke, 1973, 25: 303 – 304.

[205] Fabian A, Jager K, Rakszegi M, et al. Embryo and endosperm development in wheat (Triticum Aestivum L.) kernels subjected to drought stress [J]. Plant Cell Rep, 2011, 30: 551 – 563.

[206] Fang Y J, Xiong L Z. General mechanisms of drought response and their application in drought resistance improvement in plants [J]. Cell Mol Life Sci, 2015, 72: 673 – 689.

[207] Fannon J E, Gary J A, Gunawan N, Hauber R J, Bemiller J N. Heterogeneity of starch granules and the effect of granule channelization on starch modification [J]. Cellulose, 2004, 11: 247 – 254.

[208] Fannon J E, Hauber R J, Bemiller J N. Surface pores of starch granules [J]. Cereal Chem, 1992, 69: 284 – 288.

[209] Fannon J E, Shull J M, Bemiller J N. Interior channels of starch granules [J]. Cereal Chem, 1993, 70: 611 – 613.

[210] Fannon J E, Hauber R J, Bemiller J N. Use of low – temperature scanning electron microscopy to examine starch granule structure and behavior [M] // Chandrasekaran R. Frontiers in Carbohydrate Research. London: Elsevier Science Publishers, 1992b: 1 – 23, 103.

［211］Fatma K, Dong Y S, Charles L G. Roles of β – amylase and starch breakdown during temperatures stress［J］. Physiol Plantarum, 2006, 126：120 – 128.

［212］Fergason V L, Zuber M S. Influence of environment on amylose content of maize endosperm［J］. Crop Sci, 1962, 2：209 – 211.

［213］Gale M D, Law C N, Chojecki A J, et al. Genetic control of α – amylase production in wheat［J］. Thero Appl Genet, 1983, 64（4）：309 – 316.

［214］Gallant D, Bouchet B, Baldwin P. Microscopy of starch：Evidence of a new level of granule organization［J］. Carbohydr Polym, 1997, 32：177 – 191.

［215］Gardner W K, Barber D A. The acquisition of phosphorus Lupulus albus L. Ⅲ. The probable mechanism by which phosphorus movement in the soil/root inter face is enhanced［J］. Plant and Somil, 1983, 70：107 – 124.

［216］Glaring M A, Koch C B, Blennow A. Genotype – specific spatial distribution of starch molecules in the starch granule：A combined CLSM and SEM approach［J］. Biomacromolecules, 2006, 7：2310 – 2320.

［217］Geigenberger P, Geiger M, Stitt M. High – temperature perturbation of starch synthesis is attributable to inhibition of ADP – glucose pyrophosphorylase by decreased levels of glycerate – 3 – phosphate in growing potato tubers［J］. Plant Physiol, 1998, 117：1307 – 1316.

［218］Genschel U, Abel G, Lorz H, et al. The sugary – type isoamylase in wheat：Tissue distribution and subcellular localisation［J］. Planta, 2002, 214：813 – 820.

［219］Gómez – Casati D F, Iglesias A A. ADP – glucose pyrophosphorylase from wheat endosperm. Purification and characterization of an enzyme with novel regulatory properties［J］. Planta, 2002, 214（3）：428 – 434.

［220］Götz S, García G J M, Terol J, et al. Highthroughput functional annotation and data mining with the Blast2GO suite［J］. Nucl Acids Res, 2008, 36：3420 – 3435.

［221］Gray J A. Investigations of the nature and occurrence of starch granule channels and their influence on granular reactions［D］. West Lafayette, Indiana, USA：Purdue University, 2003.

［222］Gunaratne A, Sirisena N, Ratnayaka U K, et al. Effect of fertiliser on functional properties of flour from four rice varieties grown in Sri Lanka［J］. J Sci Food Agric, 2011, 91：1271 – 1276.

［223］Han X Z H, Benmoussa M, Gray J A, et al. Detection of proteins in starch granule channels［J］. Cereal Chem, 2005, 82：351 – 355.

［224］Hall D M, Sayre J G. Scanning electron – microscope study of starches part Ⅱ cereal starches［J］. Text Res J, 1970, 40：256 – 266.

［225］Hawker J S, Jenner C J. High temperature affects the activity of enzymes in the committed pathway of starch synthesis in developing wheat endosperm［J］. Aust J Plant Physiol, 1993, 20：197 – 209.

［226］Hayakawa K, Tanaka K, Nakamura T, et al. Quality characteristics of waxy hexaploid wheat (Triticum Aestivum L.): Properties of starch gelatinization and retrogradation [J] . Cereal Chem, 1997, 74: 576 – 580.

[227] He J F, Ravinder G, Laroche A, et al. Water stress during grain development affects starch synthesis, composition and physicochemical properties in triticale [J] . J Cereal Sci, 2012, 56: 552 – 560.

[228] He J F, Ravinder G, Laroche A, et al. Effects of salinity stress on starchmorphology, composition and thermal properties during grain development in triticale [J] . Can J Plant Sci, 2013, 93: 765 – 771.

[229] Hirano H Y, Eiguchi M, Sano Y. A single base change altered the regulation of the waxy locus of rice (Oryza satva L.) [J] . Plant Cell Physiol, 1998, 32: 978 – 987.

[230] Hirel B, Gouis J L, Ney B, et al. The challenge of improving nitrogen use efficiency in crop plants: Towards a more central role for genetic variability and quantitative genetics within integrated approaches [J] . J Exp Bot, 2007, 58: 2369 – 2387.

[231] Hogy P, Fangmeier A. Effects of elevated atmospheric CO_2 on grain quality of wheat [J] . J Cereal Sci, 2008, 48: 580 – 591.

[232] Hoover R. Composition, molecular structure, and physicochemical properties of tuber and root starches: A review [J] . Carbohyd Polym, 2001, 45: 253 – 267.

[233] Huang B, Hennen B T A, Myers A M. Functions of multiple genes encoding ADP – glucosep yrophosphorylase subunits in maize endosperm, embryo, and leaf [J] . Plant Physiol, 2014, 164: 596 – 611.

[234] Huber K C, Bemiller J. Channels of maize and sorghum starch granules [J] . Carbohyd Polym, 2000, 41: 269 – 276.

[235] Huber K C, Bemiller J N. Location of sites of reaction within starch granules [J] . Cereal Chem, 2001, 78: 173 – 180.

[236] Huber K C, Bemiller J N. Visualization of channels and cavities of corn and sorghum starch granules [J] . Cereal Chemistry, 1997, 74: 537 – 541.

[237] Hucl P, Chibbar R N. Variation for starch concentration in spring wheat and its repeatability relative to protei concentration [J] . Cereal Chemistry, 1996, 73: 756 – 758.

[238] Hurkman W J, Mccue K F, Altenbach S B, et al. Effect of temperature on expression of genes encoding enzymes for starch biosynthesis in developing wheat endosperm [J] . Plant Science, 2003, 164: 873 – 881.

[239] Hurkman W J, Wood D F. High temperature during grain fill alters the morphology of protein and starch deposits in the starchy endosperm cells of developing wheat (Triticum Aestivum L.) grain [J] . J Agric Food Chem, 2011, 59: 4938 – 4946.

[240] Imrul M A, Fangbin C, Yong H, et al. Differential changes in grain ultrastructure, amylase, protein and amino acid profiles between Tibetan wild and cultivated barleys under drought and salinity alone and combined stress [J] . Food Chem, 2013, 141: 2743 – 2750.

[241] Izumo A, Fujiwara S, Sakurai T, et al. Effects of granule – bound starch synthase I – defective mutation on the morphology and structure of pyrenoidal starch in Chlamydomonas [J]. Plant Science, 2011, 180: 238 – 245.

[242] Jain M K, Goswami A K. Amylases during different stages of seed development in wheat [J]. Biologia Plantarum, 1981, 23 (4): 315 – 317.

[243] James M G, Denyer K, Myers A M. Starch synthesis in the cereal endosperm [J]. Curr Opin Plant Biol, 2003, 6 (3): 215 – 222.

[244] James R L, Jens K. Transitory and storage starch metabolism: Two sides of the same coin? [J]. Curr Opin Plant Biol, 2015, 32: 143 – 148.

[245] Jane J, Chen Y Y, Lee L F, et al. Effects of amylopectin branch chain length and amylose content on the gelatinization and pasting properties of starch [J]. Cereal Chemistry, 1999, 76 (5): 629 – 637.

[246] Jenkins P J, Cameron R E, Donald A M. A universal feature in the starch nules from different botanical sources [J]. Starch/Stärke, 1993, 45: 417 – 420.

[247] Jenner C F, Ugalde T D, Aspinall D. The physiology of starch and protein deposition in the endosperm of wheat [J]. Aust J Plant Physiol, 1991, 18: 211 – 226.

[248] Jeon J S, Ryoo N, Hahn T R, et al. Starch biosynthesis in cereal endosperm [J]. Plant Physiol Bioch, 2010, 48: 383 – 392.

[249] Jiang H, Dian W, Wu P. Effect of high temperature on fine structure of amylopectin in rice endosperm by reducing the activity of the starch branching enzyme [J]. Phytochemistry, 2003, 63: 53 – 59.

[250] Jiang Z, Song J, Li L, Chen W L, Wang Zh F, Wang J. Extreme climate events in China: IPCC – AR4 model evaluation and projection [J]. Climatic Change, 2012, 110: 385 – 401.

[251] Johnson P E, Patron N J, Bottrill A R, et al. A low – starch barley mutant, Risa 16, lacking the cytosolic small submit of ADP – Glucose pyrophosphorylase, reveals the importance of the cytosolic is form and the identity of the plastidial small subunit [J]. Plant Physiol, 2003, 131: 684.

[252] Jung K H, An G H, Ronald P C. Towards a better bowl of rice: Assigning function to tens of thousands of rice genes [J]. Nat Rev Genet, 2008, 9: 91 – 101.

[253] Kalinga D N, Bertoft E, Tetlow I, et al. Evolution of amylopectin structure in developing wheat endosperm starch [J]. Carbohyd Polym, 2014, 112: 316 – 324.

[254] Keeling P L, Bacon P J, Holt D C. Elevated temperature reduces starch deposition in wheat endosperm by reducing the activity of soluble starch synthase [J]. Planta, 1993, 191: 342 – 348.

[255] Keeling P L, Myers A M. Biochemistry and genetics of starch synthesis [J]. Annu Rev Food Sci Technol, 2010, 1: 271 – 303.

［256］Keeling P L, Wood J R, Tyson R H, et al. Starch biosynthesis in developing wheat grain: Evidence against the direction involvement of triosephosphates in the metabolism pathway ［J］. Plant Physiol, 1988, 87: 311 – 319.

［257］Kim H S, Huber K C. Channels within soft wheat starch A – and B – type granules ［J］. J Cereal Sci, 2008, 48 (1): 159 – 172.

［258］Kim H S, Huber K C. Impact of A/B – type granule ratio on reactivity, swelling, gelatinization and pasting properties of modified wheat starch. Part I: Hydroxypropylation ［J］. Carbohyd Polym, 2010a, 80: 94 – 104.

［259］Kim H S, Huber K C. Physicochemical properties and amylopectin fine structures of A – and B – type granules of waxy and normal soft wheat starch ［J］. J Cereal Sci, 2010b, 51: 256 – 264.

［260］Kossmann J, Lloyd J. Understanding and influencing starch biochemistry ［J］. Crit Rev Biochem Mol, 2000, 35: 141 – 196.

［261］Kossmann J, Abel G, Springer F, et al. Cloning and functional analysis of a cDNA encoding a starch synthase from potato (Solanum Tuberosum L.) that is predominantly expressed in leaf tissue ［J］. Planta, 1999, 208: 503 – 511.

［262］Labuschagne M T, Elago O, Koen E. The influence of temperature extremes on some quality and starch characteristics in bread, biscuit and durum wheat ［J］. J Cereal Sci, 2009, 49: 184 – 189.

［263］Laethauwer S D, Riek J D, Stals I, et al. α – Amylase gene expression during kernel development in relation to pre – harvest sprouting in wheat and triticale ［J］. Acta Physiologiae Plantarum, 2013, 35 (10): 2927 – 2938.

［264］Li B, Dewey C N. RSEM: Accurate transcript quantification from RNA – Seq data with or without a reference genome ［J］. BMC Bioinformatics, 2011, 12: 319 – 323.

［265］Li C, Li C Y, Zhang R Q, et al. Effects of drought on the morphological and physicochemical characteristics of starch granules in different elite wheat varieties ［J］. J Cereal Sci, 2015, 66: 66 – 73.

［266］Li C Y, Li C, Lu Z X, et al. Morphological changes of starch granules during grain filling and seed germination in wheat ［J］. Starch/Stärke, 2012, 64: 166 – 170.

［267］Li C Y, Li C, Zhang R Q, et al. Effect of phosphorus on the characteristics of starch in winter wheat ［J］. Starch/Stärke, 2013, 65 (9): 801 – 807.

［268］Li C Y, Li W H, Li C, et al. Starch synthesis and programmed cell death during amyloplast development in triticale (× Triticosecale Wittmack) ［J］. J Integr Plant Biol, 2010, 52: 602 – 615.

［269］Li C Y, Li W H, Lee B, et al. Morphology of starch granules and its changes during endosperm development and seed germination in triticale ［J］. Can J Plant Sci, 2011, 91: 57 – 67.

［270］Li C Y, Zhang R Q, Fu K Y, et al. Effects of high temperature on starch morphology and the expression of genes related to starch biosynthesis and degradation ［J］. J Cereal Sci, 2017 (73): 25 – 32.

［271］Li F P, Yoon M Y, Li G, et al. Transcriptome analysis of grain – filling caryopses reveals the potential formation mechanism of the rice sugary mutant ［J］. Gene, 2014, 546: 318 – 326.

［272］Li L. Starch biogenesis: Relationship between starch structures and starch biosynthetic enzyme ［D］. Ames: Iowa State University, 2005.

［273］Li N, Zhang S, Zhao Y, et al. Over – expression of AGPase genes enhances seed weight and starch content in transgenic maize ［J］. Planta, 2011, 233: 241 – 250.

［274］Li W H, Shan Y L, Xiao X L, et al. Effect of nitrogen and sulfur fertilization on accumulation characteristics and physicochemical properties of A – and B – wheat starch ［J］. J Agric Food Chem, 2013, 61: 2418 – 2425.

［275］Li Y F, Luo A C, Wu L H, et al. Difference in P utilization from oganic phosphate between two rice genotypes and its relations with root secreted acid phosphatase activity ［J］. J Appl Ecol, 2009, 20 (5): 1072 – 1078.

［276］Li Z, Mouille G, Kosar H B. The structure and expression of the wheat starch synthase Ⅲ gene. Motifs in the expressed gene define the lineage of the starch synthase Ⅲ gene family ［J］. Plant Physiol, 2000, 123: 613 – 624.

［277］Li Z, Rahman S, Kosar H B, et al. Cloning and characterization of a gene encoding wheat starch synthase I ［J］. Theor Appl Genet, 1999, 98: 1208 – 1216.

［278］Lu, Z H, Yada R Y, Liu Q, et al. Correlation of physicochemical and nutritional properties of dry matter and starch in potatoes grown in different locations ［J］. Food Chemistry, 2011, 126: 1246 – 1253.

［279］Lin Q, Huang B, Zhang M, et al. Functional interactions between starch synthase Ⅲ and isoamylase – type starch – debranching enzyme in maize endosperm ［J］. Plant Physiol, 2012, 158: 679 – 692.

［280］Li R, Lan S Y, Xu Z X. Programmed cell death in wheat during starchy endosperm development ［J］. J Plant Physiol Mol Bio, 2004, 30: 183 – 188.

［281］Liu D H, Zhang J L, Cao J H, et al. The reduction of amylose content in rice grain and decrease of Wx gene expression during endosperm development in response to drought stress ［J］. J Food Agric Environ, 2010, 8: 873 – 878.

［282］Liu H, You Y, Zheng X, et al. Deep sequencing of the colocasia esculenta transcriptome revealed candidate genes for major metabolic pathways of starch synthesis ［J］. S Afr J Bot, 2015, 97: 101 – 106.

［283］Liu P, Guo W, Jiang Z, et al. Effects of high temperature after anthesis on starch granules in grains of wheat (Triticum Aestivum L.) ［J］. J Agric Sci, 2011, 149: 159 – 169.

［284］ Lobell D B, Field C B. Global scale climate – crop yield relationships and theimpacts of recent warming ［J］. Environ Res Lett, 2007, 2: 625 – 630.

［285］ Lu T J, Jane J L, Keeling P L, et al. Maize starch fine structures affected by ear developmental temperature ［J］. Carbohydr Res, 1996, 282: 157 – 170.

［286］ Ma B G, Yang T X, Guo F T, et al. Balance of phosphorus in a rotation system with winter – wheat and rice ［J］. J Agro – Environment Science, 2005, 2: 371 – 374.

［287］ Macdonald P W Strobel G A. Adenosine diphosphate – glucose pyrophosphorylase control of starch accumulation in rust – infected wheat leaves ［J］. Plant Physiol, 1970, 46: 126 – 135.

［288］ Macgregor A W, Dushnicky L. Starch degradation in endosperms of developing barley kernels ［J］. J Inst Brew, 1989, 95: 321 – 325.

［289］ Macherel D, Kobauashi H, Akazawa T, et al. Amyloplast nucleoids in sycamore cells and presence in amyloplast DNA of homologous sequences to chloroplast genes ［J］. Biochem Bioph Res Co, 1985, 133: 140 – 146.

［290］ Macleod L C, Duffus C M. Temperature effects on starch granules in developing barley grains ［J］. J Cereal Sci, 1988, 8: 29 – 37.

［291］ Mao X, Cai T, Olyarchuk J G, et al. Automated genome annotation and pathway identification using the KEGG Orthology (KO) as a controlled vocabulary ［J］. Bioinformatics, 1995, 21: 3787 – 3793.

［292］ Mares D J, Oettler G. α – Amylase activity in developing triticale grains ［J］. J Cereal Sci, 1991, 13 (2): 151 – 160.

［293］ Marce N, Roslynm G, Dalling M J. Effect of post – anthesis drought on cell division and starch accumulation in developing wheat grains ［J］. Annu Bot, 1985, 55: 433 – 444.

［294］ Maruo B, Kobayashi T, Tsukano Y, et al. Studies on the enzymic formation and degradation of starch. Part 8. The enzymic transformation of amylopetin into amylose ［J］. Nippon Nogeik Kaishi, 1950, 24: 347 – 349.

［295］ Matsushima R, Maekawa M, Fujita N, et al. A rapid, direct observation method to isolate mutants with defects in starch grain morphology in rice ［J］. Plant Cell Physiol, 2010, 51: 728 – 741.

［296］ Matsushima R, Maekawa M, Kusano M, et al. Amyloplast – localized Substandard starch grain4 protein influences the size of starch grains in rice endosperm ［J］. Plant Physiol, 2014, 164: 623 – 636.

［297］ Matsushima R, Maekawa M, Kusano M, et al. Amyloplast membrane protein substandard starch grian controls starch grain size in rice endosperm ［J］. Plant Physiol, 2016, 170: 1445 – 1459.

［298］ Maysaya T, Kanitha T, Shoemaker C F, et al. Effects of timing and severity of salinity stress on rice (Oryza sativa L.) yield, grain composition, and starch functionality ［J］.

J Agric Food Chem, 2015, 63: 2296 - 2304.

[299] Maysaya T, Randi C J, Maria C A, et al. Effects of environmental factors on cereal starch biosynthesis and composition [J] . J Cereal Sci, 2012, 56: 67 - 80.

[300] Mccormick K M, Panozzo J F. A swelling power test for selecting potential noodle quality wheats [J] . Aust J Agric Res, 1994, 42: 317 - 323.

[301] Mccue K F, Hurkman W J, Tanka C K, et al. Starch branching enzymes sbe1 and sbe2 from wheat (Triticum aestivum cv. Cheyenne): Molecular characterization, developmental expression, and homoeologue assigement by differential PCR [J] . Plant Mol Biol Rep, 2002, 20: 191 - 192.

[302] McLachlan K D, Elliott D E, Marco D G, et al. Leaf acid phosphatase isozymes in the diagnosis of phosphorus status in field - grown wheat [J] . Crop Pasture Sci, 1987, 38: 1 - 13.

[303] Meredith P, Christ C. Large and small starch granules in wheat - Are they really different? [J] . Starch/Stärke, 1981, 33: 40 - 44.

[304] Mingsheng P, Ming G, Monica B, et al. Starch - Branching Enzymes Preferentially Associated with A - Type Starch Granules in Wheat Endosperm [J] . Plant Physiol, 2000 (9): 265 - 270.

[305] Morgan P W, Drew M C. Ethlene and plant reponses to stress [J] . Physiologia plantarum, 1997, 100: 620 - 630.

[306] Morrison W R, Tester R F, Snape C E, et al. Swelling and gelatinisation of cereal starches. IV. Some effects of lipid - complexed amylose and free amylose in waxy and normal barley starches [J] . Cereal Chem, 1993, 70: 385 - 391.

[307] Muhammad F, Mubshar H, Kadambot H M S. Drought stress in wheat during flowering and grain - filling periods [J] . Crit Rev Plant Sci, 2014, 33: 331 - 349.

[308] Munns R, Tester M. Mechanisms of salinity tolerance [J] . Annu Rev Plant Biol, 2008, 59: 651 - 681.

[309] Mukherjee S, Liu A H, Deol K K, et al. Transcriptional coordination and abscisic acid mediated regulation of sucrose transport and sucrose - to - starch metabolism related genes during grain filling in wheat (Triticum aestivum L.) [J] . Plant Sci, 2015, 240: 143 - 160.

[310] Myers A M, Morell M K, James M G, et al. Recent progress toward understanding biosynthesis of the amylopectin crystal [J] . Plant Physiol, 2000, 122: 989 - 997.

[311] Myllarinen P, Schulman A H, Salovaara H, et al. The effect of growth temperature on gelatinization properties of barley starch [J] . Acta Agric Scand Sect B - Soil and Plant Sci, 1998, 48: 85 - 90.

[312] Nagamine T, Komae K. Improvement of a method for chain - length distribution analysis of wheat amylopectin [J] . J Chromatogr A, 1996, 732 (2): 255 - 259.

[313] Nakamura Y. Towards a better understanding of the metabolic system for amylopectin

biosynthesis in plants: Rice endosperm as a model tissue [J]. Plant Cell Physiol, 2003, 43: 718 -725.

[314] Nakamura Y, Yuki K, Park S Y, et al. Carbohydrate metabolism in the developing endosperm of rice grains [J]. Plant Cell Physiol, 1989, 30: 833 -839.

[315] Nakamura Y, Umemoto T O N, Kuboki K, et al. Starch debranching enzyme from developing rice endosperm: Purification, cDNA and chromosomal localization of the gene [J]. Planta, 1996, 199: 209 -218.

[316] Narayana I, Lalonde S, Saini H S. Water - stress - induced ethylene production in wheat, a fact or artifact? [J]. Plant Physiol, 1991, 96: 406 -410.

[317] Ndimande B N, Wien H C, Kueneman E A. Soybean seed deterio - ration in the tropics. I. The role of physiological factors and fungalpathogens [J]. Field Crop Res, 1981, 4: 113 -121.

[318] Nishimura S. Studies on amylosynthease [J]. Nippon Nogeik Kaishi, 1931, 6: 160 -167.

[319] Ni Y, Wang Z, Yin Y, et al. Starch granule size distribution in wheat grain in relation to phosphorus fertilization [J]. J Agr Sci, 2011, 150 (1): 45 -52.

[320] Neuhaus H E, Emes M J. Nonphotosynthetic metabolis in plastids [J]. Annu Rev physiol Plant Mol Biol, 2000, 51: 111 -140.

[321] Nicolas M E, Gleadow R M, Dalling M J. Effect of post - anthesis drought on cell - division and starch accumulation in developing wheat grains [J]. Annals Botany, 1985, 55: 433 - 444.

[322] Nowotnaa A, Gambus H, Kratsch G, et al. Effect of nitrogen fertilization on the physico - chemical properties of starch isolated from german triticale varieties [J]. Starch/ Stärke, 2007, 59: 397 -399.

[323] Otani M, Hamada T, Katayama K, et al. Inhibition of the gene expression for granule - bound starch synthase I by RNA interference in sweet potato plants [J]. Plant Cell Rep, 2007, 26: 1801 -1807.

[324] Parker M L. The relationship between A - type and B - type starch granules in the developing endosperm of wheat [J]. J Cereal Sci, 1985, 3: 271 -278.

[325] Parker R, Ring S G. Aspects of the physical chemistry of starch [J]. J Cereal Sci, 2001, 34: 1 -17.

[326] Peng M, Baga M P H, Chibbar R N, et al. Starch - branching enzymes preferentially associated with A - type starch granules in wheat endosperm [J]. Plant Physiol, 2000, 124: 265 -272.

[327] Peng M, Gao M, Abdel A E S, et al. Separation and characterization of A - type and B - type starch granules in wheat endosperm [J]. Cereal Chem, 1999, 76: 375 -379.

[328] Peiris B D, Siegel S M, Senadhira D. Chemical Characteristics of grains of rice

(Oryza Sativa L.) cultivated in saline media of varying ionic composition [J]. J Exp Bot, 1988, 39: 623 – 631.

[329] Peterson D G, Fulcher R G. Variation in Minnesota HRS wheats: Starch granule size distribution [J]. Food Res Int, 2001, 34: 357 – 363.

[330] Preiss J Danner, S Summers P S, et al. Molecular characterization of the brittle – 2 gene effect on maize endosperm ADP – glucose pyrophosphorylase subunits [J]. Plant Physiol, 1990, 92: 881 – 885.

[331] Radchuk V V, Borisjuk L, Sreenivasulu N, et al. Spatiotemporal profiling of starch biosynthesis and degradation in the developing barley grain [J]. Plant Physiol, 2009, 150: 190 – 204.

[332] Raeker M O, Gaines C S, Finney P L, et al. Granule size distribution and chemical composition of starches from 12 soft wheat cultivars [J]. Cereal Chem, 1998, 75: 721 – 728.

[333] Rahman A, Wang K S, Jane J, et al. Characterization of SU1 isoamylase, a determinant of storage starch structure in maize [J]. Plant Physiol, 1998, 117: 425 – 435.

[334] Rahman S, Hashemi B K, Samuel M S, et al. The major proteins of wheat endosperm starch granules [J]. Aust J Plant Physiol, 1995: 793 – 803.

[335] Rahman S, Li Z, Batey I, et al. Genetic alteration of starch functionality in wheat [J]. J Cereal Sci, 2000, 31: 91 – 110.

[336] Rathert G. The influence of high salt stress on starch, sucrose and degradative enzymes of two glycine max varieties that differ in salt tolerance [J]. J Plant Nutr, 1985, 8: 199 – 209.

[337] Rindlav A H, Stephan H D, Gatenholm P. Formation of starch films with varying crystallinity [J]. Carbohyd Polym, 1997, 34: 25 – 30.

[338] Rogers G S, Gras P W, Batey I L, et al. The influence of atmospheric CO_2 concentration on the protein, starch andmixing properties of wheat flour [J]. Aust J Plant Physiol, 1998, 25: 387 – 393.

[339] Sandeep S, Gurpreet S, Prabhjeet S, et al. Effect of water stress at different stages of grain development on the characteristics of starch and protein of different wheat varieties [J]. Food Chem, 2008, 108 (1): 130 – 139.

[340] Satoh H, Nishi A, Yamashita K, Takemoto Y, Tanaka Y, Hosaka Y, Sakurai A, Fujita N, Nakamura Y. Starch – branching enzyme I deficient mutation specifically affects the structure and properties of starch in rice endosperm [J]. Plant Physiol, 2003, 133: 1111 – 1121.

[341] Sakulsingharoj C, Choi S B, Hwang S K, et al. Engineering starch biosynthesis for increasing rice seed weight: The role of the cytoplasmic ADP glucose pyrophosphorylase [J]. Plant Sci, 2004, 167: 1323 – 1333.

[342] Saripalli G, Gupta P K. AGPase: Its role in crop productivity with emphasis on heat

tolerance in cereals [J]. Theor Appl Genet, 2015, 128: 1893 – 1916.

[343] Satoh H, Nishi A, Yamashita K, et al. Starch – branching enzyme I deficient mutation specifically affects the structure and properties of starch in rice endosperm [J]. Plant Physiol, 2003, 133: 1111 – 1121.

[344] Savin R, Stone P J, Nicolas M E, et al. Grain growth and malting quality of barley 2 Effects of temperature regime before heat stress [J]. Aust J Agr Res, 1997, 48: 625 – 634.

[345] Schaffer A A, Petreikov M. Sucrose – to – starch metabolism in tomato fruit undergoing transient starch accumulation [J]. Plant Physiol, 1997, 113: 739 – 746.

[346] Sicher R C, Kremer D F, Bunce J A. Photosynthetic acclimation and photosynthate partitioning in soybean leaves in response to carbon dioxide enrichment [J]. Photosynth Res, 1995, 46: 409 – 417.

[347] Singletary G W, Banisadr R, Keeling P L. Heat stress during grain filling in maize: Effects on carbohydrate storage and metabolism [J]. Aust J Plant Physiol, 1994, 21: 829 – 841.

[348] Shimbata T, Nakamura T, Vrinten P, et al. Mutations in wheat starch synthase II genes and PCR – based selection of a SGP – 1 null line [J]. Theor Appl Genet, 2005, 111: 1072 – 1079.

[349] Shinde S V, Nelson J E, Huber K C. Soft wheat starch pasting behavior in relation to Atype – and B – type granule content and composition [J]. Cereal Chem, 2003, 80: 91 – 98.

[350] Singh A, Kumar P, Sharma M, et al. Expression patterns of genes involved in starch biosynthesis during seed development in bread wheat (Triticum Aestivum L.) [J]. Mol Breeding, 2015, 35: 184 – 193.

[351] Singh S, Singh G, Singh P, et al. Effect of water stress at different stages of grain development on the characteristics of starch and protein of different wheat varieties [J]. Food Chem, 2008, 108: 130 – 139.

[352] Singh S, Singh N, Isono N, et al. Relationship of granule size distribution and amylopectin structure with pasting, thermal, and retrogradation properties in wheat starch [J]. J Agric Food Chem, 2010, 58: 1180 – 1188.

[353] Singh N, Pal N, Mahajan G, et al. Rice grain and starch properties: Effects of nitrogen fertilizer application [J]. Carbohydr Polym, 2011, 86: 219 – 225.

[354] Singh N, Singh J, Kaur L, et al. Morphological, thermal and rheological properties of starches from different botanical sources [J]. Food Chem, 2003, 81: 219 – 223.

[355] Singletary G W, Banisadr R, Keeling P L. Heat – stress during grain filling in maize effects on carbohydrate storage and metabolism [J]. Aust J Plant Physiol, 1994, 21: 829 – 841.

[356] Smidansky E D, Martin J M, Hannah L C, et al. Seed yield and plant biomass in-

creases in rice are conferred by deregulation of endosperm ADP – glucose pyrophosphorylase [J]. Planta, 2003, 216: 656 – 664.

[357] Smith A M, Denyer K, Martin C. The synthesis of the starch granule [J]. Annu Rev Plant Physiol Plant Mol Biol, 1997, 48: 67 – 87.

[358] Soest J J G, Hulleman S H D, Wit D D, et al. Changes in the mechanical properties of thermoplastic potato starch in relation with changes in B – type crystallinity [J]. Carbohydr Polym, 1996, 29: 225 – 232.

[359] Soh H N, Sissons M J, Turner M A. Effects of starch granule size distribution and elevated amylose content on durum dough rheology and spaghetti cooking quality [J]. Cereal Chem, 2006, 83: 513 – 519.

[360] Stark D M, Timmerman K P, Barry G F, et al. Regulation of the amount of starch in plant tissues by ADP glucose pyrophosphorylase [J]. Science, 1992, 258: 287 – 292.

[361] Sternberg T. Regional drought has a global impact [J]. Nature, 2011, 472: 169.

[362] Stitt M, Zeeman S C. Starch turnover: Pathways, regulation and role in growth [J]. Curr Opinion Plant Biol, 2012, 15: 282 – 292.

[363] Stoddard F L. Survey of starch particle – Size distribution in wheat and related species [J]. Cereal Chem, 1999, 76: 145 – 149.

[364] Stone P J, Savin R, Wardlaw I F, et al. The influence of recovery temperature on the effects of a brief heat shock on wheat. 1. Grain growth [J]. Aust J Plant Physiol, 1995, 22: 945 – 954.

[365] Sujka M, Jamroz J. Characteristics of pores in native and hydrolyzed starch granules [J]. Starch/Stärke, 2010, 62: 229 – 235.

[366] Svihus B, Uhlen A K, Harstad O M. Effect of starch granule structure, associated components and processing on nutritive value of cereal starch: A review [J]. Anim Feed Sci Tech, 2005, 122 (3): 303 – 320.

[367] Sweedman M C, Tizzotti M J, Schafer Ch, et al. Structure and physicochemical properties of octenyl succinic anhydride modified starches: A review [J]. Carbohyd Polym, 2013, 92: 905 – 920.

[368] Takashi N, Kozo K J. Improvement of a method for chain – length distribution analysis of wheat amylopectin [J]. J Chromatogr A, 1996, 732: 255 – 259.

[369] Takeda Y, Guan H P. Branching of amylose by the branching isoenzymes of maize end – osperm [J]. Carbohyd Res, 1993, 240: 253 – 263.

[370] Tamaki M, Ebata M, Tashiro T, et al. Physicoecological studies on quality formation of rice kernel. I. Effects of nitrogen top – dressed at full heading time and air temperature during ripening period on quality of rice kernel [J]. Jpn J Crop Sci, 1989, 58: 653 – 658.

[371] Tang H, Mitsunaga T, Kawamura Y. Molecular arrangement in blocklets and starch granule architecture [J]. Carbohyd Polym, 2006 (63): 555 – 560.

[372] Tang H, Watanabe K, Mitsunaga T. Characterization of storage starches from quinoa, barley and adzuki seeds [J] . Carbohyd Polym, 2002, 49: 13 - 22.

[373] Tashiro T, Wardlaw I. The response to high temperature shock and humidity changes prior to and during the early stages of grain development in wheat [J] . Funct Plant Biol, 1990, 17: 551 - 561.

[374] Tashiro T, Wardlaw I. The effect of high temperature on kernel dimensions and the type and occurrence of kernel damage in rice [J] . Aust J Agr Res, 1991, 42: 485 - 496.

[375] Tebaldi C, Hayhoe K, Arblaster J, et al. Going to the extremes [J] . Climatic Change, 2006, 79: 185 - 211.

[376] Tester R F, Karkalas J. The effects of environmental conditions on the structural features and physico - chemical properties of starches [J] . Starch/Stärke, 2001, 53: 513 - 519.

[377] Tester R F, Karkalas J, Qi X. Starch - composition, fine structure and architecture [J] . J Cereal Sci, 2004, 39: 151 - 165.

[378] Tester R F, Morrison W R, Ellis R H, et al. Effects of elevated growth temperature and carbondioxide levels on some physicochemical properties of wheat - starch [J] . J Cereal Sci, 1995, 22: 63 - 71.

[379] Thitisaksakul M, Jiménez R C, Arias M C, et al. Effects of environmental factors on cereal starch biosynthesis and composition [J] . J Cereal Sci, 2012, 56: 67 - 80.

[380] Thomson W W, Whatley J M. Development of nongreen plastids [J] . Annu Rev Plant Physio, 1980, 31: 375 - 394.

[381] Tilman D, Kilham S S, Kilham P. Phytoplankton community ecology: The role of limiting nutrients [J] . Annu Rev Ecol Evol S, 1982, 13: 349 - 372.

[382] Tomlinson K, Denyer K, Callow J A. Starch synthesis in cereal grains [J] . Adv Bot Res, 2003, 40: 1 - 61.

[383] Toshiaki M, Kirniko M. The a - amylase multigene family [J] . Cell, 1997, 7: 255 - 261.

[384] Tsai C Y. The function of waxy locus in starch synthesis in maize endosperm [J] . Biochemical Genet, 1974, 11: 83 - 96.

[385] Umemoto T, Nakamura Y, Ishikura N. Activity of starch synthase and the amylose content in rice endosperm [J] . Phytochemistry, 1995, 40: 1613 - 1616.

[386] Umemoto T, Nakamura Y, Satoh H, et al. Differences in amylopectin structure between two rice varieties in relation to the effects of temperature during grain - filling [J] . Starch/Stärke, 1999, 51: 58 - 62.

[387] Uwe S, Jens K. Starches - from current models to genetic engineering [J] . Plant Biotechnol J, 2013, 11: 223 - 232.

[388] Van D W, Clemens C M, Van D L, et al. Improving phosphorus use efficiency in

agriculture: Opportunities for breeding [J]. Euphytica, 2016, 207 (1): 1 –22.

[389] Van D L F R, Visser R G F, Oosterhaven K, et al. Complementation of the amylose-free starch mutant of potato (Solanum Tuberosum L.) [J]. Theor Appl Genet, 1987, 75: 289 –295.

[390] Vandeputte G E, Delcour J A. From sucrose to starch granule to starch physical behaviour: A focus on rice starch [J]. Carbohyd Polym, 2004, 58: 245 –266.

[391] Viswanathan C, Khanna C R. Effect of heat stress on grain growth, starch synthesis and protein synthesis in grains of wheat (Triticum Aestivum L.) varieties differing in grain weight stability [J]. J Agron Crop Sci, 2001, 186: 1 –7.

[392] Volodymyr V R, Ludmilla B, Nese S, et al. Spatio – temporal profiling of starch biosynthesis and degradation in the development barley grain [J]. Plant Physiol, 2009, 98: 519 –596.

[393] Vrinten P, Nakamura T. Wheat granule – bound starch synthase Ⅰ and Ⅱ are encoded by separate genes that are expressed in different tissues [J]. Plant Physiol, 2000, 122: 255 –263.

[394] Wanatsanan S, Saowalak K, Malinee S, et al. Transcriptomic data integration inferring the dominance of starch biosynthesis in carbon utilization of developing cassava roots [J]. Procedia Comput Sci, 2012, 11: 96 –106.

[395] Wang C Y, He Y, Fang B T, et al. Advances in starch synthesis: Starch properties in wheat grains and their agronomic regulation [J]. Acta Tritica Crops, 2005, 25 (1): 109 –114.

[396] Wang W, Vinocur B, Altman A. Plant responses to drought, salinity and extreme temperatures: Towards genetic engineering for stress tolerance [J]. Planta, 2003, 218: 1 –14.

[397] Wang X, He M, Li F, et al. Coupling effects of irrigation and nitrogen fertilization on grain protein and starch quality of strong – gluten winter wheat [J]. Front Agric China, 2008, 2: 274 –280.

[398] Wang Z B, Li W H, Qi J C, et al. Starch accumulation, activities of key enzyme and gene expression in starch synthesis of wheat endosperm with different starch contents [J]. J Food Sci Tech, 2011, 51 (3): 419 –429.

[399] Whaley W G, Mollenhauer H H, Leech J H. The ultstructure of the meristematic cell [J]. Amer Jour Bot, 1960, 47: 401 –450.

[400] Whan A, Dielen A S, Mieog J, et al. Engineering α – amylase levels in wheat grain suggests a highly sophisticated level ofcarbohydrate regulation during development [J]. J Exp Bot, 2014, 65: 5443 –5452.

[401] Whatley J M. Variation in the basic pathway of chloroplast development [J]. New Phytol, 1977, 78: 407 –420.

［402］ Whatley J M. A suggested cycle of plastid developmental interrelationships ［J］. New Phytol, 1978, 80: 489 - 502.

［403］ Wiegand C L, Cucllar J A. Duration of grain filling and kernel weight of wheat as affected by temperature ［J］. Crop Sci, 1981 (27): 95 - 101.

［404］ Wilhelm E P, Mullen R E, Keeling P L, et al. Heat stress during grain filling in maize: Effects on kernel growth and metabolism ［J］. Crop Sci, 1999, 39: 1733 - 1741.

［405］ Worch S, Rajesh K, Harshavardhan V T, et al. Haplotyping, linkage mapping and expression analysis of barley genes regulated by terminal drought stress influencing seed quality ［J］. BMC Plant Biol, 2011, 11: 244 - 247.

［406］ Xie Z J, Jiang D, Cao W X, et al. Relationships of endogenous plant hormones to accumulation of grain protein and starch in winter wheat under different post - anthesis soil water statusses ［J］. Plant Growth Regul, 2003, 41: 117 - 127.

［407］ Yamamori M, Endo T R. Variation of starch granule proteins and chromosome mapping of their coding genes in common wheat ［J］. Thero Appl Genet, 1996, 93 (1): 275 - 281.

［408］ Yamamori M, Fujita S, Hayakawa K. Genetic elimination of a starch granule protein, SGP - 1 of wheat generates an altered starch with apparent high amylose ［J］. Thero Appl Genet, 2000, 101: 21 - 29.

［409］ Yamamori M, Nakamura T, Endo T R, et al. Waxy protein deficiency and chromosomal location of coding genes in common wheat ［J］. Theor Appl Genet, 1994, 89: 179 - 184.

［410］ Yang W B, Li Y, YinY P, et al. Ethylene and spermidine in wheat grains in relation to starch content and granule size distribution under water deifcit ［J］. J Integr Agr, 2014, 13: 2141 - 2153.

［411］ Yang J C, Zhang J H. Grain - filling problem in "super" rice ［J］. J Exp Bot, 2010, 61: 1 - 4.

［412］ Yang L, Wang Y, Dong G, et al. The impact of free - air CO_2 enrichment (FACE) and nitrogen supply on grain quality of rice ［J］. Field Crops Res, 2007, 102: 128 - 140.

［413］ Yin Y G, Kobayashi Y, Sanuki A, et al. Salinity induces carbohydrate accumulation and sugar - regulated starch biosynthetic genes in tomato (Solanum lycopersicum L. cv. "Micro - Tom") fruits in an ABA - and osmotic stress - independent manner ［J］. J Exp Bot, 2010, 61: 563 - 574.

［414］ Yoo S H, Jane J. Structural and physical characteristics of waxy and other wheat starches ［J］. Carbohyd Polym, 2002, 49: 297 - 305.

［415］ Young T E, Gallie D R. Programmed cell death during endosperm development ［J］. Plant Mol Biol Rep, 2000, 44: 283 - 301.

［416］ Yunt S H, Quail K, Moss R. Physicochemical properties of Australian wheat flour for noodles [J]. J Cereal Sci, 1996, 23: 1881 – 1891.

[417] Yuriko O, Keishi O, Kazuo S, et al. Response of plants to water stress [J]. Front Plant Sci, 2014, 5: 86 – 94.

[418] Zihua A, Jane J L. Characterization and modeling of the A – granule and B – granule starches of wheat, triticale, and barley [J]. Carbohyd Polym, 2007, 67: 46 – 55.

[419] Zhan A, Chen X P, Li S Q, et al. Changes in phosphorus requirement with increasing grain yield for winter wheat [J]. Agron J, 2015, 107 (6): 2003 – 2010.

[420] Zhang R Q, Li C, Fu K Y, et al. Phosphorus alters starch morphology and gene expression related to starch biosynthesis and degradation in wheat grain [J]. Front Plant Sci, 2017, 8: 2252.

[421] Zhao H, Dai T, Jiang D, Cao W. Effects of high temperature on key enzymes involved in starch and protein formation in grains of two wheat cultivars [J]. J Agronomy Crop Sci, 2008, 194: 47 – 54.

[422] Zhao M, Running S W. Drought – induced reduction in global terrestrial net primary production from 2000 through 2009 [J]. Science, 2010, 329: 940 – 943.

[423] Zhou S R, Yin L L, Xue H W. Functional genomics based understanding of rice endosperm development [J]. Curr Opin Plant Biol, 2013, 16: 236 – 246.

[424] Zhu Z P, Hylton C M, Roessner U, et al. Characterization of starch debranching enzyme in pea embryos [J]. Plant Physiol, 1998, 118: 581 – 590.

[425] Zeeman S C, Kossmann J, Smith A M. Starch: Its metabolism, evolution and biotechnological modification in plants [J]. Annu Rev Plant Biol, 2010, 61: 209 – 234.

[426] Zeng M, Morris C F, Batey I L, et al. Sources of variation for starch gelatinization, pasting, and gelation properties in wheat [J]. Cereal Chem, 1997, 74: 63 – 71.

[427] Zobel H F. Molecules to granules: A comprehensive review [J]. Starch/Stärke, 1988, 40: 1 – 7.

[428] Zhu X K, Li C Y, Jiang Z Q, et al. Responses of phosphorus use efficiency, grain yield, and quality to phosphorus application amount of weak – gluten wheat [J]. J Integr Agr, 2012, 11 (7): 1103 – 1110.